講義と演習

理工系
基礎力学

高橋正雄［著］

共立出版

はじめに

多くの理工系の大学で，「力学」は1年生向けの必修科目として設置されている．それは「力学」が自然科学や工学の基礎であり，将来理工系のどの分野に進んでも必要となる数式処理能力や論理的考え方を習得する上で必要だからである．実際，力学を理解しないと履修できない専門科目も多い．しかし近年，入試制度の多様化もあって，高校物理をきちんと履修していないまま多くの学生が大学に進学してくる．一方で，専門科目は年々高度化している．そのため大学1年次で物理学や数学などの専門基礎科目をきちんと身につけることは，これまで以上に重要な課題となってきている．

前著『基礎と演習　理工系の力学』では，標準的な大学の授業の進め方にしたがって全体を「力と運動」「エネルギーと運動量」「振動と円運動」「剛体の力学」に分けた．各章での基本事項はできるだけ小項目に分け，図を多く用いてなるべく平易に説明した．ありがたいことに，前著は理工系1年生向けの教科書として多くの大学で使用していただいた．その後，文部科学省の指導もあり，各大学は授業計画（シラバス）の明示，授業回数・成績評価の厳正化を求められるようになった．そのことを考慮して，本著は年間30回講義の授業進行をより意識した構成とした．特に最初の5つの章では，高校物理の内容と関連付けて，三角関数・ベクトル・微分積分などの数学的知識を確認・補充できるようにした．また後半では授業の進度に応じて学べるように，空気抵抗がある場合の落下運動，減衰振動，ベクトル積を使った角運動量の記述などの進んだ内容も加えた．

「物理は難しい」と思い込み，苦手意識を持ってしまう学生が多い．教科書の中に出てくる物理量が何を表すか，さらにその物理量の間の関係式がどのような意味をもつのか，を理解することが高い壁になっているのだと著者は思う．経験によれば，理解を確実にし定着させるためには演習問題を自ら解くことが有効である．本著では良質な問題を精選配置し，その問題にはすべて詳細な解答をつけたので，参考書として自学自習にも役立つと思う．問題を解く中から，読者がしぜんと自信と実力を身につけられることを期待している．

この機会をかりて，物理学の教授法について日頃からご教示いただいている，山本一雄先生，栗田泰生先生，神谷克政先生，池田久美先生と，本書の出版にあたってお世話になった共立出版(株) 中川暢子氏に厚く御礼を申し上げる．最後に，故郷からいつも暖かい応援をしてくれている橋本圭司先生・タミ様ご夫妻に心からの感謝の意を表したい．

2017年10月

著　者

目次

第 I 部　力と運動の表し方

第 II 部　運動の法則

第 III 部　エネルギーと運動量

第 IV 部　振動と円運動

第 V 部　剛体の力学

解答

第 I 部

力と運動の表し方

1　三角比とベクトル

「自然の書物は数学の言葉によってかかれている」とガリレオ・ガリレイは言った．ここでは力学ですぐ必要となる三角比とベクトルに関する数学的事項をまとめておく．

§ 1.1　三角比

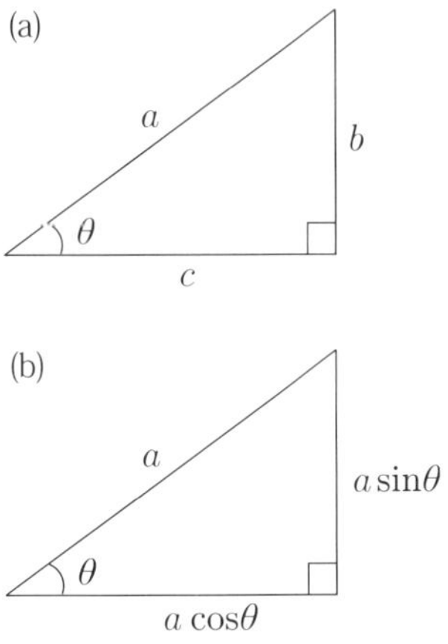

図 1.1　直角三角形と三角比

■三平方の定理　図 1.1(a) に示す直角三角形（辺の長さ a, b, c）において次の三平方の定理（**ピタゴラスの定理**）が成り立つ．

$$b^2 + c^2 = a^2 \tag{1.1}$$

■三角比の定義　角 θ の三角比は，3 辺の長さ a, b, c を使って次式で定義する．

$$\textbf{正弦}：\sin\theta = \frac{b}{a} \qquad \textbf{余弦}：\cos\theta = \frac{c}{a} \qquad \textbf{正接}：\tan\theta = \frac{b}{c} \tag{1.2}$$

定義から

$$b = a\sin\theta \qquad c = a\cos\theta \tag{1.3}$$

となるので，斜辺の長さ a と三角比を使って，他の辺は図 1.1(b) のように表せる．

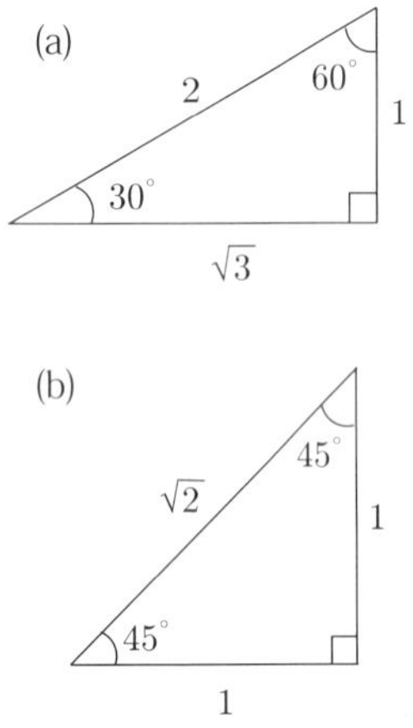

図 1.2　直角三角形

■ $\sin^2\theta + \cos^2\theta = 1$ の証明　式 (1.1) に式 (1.3) を代入して，

$$(a\sin\theta)^2 + (a\cos\theta)^2 = a^2 \quad より \quad \sin^2\theta + \cos^2\theta = 1 \tag{1.4}$$

となる．

■角度 30°，45°，60° の三角比の値　三角比の定義により図 1.2(a) に示す鋭角が 30°，60° の直角三角形で

$$\sin 30^\circ = \frac{1}{2} \quad \cos 30^\circ = \frac{\sqrt{3}}{2} \quad \tan 30^\circ = \frac{1}{\sqrt{3}}$$
$$\sin 60^\circ = \frac{\sqrt{3}}{2} \quad \cos 60^\circ = \frac{1}{2} \quad \tan 60^\circ = \sqrt{3}$$

図 1.2(b) に示す鋭角が 45° の直角二等辺三角形で

$$\sin 45^\circ = \frac{1}{\sqrt{2}} \quad \cos 45^\circ = \frac{1}{\sqrt{2}} \quad \tan 45^\circ = 1$$

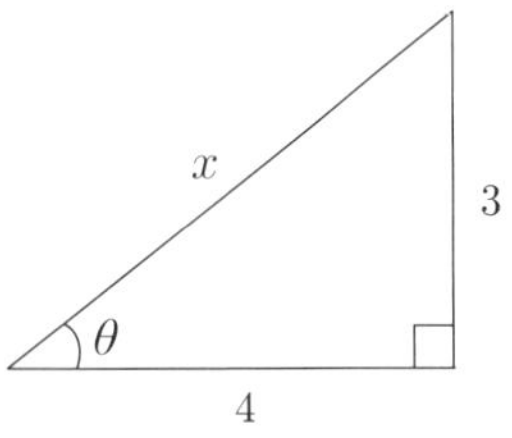

図 1.3

問題 1.1（三平方の定理と三角比）　図 1.3 に示す直角三角形で，斜辺の長さ x を求めよ．次に，$\sin\theta$，$\cos\theta$，$\tan\theta$ の値を求めよ．

問題 1.2（三角比） 図 1.4 に示す x と y の値を求めよ．ただし図 (a) では，$\sin 40^\circ = 0.643$，$\cos 40^\circ = 0.766$ とする．図 (b) と (c) はそれぞれ T と W を使って表せ．

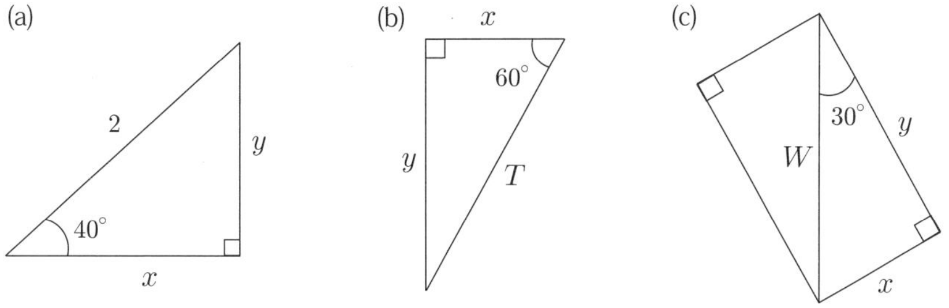

図 1.4

■座標を用いた三角比（三角関数）の定義　図 1.5(a) のように，原点 O を中心とする半径 1 の円（単位円）上の点 $P(x, y)$ を考える．OP が x 軸となす角を θ とするとき，三角比（三角関数）は

$$\sin\theta = y \qquad \cos\theta = x \qquad \tan\theta = \frac{y}{x} \tag{1.5}$$

で定義できる（図 1.1(b) の $a = 1$ の場合に相当）．図 1.5(b) のように角 θ が 90° よりも大きいときも，それに相当する点 $P(x, y)$ を考えると，式 (1.5) で求めることができる．三角比の符号は図 1.5 のような単位円を描いて求めるとよい．次の関係がある．

$$-1 \leqq \sin\theta \leqq 1 \qquad -1 \leqq \cos\theta \leqq 1 \tag{1.6}$$

$$\sin\theta = \cos(90^\circ - \theta) \qquad \cos\theta = \sin(90^\circ - \theta) \tag{1.7}$$

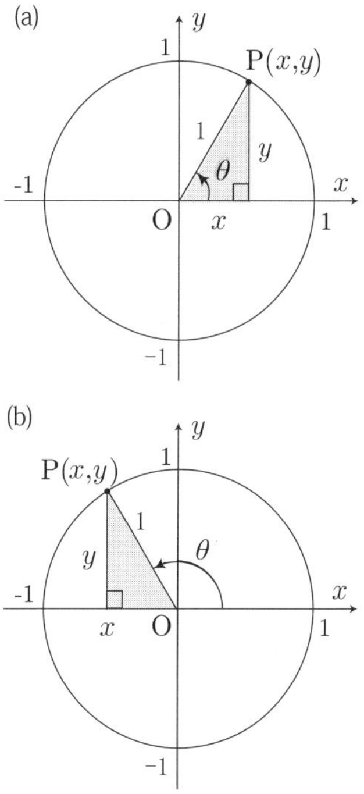

図 1.5　単位円と三角比

例題 1.1（三角比の拡張）　三角比 $\sin 150^\circ$，$\cos 150^\circ$，$\tan 150^\circ$ の値を求めよ．

（解） 図 1.6(a) のように単位円を描き，$\theta = 150^\circ$ の点 $P(x, y)$ をとる．このとき図 1.6(b) のように，辺の比が $1 : 2 : \sqrt{3}$ の直角三角形ができていることに着目して

$$y = \frac{1}{2}\ (= \sin\theta) \qquad x = -\frac{\sqrt{3}}{2}\ (= \cos\theta)$$

の値を読み取り，$\tan\theta = y/x$ の値を計算する．

$$\sin 150^\circ = \mathbf{\frac{1}{2}} \qquad \cos 150^\circ = -\mathbf{\frac{\sqrt{3}}{2}} \qquad \tan 150^\circ = -\mathbf{\frac{1}{\sqrt{3}}}$$ ■

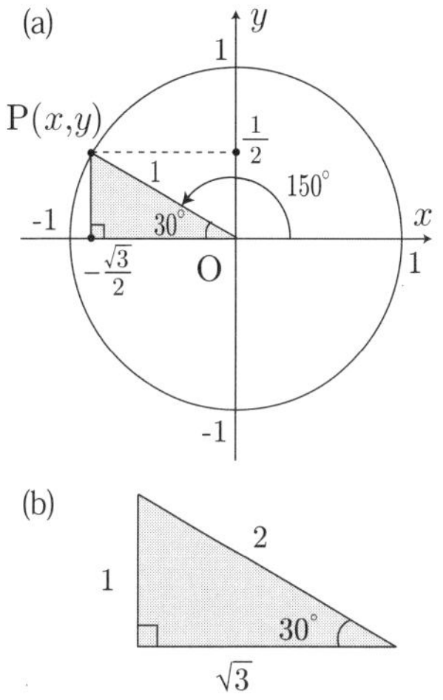

図 1.6

§ 1.2 ベクトル

■ベクトル　大きさと向きをもつ量を**ベクトル**とよぶ．一般にベクトルは，矢印で表す．始点を点 O，終点を A とするベクトルは $\overrightarrow{\mathrm{OA}}$ と記す．記号を簡略化するため，本書ではベクトルを記号 $\boldsymbol{a}$ のように太い英文字で表すが，$\vec{a}$ と表記する本もある *．

* ベクトルの大きさは a $(= |\boldsymbol{a}| = |\vec{a}|$ または $|\overrightarrow{\mathrm{OA}}|)$ と記す．

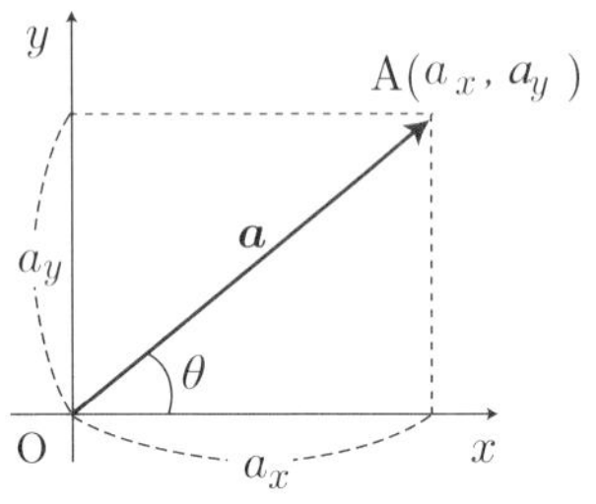

図 1.7　ベクトルの成分表示

■ベクトルの成分表示　図 1.7 に示すような x-y 座標系を取ると，始点 O から終点 $\mathrm{A}(a_x, a_y)$ に向かうベクトルは

$$\text{成分表示で：} \boldsymbol{a} = (a_x, a_y) \tag{1.8}$$

と表される．大きさ a と，ベクトルが x 軸とのなす角 θ を使えば

$$x\text{ 成分：} a_x = a\cos\theta \qquad y\text{ 成分：} a_y = a\sin\theta \tag{1.9}$$

である．一方，成分 (a_x, a_y) を使えば，このベクトルは

$$\text{大きさ} \quad : a = \sqrt{a_x^2 + a_y^2} \tag{1.10}$$

$$x\text{ 軸となす角 } \theta\text{：} \tan\theta = \frac{a_y}{a_x} \tag{1.11}$$

と表される．

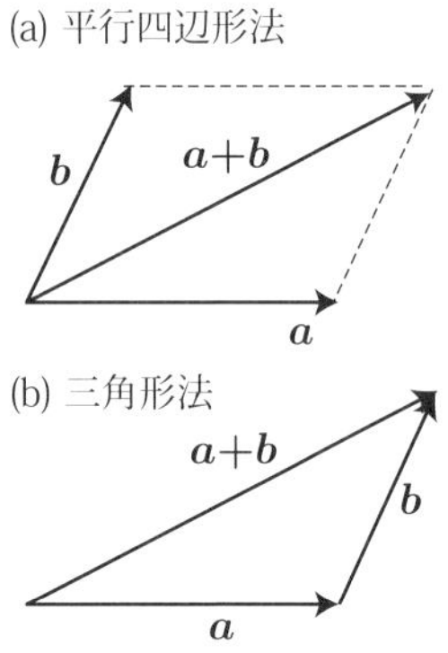

図 1.8　ベクトルの和

■ベクトルの演算　2 つのベクトル $\boldsymbol{a}$ と $\boldsymbol{b}$ の和（**合成ベクトル**）$\boldsymbol{a} + \boldsymbol{b}$ は，図 1.8(a) に示す**平行四辺形法**，または図 1.8(b) に示す**三角形法**で求められる．ベクトル $\boldsymbol{a}$ の実数倍は $k\boldsymbol{a}$，大きさが等しく逆向きのベクトル（**逆ベクトル**）は $-\boldsymbol{a}$ と表される．

■成分表示によるベクトルの演算　図 1.9 に示すように，ベクトル $\boldsymbol{a} = (a_x, a_y)$，$\boldsymbol{b} = (b_x, b_y)$ と与えられるとき

$$\text{和は } \boldsymbol{a} + \boldsymbol{b} = (a_x, a_y) + (b_x, b_y) = (a_x + b_x, a_y + b_y) \tag{1.12}$$

となる．つまり，合成ベクトル $\boldsymbol{a} + \boldsymbol{b}$ の x，y 成分は $\boldsymbol{a}$ と $\boldsymbol{b}$ の x と y 成分を各々加算するだけでよい．同様に

$$\text{実数倍は} \quad k\boldsymbol{a} = k(a_x, a_y) = (ka_x, ka_y) \qquad (k\text{ は実数}) \tag{1.13}$$

$$\text{差は } \boldsymbol{a} - \boldsymbol{b} = (a_x, a_y) - (b_x, b_y) = (a_x - b_x, a_y - b_y) \tag{1.14}$$

となる．

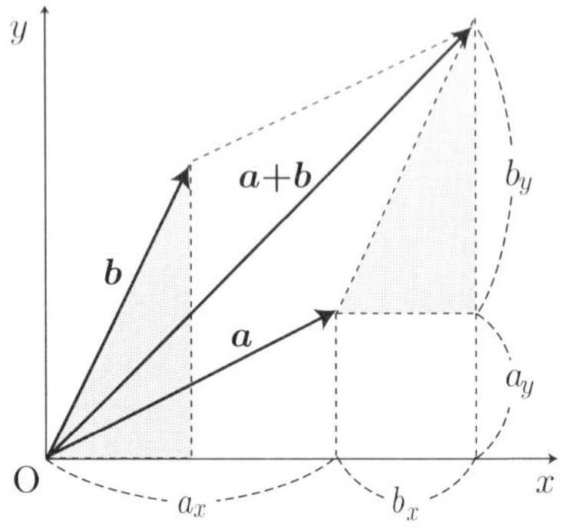

図 1.9　成分表示によるベクトルの演算

> **例題 1.2**（成分による方法）　図 1.10(a) に示すように，x 軸と 30° をなす大きさ $\sqrt{3}$ のベクトル $\boldsymbol{a}$ と $-60°$ をなす大きさ 1 のベクトル $\boldsymbol{b}$ がある．
> (1) $\boldsymbol{a}$ と $\boldsymbol{b}$ を成分表示で表せ．
> (2) $\boldsymbol{a}+\boldsymbol{b}$ を成分表示で表し図中に示せ．

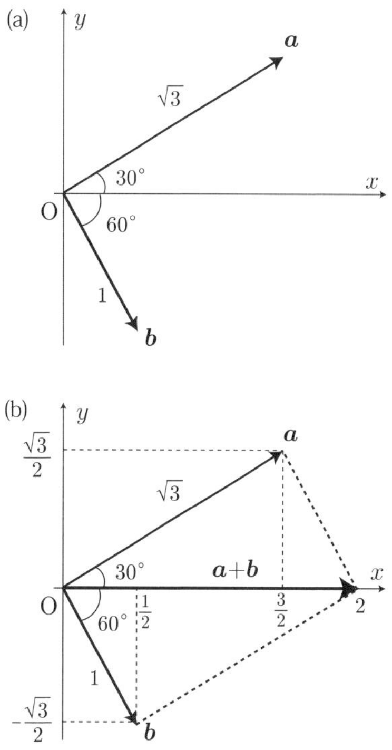

図 1.10

（解）合成ベクトル $\boldsymbol{a}+\boldsymbol{b}$ の x，y 成分は $\boldsymbol{a}$ と $\boldsymbol{b}$ の x と y 成分を各々加算するだけでよい．

(1) 成分表示で表すと

$$\boldsymbol{a}=(\sqrt{3}\cos 30°, \sqrt{3}\sin 30°)=\left(\frac{3}{2}, \frac{\sqrt{3}}{2}\right)$$

$$\boldsymbol{b}=(\cos 60°, -\sin 60°)=\left(\frac{1}{2}, -\frac{\sqrt{3}}{2}\right)$$

(2) x 成分どうし，y 成分どうしをそれぞれ加算すると

$$\boldsymbol{a}+\boldsymbol{b}=\left(\frac{3}{2}, \frac{\sqrt{3}}{2}\right)+\left(\frac{1}{2}, -\frac{\sqrt{3}}{2}\right)=(2,0)$$

よって合成ベクトルの大きさは $|\boldsymbol{a}+\boldsymbol{b}|=\boldsymbol{2}$，向きは $+x$ 軸方向で，図 1.10(b) 中に矢印で示す通り．

■

問題 1.3（ベクトルの成分と演算）　図 1.11 に示すベクトル $\boldsymbol{a}$ と $\boldsymbol{b}$ について

(1) $\boldsymbol{a}$ と $\boldsymbol{b}$ を成分表示で表せ．

(2) ① $-\boldsymbol{b}$, ② $\boldsymbol{a}+\boldsymbol{b}$，③ $\boldsymbol{a}-\boldsymbol{b}$ を成分表示で求めよ．

(3) $-\boldsymbol{b}$，$\boldsymbol{a}+\boldsymbol{b}$，$\boldsymbol{a}-\boldsymbol{b}$ を図中に示せ．

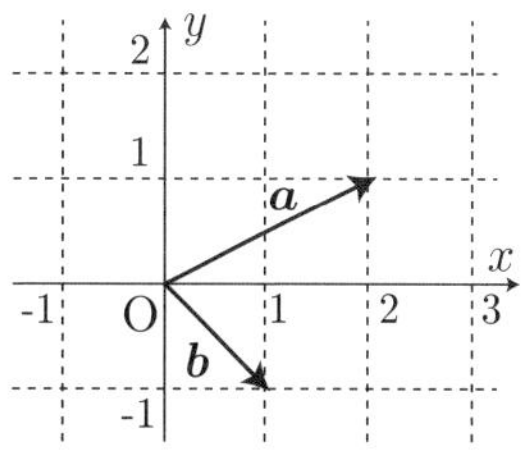

図 1.11

問題 1.4（合成ベクトルの成分）　図 1.12 に示す 3 つのベクトル $\boldsymbol{a}$, $\boldsymbol{b}$，$\boldsymbol{c}$ の合成ベクトルが $\boldsymbol{a}+\boldsymbol{b}+\boldsymbol{c}=\boldsymbol{0}$ の条件を満たすとき，$\boldsymbol{a}$ と $\boldsymbol{b}$ と $\boldsymbol{c}$ をそれぞれ成分表示で表せ．ただし $\boldsymbol{a}$ は大きさ 2 で $+x$ 軸と 30° をなす．

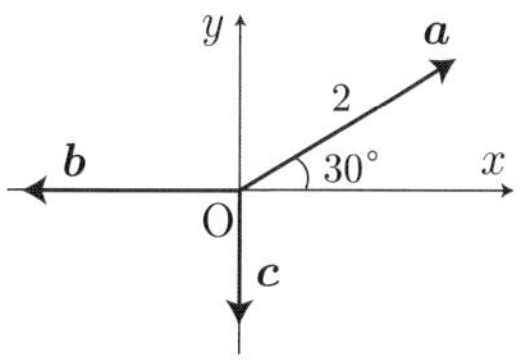

図 1.12

2　力のつり合い

力学の第 1 歩は力の種類と性質を知ることである．力は大きさと向きをもつベクトルである．力のつり合いは，ベクトルや三角比のよい演習問題でもある．

§ 2.1　力のはたらき

■力の表し方　力は大きさと向きをもつ**ベクトル**量である．力のはたらきは，大きさ，向き，**作用点**によって決まるので，これらを**力の三要素**とよぶ．力を図示するには，図 2.1 のように，作用点から力の向きに，その大きさ F に比例した長さの「力の矢印」を描き，記号 $\boldsymbol{F}$（または $\vec{F}$）のように表す．作用点を通り，力の向きに引いた線を**作用線**とよぶ．力の大きさの単位には**ニュートン**（記号 **N**）を用いる．

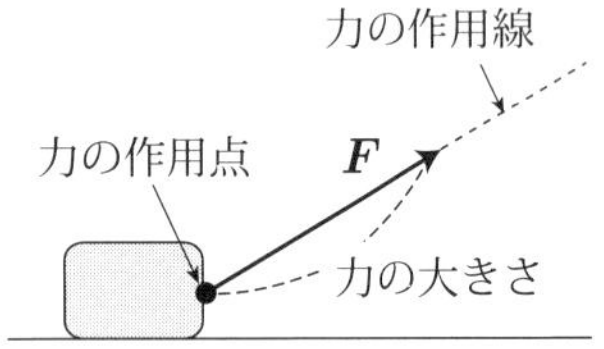

図 2.1　力の表し方

■重力　地球上のすべての物体には，その運動状態に関係なく**鉛直下向き**に**重力**がはたらく（**遠隔力**）．物体にはたらく重力の作用点を**重心**とよぶ．重力の大きさ（重さ W）はその物体のもつ**質量** m と**重力加速度**の大きさ g を使って *

$$\text{重力の大きさ：}\ W = mg \tag{2.1}$$

と表すことができる．地上で質量 1kg の物体にはたらく重力を **1kgw**（**キログラム重**）といい，**9.8N** に等しい．

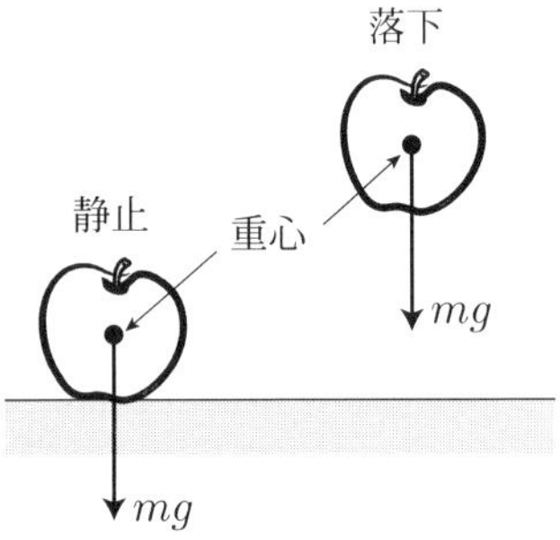

図 2.2　重力

*以下簡略化のため本書では，重力加速度の大きさを「重力加速度」と記す．

■垂直抗力・糸の張力　物体は接している他の物体からも力を受ける（**近接力**）．例えば，図 2.3(a) で物体は接している床から**垂直抗力** $\boldsymbol{N}$ を受けている．図 2.3(b) では，つるしている糸から**張力** $\boldsymbol{T}$ を受けている．図 2.3 のように物体が静止しているとき，垂直抗力の大きさ N と糸の張力の大きさ T は

つり合いの条件：（上向きの力の大きさ）＝（下向きの力の大きさ）

から次のように定まる．

$$N = mg$$
$$T = mg$$

このように，つり合いの条件により決まる力を**現れる力**（または**拘束力**）とよぶ．

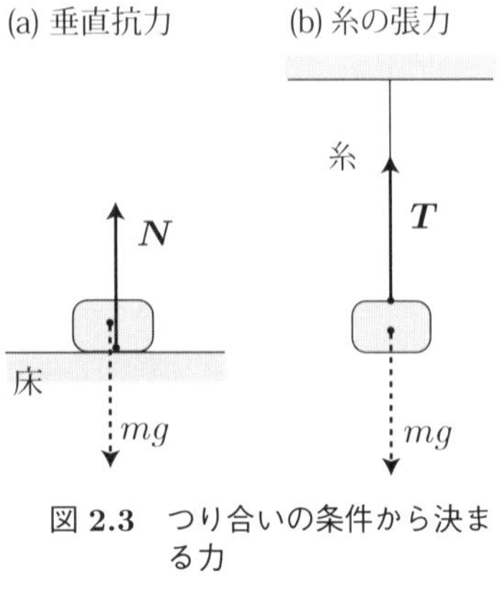

図 2.3　つり合いの条件から決まる力

■静止摩擦力　図 2.4 に示すように，粗い面の上に置かれた物体にひもをつけて大きさ T の力で水平に引っ張る *．外部からの力 $\boldsymbol{T}$（ひもの張力）が小さければ，物体は動かない．これは張力 $\boldsymbol{T}$ と反対向きに**静止摩擦力** $\boldsymbol{F}$ が現われ，$\boldsymbol{T}$ とつり合うからである．

つり合いの条件：(左向きの力の大きさ = 右向きの力の大きさ)

から，静止摩擦力の大きさ F は下記のように定まる．

$$F = T$$

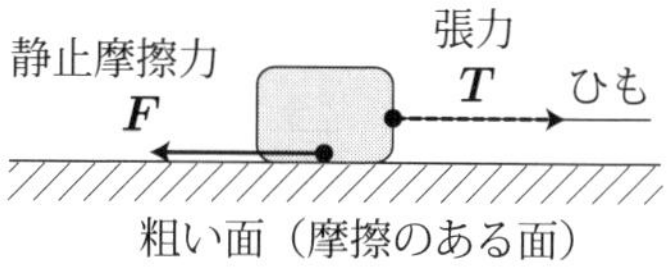

図 2.4　静止摩擦力

* 摩擦が現れる面を**粗い**面，摩擦が無視できる面を**なめらかな**面とよぶ．

■力の合成と分解・力の成分　1 つの物体に複数の力が同時にはたらくとき，それらを合わせたのと同じはたらきをする 1 つの力を求めることを**力の合成**といい，合成されたあとの力を**合力**とよぶ．力はベクトルであるから，図 2.5(a) に示すように，合成できる．力の合成とは逆に，1 つの力をそれと同じはたらきをする複数の力に分けることを**力の分解**といい，分けられた力を**分力**という．

図 2.5(b) に示すように，力学では力 $\boldsymbol{F}$ を x 軸と y 軸の 2 つの方向に分解することが多い．このとき**成分表示**で

$$\boldsymbol{F} = (F_x, F_y) = (F\cos\theta, F\sin\theta) \tag{2.2}$$

と表すことができる．ここで，$F = \sqrt{F_x^2 + F_y^2}$ である．

2 力 $\boldsymbol{F_1} = (F_{1x}, F_{1y})$ と $\boldsymbol{F_2} = (F_{2x}, F_{2y})$ の合力 $\boldsymbol{F} = (F_x, F_y)$ の各成分は，それぞれの x 成分，y 成分の和として

$$F_x = F_{1x} + F_{2x} \qquad F_y = F_{1y} + F_{2y} \tag{2.3}$$

と表される．

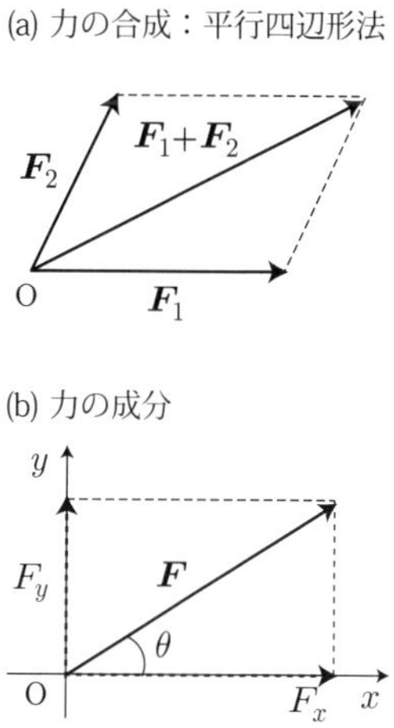

図 2.5　力の合成・力の成分

■作用・反作用の法則　図 2.6(a)：物体 A と物体 B を糸で結んで両側から大きさ T の力で引くことを考える．

図 2.6(b)：A と B を糸で結んだものを 1 つの物体と考えると，同じ大きさ T で反対方向に引いているので，つり合っている．

図 2.6(c)：A の力のつり合いを考えると，B が A を引く力 F_{A} と T は同じ大きさである．同様に A が B を引く F_{B} も T と同じ大きさである．すなわち $F_{\mathrm{A}} = F_{\mathrm{B}} = T$ である．

図 2.6(d)：2 つの物体 A と B の間では，**A が B に力をはたらかせているとき（作用），B も A に同じ大きさで向きが反対の力を同一作用線上ではたらき返している（反作用）**．これを**作用・反作用の法則**とよぶ．

図 2.6 からわかるように，力のつり合いは同じ物体にはたらく力の関係なのに対し，作用・反作用の法則は異なる物体の間にはたらく力の関係である．

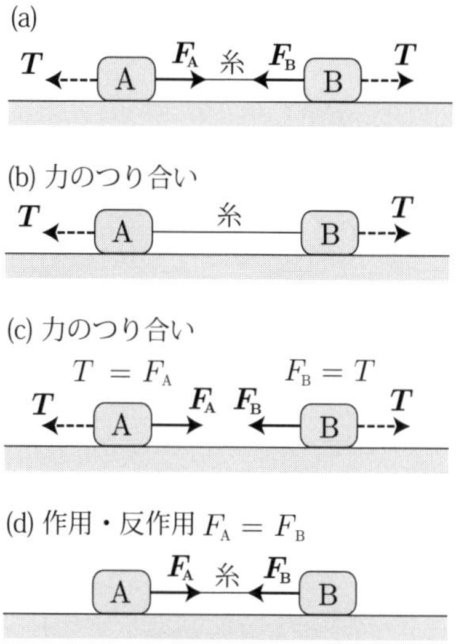

図 2.6　作用・反作用の法則

§ 2.2　力のつり合い

■力のつり合いの条件　物体にいくつかの力がはたらき，それらの合力が 0 ならば「力がつり合っている」という．力はベクトルであるから，力のつり合うときにはその合力（合成ベクトル）の各成分は 0 になる．すなわち，図 2.7 の例のように x 軸と y 軸をとるとき

図 (a) の例では x 軸方向の成分を考えて $T - F = 0$

図 (b) の例では y 軸方向の成分を考えて $N - mg = 0$

図 (c) の例では y 軸方向の成分を考えて $T - mg = 0$

このように，合力の x と y の各成分が 0 となることがつり合いの条件となる．x–y 方向には，「水平－鉛直」をとる場合が多い．

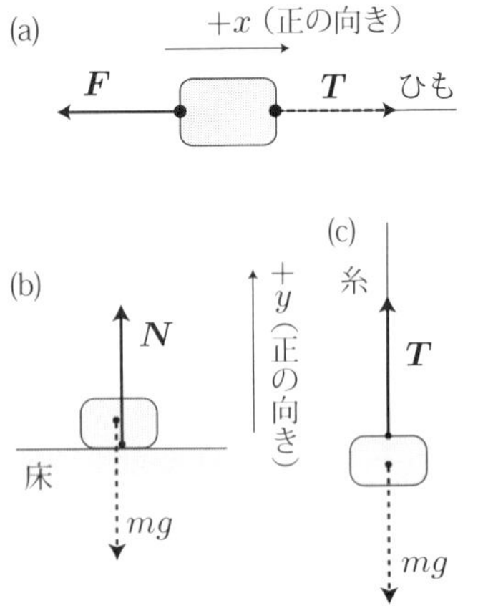

図 2.7　力のつり合いの条件

なお本書では力の大きさを「力」と簡略化して記すことがある．例えば次の例題では，「重力」は重力の大きさを，「張力」は張力の大きさを意味する．

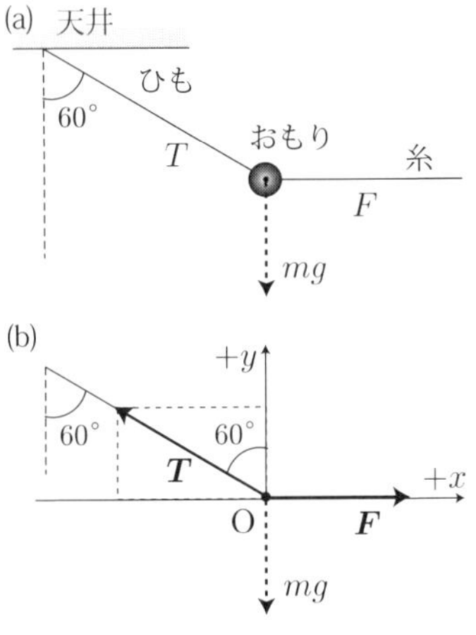

図 2.8

> **例題 2.1（3 力のつり合い）**　図 2.8(a) に示すように，おもりにひもをつけて天井からつるし，別の糸でこの物体を水平方向に引いたらひもが鉛直方向と 60° をなした状態でつり合った．おもりにはたらく重力を mg とするとき，ひもの張力 T，糸の張力 F はそれぞれいくらか．

(解)　図 2.8(b) のように水平方向に x 軸，鉛直方向に y 軸をとり，ひもの張力を成分表示で表すと $\boldsymbol{T} = (-T\sin 60°, T\cos 60°)$ である．それぞれの力の x 成分どうしと y 成分どうしを加算して，合力が 0 となる条件は

水平方向（x 方向）：$F - T\sin 60° = 0$ より　$F - \dfrac{\sqrt{3}}{2}T = 0 \cdots$①

鉛直方向（y 方向）：$T\cos 60° - mg = 0$ より　$\dfrac{1}{2}T - mg = 0 \cdots$②

条件式②から $T = \boldsymbol{2mg}$

条件式①にこれを代入して $F = \boldsymbol{\sqrt{3}mg}$　■

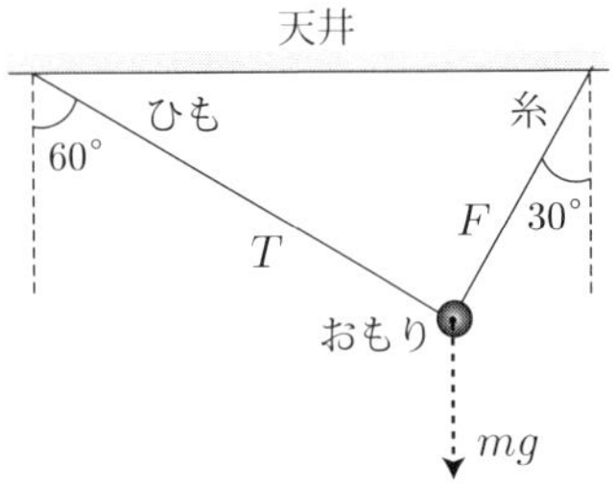

図 2.9

問題 2.1（3 力のつり合い）　図 2.9 に示すようにおもりにひもと糸をつけて天井からつるす．ひもが鉛直方向と 60° をなし，糸が鉛直方向と 30° をなした状態でつり合わせるとき，ひもの張力 T，糸の張力 F はそれぞれいくらか．おもりにはたらく重力を mg とする．

■斜面上の物体にはたらく重力　1つの力を2つの力に分けることを**力の分解**といい，それらの力を**分力**とよぶ．図2.10(a) のように，斜面上に置かれた物体には下向きに重力 mg がはたらくが，この重力を斜面に平行な方向と斜面に垂直な方向に分解して考えると便利なことが多い．斜面の傾斜角を θ とするとき

斜面に平行な方向の成分：$mg\sin\theta$

斜面に垂直な方向の成分：$mg\cos\theta$

である．図2.10(b) の角度 θ と θ' が等しいことは，$\triangle$CAD と $\triangle$DCB が相似であることからわかる．また角 $\theta+\beta=90^\circ=\theta'+\beta$ であることからもわかる．

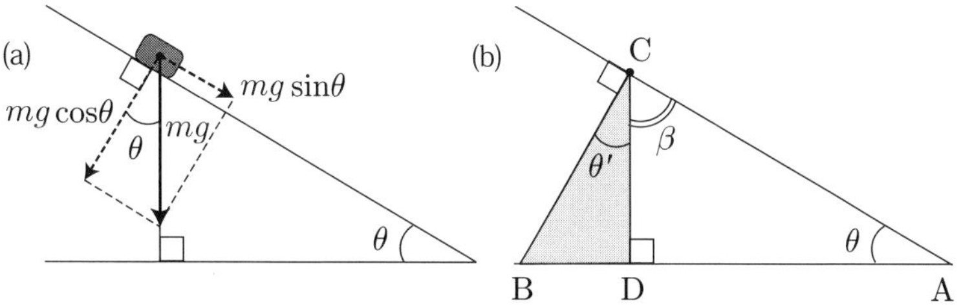

図 2.10　斜面上の物体にはたらく重力の分解

例題 2.2（摩擦のある斜面上の物体にはたらく力）　図2.11(a) に示すように，水平面と角 30° をなす粗い斜面上に，物体が静止している．この物体にはたらく重力を mg とするとき，垂直抗力 N と静止摩擦力 F はそれぞれいくらか．

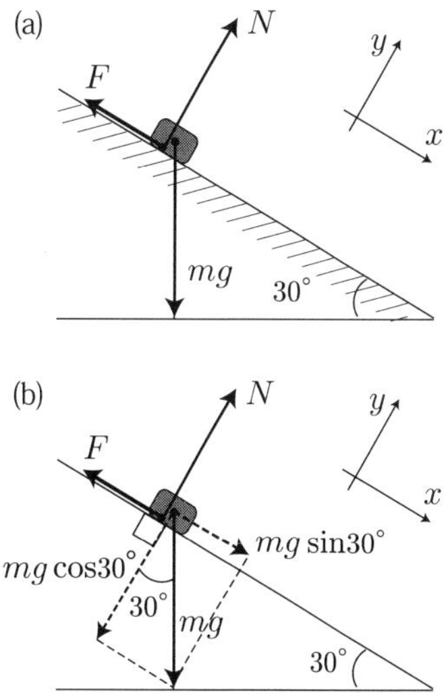

図 2.11

（解）　物体には鉛直下向きに重力 mg がはたらく．垂直抗力 N と静止摩擦力 F はつり合いの条件から決まるが，力の向きはそれぞれ「斜面に垂直」「斜面に平行」であることがわかっている．そこで図(b) のように，重力 mg を「斜面に垂直な成分 ($=mg\cos 30^\circ$)」と「斜面に平行な成分 ($=mg\sin 30^\circ$)」に分解する．符号に注意して，力のつり合いの式を立てると

斜面と平行方向（x 方向）：$mg\sin 30^\circ - F = 0$ より

$$F = mg\sin 30^\circ = \boldsymbol{\frac{1}{2}mg}$$

斜面と垂直方向（y 方向）：$N - mg\cos 30^\circ = 0$ より

$$N = mg\cos 30^\circ = \boldsymbol{\frac{\sqrt{3}}{2}mg}$$

■

問題 2.2（摩擦のある斜面上の物体にはたらく力）　図2.12に示すように，固定された三角柱の斜面上に物体が静止している．この物体にはたらく重力を mg とするとき，垂直抗力 N と静止摩擦力 F はそれぞれいくらか．

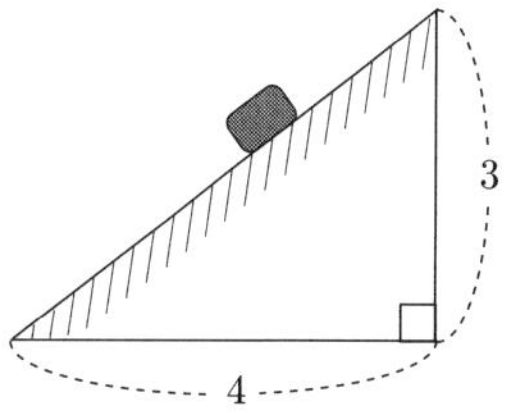

図 2.12

3　運動の表し方 (1)

ここでは身近な運動の具体例として，等加速度運動を扱う．前半は v–t グラフの理解，後半では等加速度運動の 3 公式を使いこなせるようになることが主な目標である．

§ 3.1　等速度運動と等加速度運動

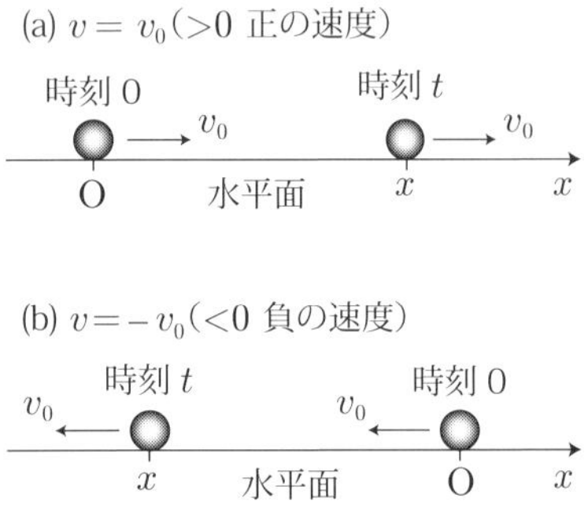

図 3.1　等速度運動

■等速度運動　摩擦のない水平面上では，物体は一定の速度で動くことができる．このような運動を**等速度運動**という．図 3.1 のように，時刻 0 での物体の位置を原点 O として x 座標をとると，一定の速度 v で運動する物体の時刻 t での位置 x は

$$x = vt \tag{3.1}$$

で表される．$v = v_0(> 0)$ ならば $+x$ の正の方向に進み，$v = -v_0(< 0)$ ならば負の方向に進む運動である．物体の「位置の変化」を**変位**というが，式 (3.1) の位置 x は原点 O からの変位でもある．

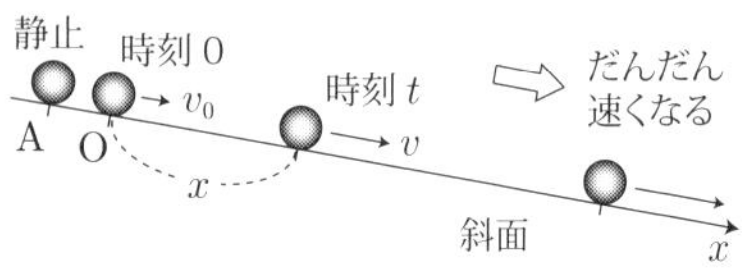

図 3.2　等加速度運動

■等加速度運動　斜面上の点 A で物体を静かに放すと，だんだん加速して速くなりながら降下する．このような一定の割合で加速される運動を**等加速度運動**とよぶ．図 3.2 に示すように x 座標をとり，原点 O を通過するときの時刻を 0 とすると，時刻 t での速度 v は

$$v = v_0 + at \tag{3.2}$$

と表される．図 3.3 は速度 v と時間 t の関係を示す $\boldsymbol{v}$–$\boldsymbol{t}$ **グラフ**である．ここで v_0 は $t = 0$ のときの速度で**初速度**とよばれる．v–t グラフの「傾き」a は速度の時間変化率を表し**加速度**とよばれる．

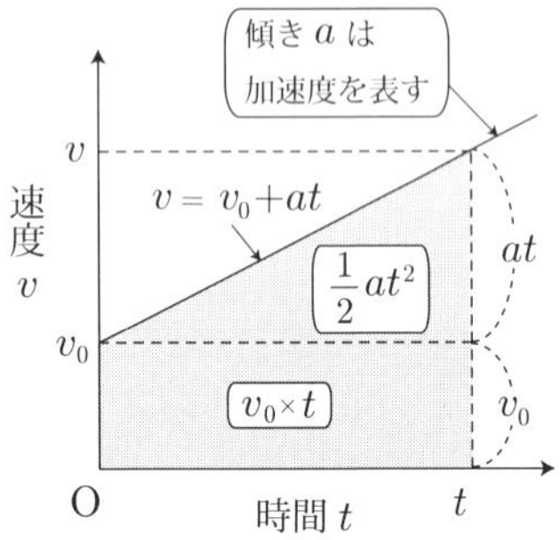

図 3.3　$\boldsymbol{v}$–$\boldsymbol{t}$ グラフ

v–t グラフの「傾き」は加速度 a，「面積」は変位 x を表す．

時刻 t での物体の位置 x を「平均の速さ $\left(\dfrac{v+v_0}{2}\right) \times$ 時間 t」として $v = v_0 + at$ を使って計算してみると

$$x = v_0 t + \frac{1}{2}at^2 \tag{3.3}$$

となる．図 3.3 は，変位 x が $v = v_0 + at$ を表す直線と x 軸とで囲まれる部分の「面積」に相当することを示している．また式 (3.2) と (3.3) から t を消去して次式が得られる．

$$v^2 - v_0^2 = 2ax \tag{3.4}$$

■ **v–t グラフと加速度・変位（距離）** 時間 $\Delta t = t_2 - t_1$ の間に速度が $\Delta v = v_2 - v_1$ だけ変化するとき，等加速度運動では

$$\text{加速度：}\quad a = \frac{\Delta v}{\Delta t} = \frac{v_2 - v_1}{t_2 - t_1} \tag{3.5}$$

と求めることができる．変位（距離）は対応する v–t グラフの面積からでも，式 (3.3) を使っても求めることができる *.

* 変位の絶対値が移動距離である．

> **例題 3.1（$v - t$ グラフ）** 図 3.4 はエレベーターが上向きに動き出してから止まるまでの v–t グラフである．
>
> (1) 0 ∼ 2s での①加速度と②その間に上昇した距離はいくらか．
>
> (2) 2 ∼ 5s での①加速度と②その間に上昇した距離はいくらか．
>
> (3) 5 ∼ 8s での①加速度と②その間に上昇した距離はいくらか．

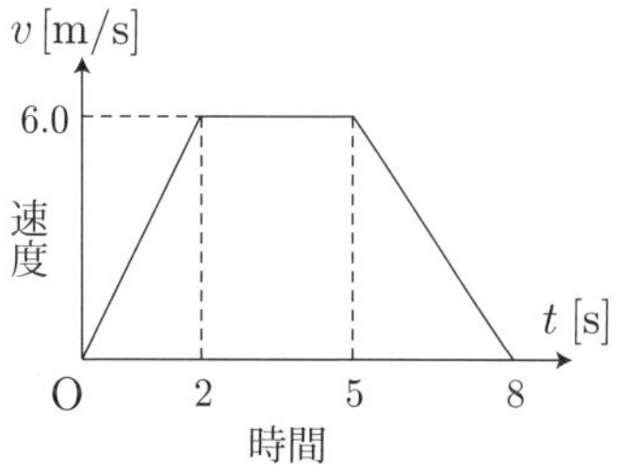

図 3.4

（解） 変化（Δv や Δt）は，時間的に後ろから前を引くのが決まり．

(1) 0 ∼ 2s で ①加速度は $a_1 = \dfrac{\Delta v}{\Delta t} = \dfrac{6.0 - 0}{2.0 - 0} = \mathbf{3.0\ m/s^2}$

②距離 $x_1 = \dfrac{1}{2} \times 6.0 \times 2.0 = \mathbf{6.0\ m}^{**}$

(2) 2 ∼ 5s で ①加速度は $a_2 = \dfrac{\Delta v}{\Delta t} = \dfrac{6.0 - 6.0}{5.0 - 2.0} = \mathbf{0\ m/s^2}$

②距離 $x_2 = 6.0 \times 3.0 = \mathbf{18\ m}$

(3) 5 ∼ 8s で ①加速度は $a_3 = \dfrac{\Delta v}{\Delta t} = \dfrac{0 - 6.0}{8.0 - 5.0} = \mathbf{-2.0\ m/s^2}$

②距離 $x_3 = \dfrac{1}{2} \times 6.0 \times 3.0 = \mathbf{9.0\ m}$ ■

** 式 (3.3) を使っても同じ答 $x_1 = 0 \times 2 + \dfrac{1}{2} \times 3 \times 2^2 = 6\text{m}$ が得られる．

> **例題 3.2（負の加速度）** 図 3.5(a) のように斜面に沿って上向きを正として x 軸をとる．時刻 0 に原点 O から正の向きに小球に初速度を与えると v–t グラフは図 (b) のようになった．
>
> (1) 加速度 a はいくらか．
>
> (2) 速度が 0 になるのは初速度を与えてから何秒後か．またその間の変位 x_1 はいくらか．
>
> (3) 初速度を与えてから 3.0 秒後の位置 x はいくらか．

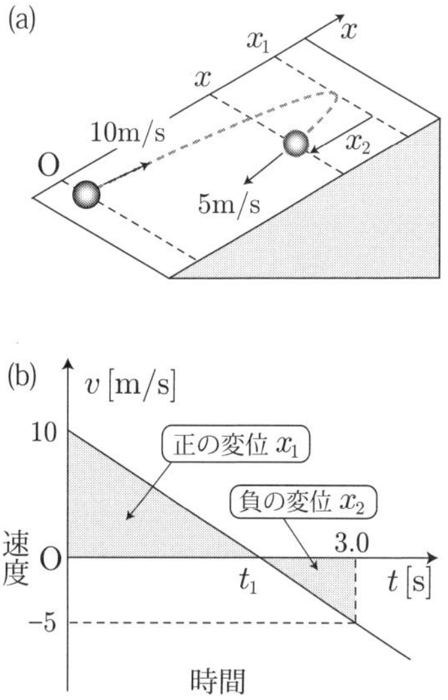

図 3.5

（解） 図より $t = 0\text{s}$ で $v_0 = 10\text{m/s}$，$t = 3.0\text{s}$ で $v = -5.0\text{m/s}$

(1) 加速度 $a = \dfrac{\Delta v}{\Delta t} = \dfrac{-5.0 - 10}{3.0 - 0} = \mathbf{-5.0\ m/s^2}$

(2) 速度 0 になる時刻 t_1 は $v = v_0 + at_1 = 10 - 5.0t_1 = 0$ の条件から $t_1 = \mathbf{2.0\ s}$，変位は $x_1 = \dfrac{1}{2} \times 10 \times 2.0 = \mathbf{10\ m}$

(3) $t = 2.0 \sim 3.0\text{s}$ の変位は負の変位で $x_2 = -\dfrac{1}{2} \times 1 \times 5 = -2.5\text{m}$

∴ $t = 0 \sim 3.0\text{s}$ での変位は $x = x_1 + x_2 = 10 - 2.5 = \mathbf{7.5\ m}$

【別解】 $x = v_0 t + \dfrac{1}{2}at^2 = 10 \times 3.0 + \dfrac{1}{2} \times (-5.0) \times 3.0^2 = \mathbf{7.5\ m}$ ■

§ 3.2　等加速度運動の 3 公式の応用

■**等加速度運動の 3 公式**

$$v = v_0 + at \qquad \cdots ①$$

$$x = v_0 t + \frac{1}{2}at^2 \qquad \cdots ②$$

$$v^2 - v_0^2 = 2ax \qquad \cdots ③$$

式①と②は時刻 t を含むが，③は含まないことに注意．式の特徴を理解し，使いこなせるようになろう．

例題 3.3（時刻 t での速度が与えられている問題）　速さ 10 m/s で進んでいた自動車が一定の加速度で速さを増し，3.0 秒後に 16m/s となった．初速度の向きを正とする．

(1) このときの加速度は何 $\mathrm{m/s^2}$ か．

(2) 加速している間に自動車が進んだ距離は何 m か．

解法の手引き
与えられた量を書き出して，何を求めるのかを把握してから，どの公式を適用するかを考える．

(解) 与えられた条件は $v_0 = 10\mathrm{m/s}$, 時刻 $t = 3.0\mathrm{s}$ のとき $v = 16\mathrm{m/s}$ で，求める量が加速度 a と距離 x なので，公式①と②を適用する．

(1) $v = v_0 + at$ に代入して，$16 = 10 + a \times 3.0$

　これから加速度 $a = \mathbf{2.0\ m/s^2}$

(2) 距離 $x = v_0 t + \frac{1}{2}at^2 = 10 \times 3.0 + \frac{1}{2} \times 2.0 \times 3.0^2 = \mathbf{39\ m}$

■

例題 3.4（時刻 t での条件が与えられていない問題）　速さ 16m/s で進んでいた自動車がブレーキをかけて一定の加速度で減速し，40m 走って止まった．加速度は何 $\mathrm{m/s^2}$ か．初速度の向きを正とする．

(解) 与えられた条件は $v_0 = 16\mathrm{m/s}$, $v = 0\mathrm{m/s}$ のとき $x = 40\mathrm{m}$ で，求める量が加速度 a なので，公式③を適用する．

　$v^2 - v_0^2 = 2ax$ に代入して，$0 - 16^2 = 2 \times a \times 40$

　これから加速度 $a = \mathbf{-3.2\ m/s^2}$

■

問題 3.1（等加速度運動）　速さ 4.0m/s で右向きに進んでいた物体が，等加速度運動をして 3.0 秒後に左向きに速さ 2.0m/s になった．

(1) 物体の加速度を求めよ．右向きを正とする．

(2) 物体の速さが 0 になるのは，物体が進み始めてから何秒後か．

(3) 速さが 0 になるまでに進む距離を求めよ．

■落下運動　斜面上の物体は等加速度運動であることを学んだ．図 3.6(a) のように，斜面を傾けていくと次第に加速度は大きくなり，鉛直に達すると**落下運動**となる．図 3.6(b) に初速度が 0 の場合の $v-t$ グラフを示す．落下運動の加速度を**重力加速度**といい，本書では $\mathbf{9.8m/s^2}$ として扱う．初速度が 0 の場合の落下運動を特に**自由落下**とよぶ．

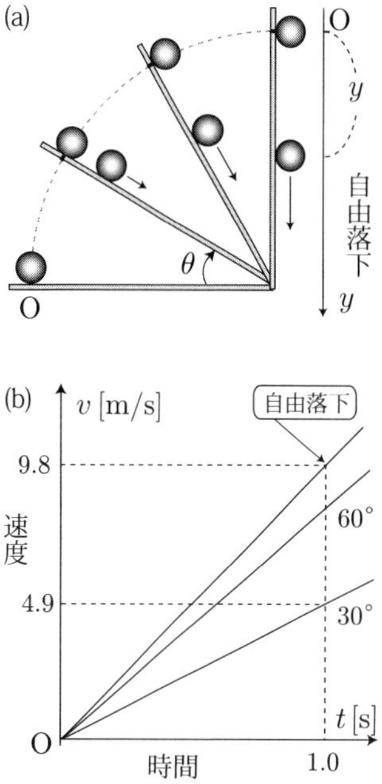

図 3.6　(a) 斜面上の運動と落下運動 (b) 傾斜角 30° と 60° の斜面上の運動と自由落下の $v-t$ グラフ

■知っておくと便利なルート（根号）の開き方

(i) $\sqrt{a^2} = a$　【例】$\sqrt{49} = \sqrt{7^2} = 7$

(ii) $\sqrt{a^2 \times b^2} = \sqrt{(a \times b)^2} = a \times b$

【例】$\sqrt{2 \times 9.8 \times 10} = \sqrt{2 \times 2 \times 49} = \sqrt{2^2 \times 7^2} = 2 \times 7 = 14$

(iii) $\sqrt{\dfrac{b^2}{a^2}} = \sqrt{\left(\dfrac{b}{a}\right)^2} = \dfrac{b}{a}$

【例】$\sqrt{\dfrac{2 \times 10}{9.8}} = \sqrt{\dfrac{2 \times 100}{98}} = \sqrt{\dfrac{100}{49}} = \sqrt{\dfrac{10^2}{7^2}} = \sqrt{\left(\dfrac{10}{7}\right)^2} = \dfrac{10}{7}$

> **例題 3.5**（自由落下）　水面より高さ 10m の所から，石を自由落下させた．石が水面に達するまでの時間と，水面に達する直前の石の速さを求めよ．重力加速度を $g = 9.8\text{m/s}^2$ とする．

（解）　図 3.6(a) に示すように，落下し始める点を原点 O として鉛直下向き に y 軸をとり，$v_0 = 0$，$a = g$ として等加速度運動の公式を適用すると

$$v = gt \cdots ①\qquad y = \frac{1}{2}gt^2 \cdots ②\qquad v^2 = 2gy \cdots ③$$

高度差 $h = 10\text{m}$ 落下するのに要した時間 t は，$y = h$ とおいて

②の $h = \dfrac{1}{2}gt^2$ より $t = \sqrt{\dfrac{2h}{g}} = \sqrt{\dfrac{2 \times 10}{9.8}} = \dfrac{\mathbf{10}}{\mathbf{7}} \fallingdotseq \mathbf{1.43\ s}$

そのときの速さは①より，$v = gt = 9.8 \times \dfrac{10}{7} = \mathbf{14\ m/s}$

（別解）③式 $v^2 = 2gh$ より $v = \sqrt{2gh} = \sqrt{2 \times 9.8 \times 10} = \mathbf{14\ m/s}$

■

問題 3.2（自由落下）　地上からの高さ 2.5m の所から，石を自由落下させた．重力加速度を $g = 9.8\text{m/s}^2$ とし，空気抵抗はないと仮定する．

(1) 石が地面に達するまでの時間はいくらか．

(2) 地面に達する直前の石の速さを求めよ．

4 運動の表し方 (2)

前章では等加速度運動に限ったが，ここではより一般的な運動を扱う．そのためにまず微分・積分法について簡単に学習する．次に時刻 t の関数としての位置・速度・加速度の概念を，微分・積分の知識を使って，もう一度定義する．後半では放物運動（2 次元の運動）を扱う

§ 4.1 速度・加速度と微分・積分

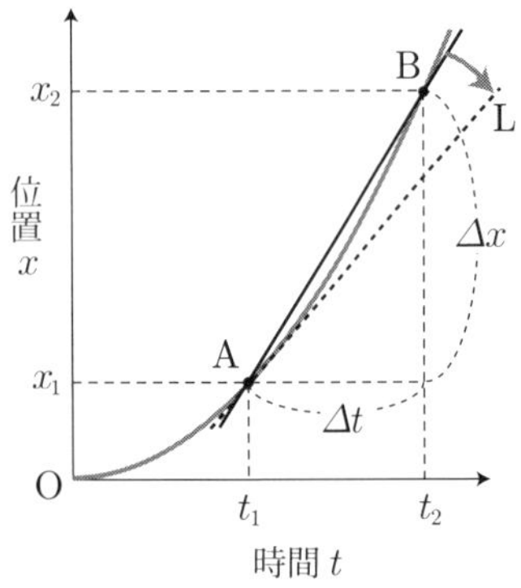

図 4.1 x-t グラフ

■変数と関数 時刻 t を与えると物体の位置 x が指定されるとき，t を**変数**，x を**関数**とよび，そのことを強調する場合には $x = x(t)$ と記す．図示する場合には図 4.1 の x-t グラフのように横軸に変数 t を縦軸に関数 x をとる．

■平均の速度と瞬間の速度 ある物体の時刻 t における位置が $x = x(t)$ で与えられているとき，時刻 t_1 における位置 (A) は $x_1 = x(t_1)$ で，時刻 t_2 における位置 (B) は $x_2 = x(t_2)$ である．経過時間 $\Delta t(= t_2 - t_1)$ の間の変位が $\Delta x(= x_2 - x_1)$ ならば，この間の**平均の速度**は $\overline{v} = \dfrac{\Delta x}{\Delta t}$ と示される．この平均の速度は，図 4.1 では直線 AB の傾きに相当する．時刻 t_1 における**瞬間の速度** v_1 は，t_2 を t_1 に近づけて Δt を限りなく 0 に近づけたときの速度として

$$\text{瞬間の速度 } v_1 = \lim_{\Delta t \to 0} \frac{\Delta x}{\Delta t} = \left.\frac{dx}{dt}\right|_{t=t_1} \tag{4.1}$$

と定義される．式 (4.1) の v_1 は図 4.1 中では点 A における接線 L の傾きに相当し，**微分係数**に他ならない．このことから，任意の時刻 t における瞬間の速度 v は，物体の位置 $x = x(t)$ を時刻 t で微分したものであることがわかる．

また，時間 Δt の間の速度変化を Δv とすると，その間の平均の加速度は $\overline{a} = \dfrac{\Delta v}{\Delta t}$ であり，時刻 t における**瞬間の加速度** a は，速度 v を時間 t で**微分**したものとなる．

$$\text{瞬間の加速度 } a = \lim_{\Delta t \to 0} \frac{\Delta v}{\Delta t} \tag{4.2}$$

逆に，時間 t で**積分**することにより，加速度 a から速度 v や位置 x を導くことができる．以上をまとめると（図 4.2）

$$\text{速度}: v = \frac{dx}{dt} \iff \text{位置 } x = \int v\, dt \tag{4.3}$$

$$\text{加速度}: a = \frac{dv}{dt} \iff \text{速度 } v = \int a\, dt \tag{4.4}$$

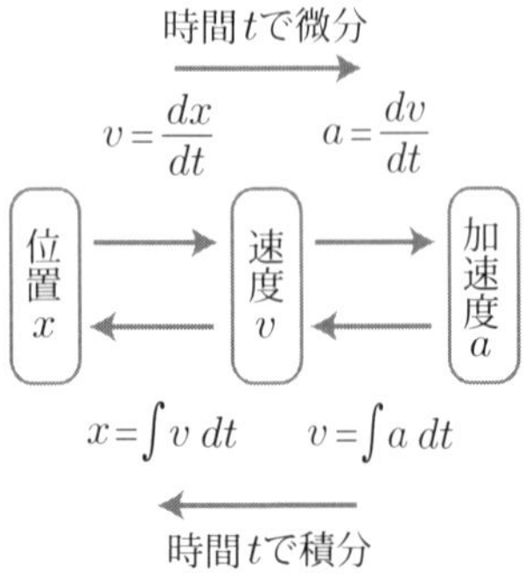

図 4.2 微分・積分と速度・加速度の関係

問題 4.1（微分と速度・加速度）　x 軸上を運動する点 P があり，時刻 t [s] のときの座標 x [m] が $x = 2t^3 - 3t^2 + 4t - 5$ で与えられている．

(1) 点 P の速度 v と加速度 a を時刻 t を使って表せ．

(2) 時刻 $t = 2\mathrm{s}$ における点 P の位置 x，速度 v，加速度 a を求めよ．

■不定積分と初期条件　加速度 a が与えられたときに速度 v と位置 x を導く例として，既出の等加速度運動を取り上げる＊．

時刻 t における速度 v は式 (4.4) から，次のように導かれる．

$$v = \int a dt = at + C_1$$

この式の中の C_1 は**積分定数**とよばれ，$t = 0$ での速度である．これを v_0 とすると $v = v_0 + at$ が導かれる．位置 x は，

$$x = \int v dt = \int (v_0 + at) dt = v_0 t + \frac{1}{2}at^2 + C_2$$

となるが，式中の C_2 は $t = 0$ のときの位置であり，これを 0 とおくと，$x = v_0 t + \dfrac{1}{2}at^2$ が導かれる．このように，加速度 a と**初期条件**（時刻 0 での位置と速度）がわかると，その後の運動が決定される．

＊等加速度運動の場合の a は「定数」であることに注意する．文字で a と表していても「定数」なので，数字と同じように扱ってよい．

■増減表とグラフ

例題 4.1（微分を使ったグラフの作成）　時刻 t [s] における点 P の位置 x [m] が，$x = 12t - 2.0t^2$ で与えられている．

(1) 時刻 t における速度 v と加速度 a を求めよ．

(2) 点 P が停止する時刻 t と位置 x を求めよ．

(3) 時刻 t の関数として速度 v と座標 x をグラフに描け ($0 \leq t \leq 6.0$ s)．

（解）(1) 速度 $v = \dfrac{dx}{dt} = \dfrac{d}{dt}(12t - 2t^2) = \mathbf{12 - 4.0}\boldsymbol{t}$ **[m/s]**

加速度 $a = \dfrac{dv}{dt} = \dfrac{d}{dt}(12 - 4.0t) = \mathbf{-4.0}$ **[m/s²]**

(2) 停止する条件 $v = 12 - 4.0t = 0$ より，停止する時刻は $t =$ **3.0 s**

$t = 3.0\mathrm{s}$ を代入して位置 $x = 12t - 2.0t^2 =$ **18 m**

(3) 下の**増減表**をもとに v–t グラフと x–t グラフを描くと図 4.3 になる．

t [s]	0	⋯	3.0	⋯	6.0
v [m/s]	12	+	0	−	−12
x [m]	0	↗	18	↘	0

■

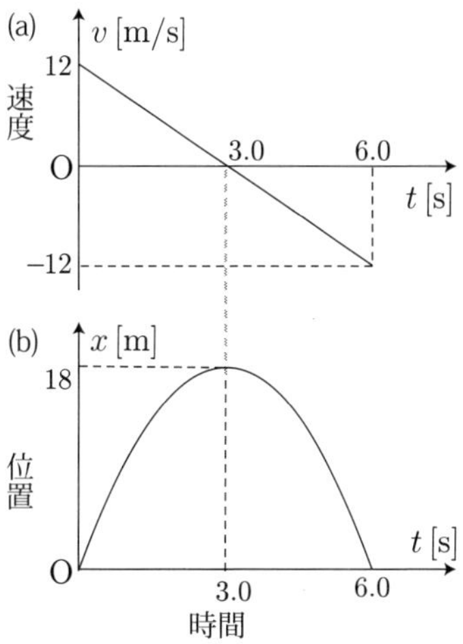

図 4.3

§ 4.2　放物運動

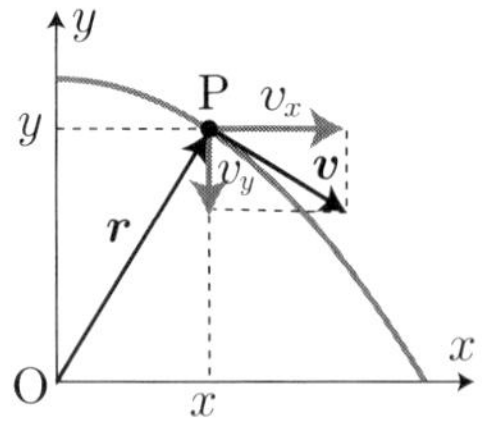

図 **4.4**　位置ベクトル $\boldsymbol{r}$ と速度ベクトル $\boldsymbol{v}$

■ 2 次元の運動（平面運動）　図 4.4 に示すように，x–y 平面上を運動する点 P の位置は **位置ベクトル** $\boldsymbol{r}=(x,y)$ で指定することができる．2 次元の運動では，速度も加速度もベクトルである．時刻 t で，$x=x(t)$，$y=y(t)$ であるとすると

$$\text{速度ベクトル}\quad : \boldsymbol{v}=(v_x,v_y)=\left(\frac{dx}{dt},\frac{dy}{dt}\right) \tag{4.5}$$

$$\text{加速度ベクトル} : \boldsymbol{a}=(a_x,a_y)=\left(\frac{dv_x}{dt},\frac{dv_y}{dt}\right) \tag{4.6}$$

速さ（＝速度ベクトルの大きさ）は $v=\sqrt{v_x^2+v_y^2}$ で与えられる．

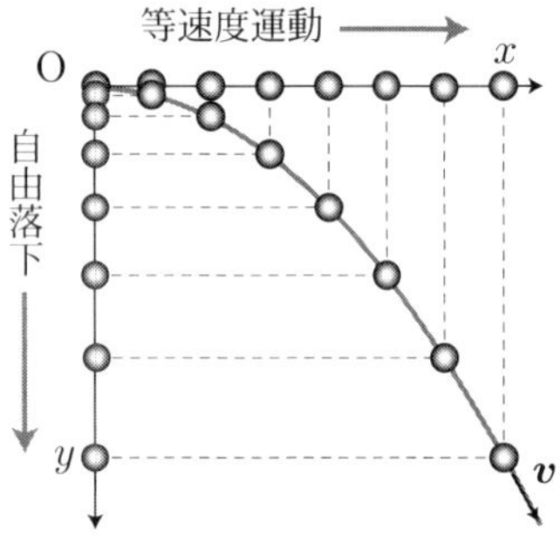

図 **4.5**　水平投射と自由落下

■水平投射　小球を水平方向に投射すると，図 4.5 に示すように，**水平方向には等速度運動をして，鉛直方向には自由落下と同じ運動をする**．そのため，速さ v_0 で水平投射すると，時刻 t における速度 (v_x,v_y) と位置 (x,y) は次のようになる．

$$v_x=v_0 \qquad x=v_0t \tag{4.7}$$

$$v_y=gt \qquad y=\frac{1}{2}gt^2 \tag{4.8}$$

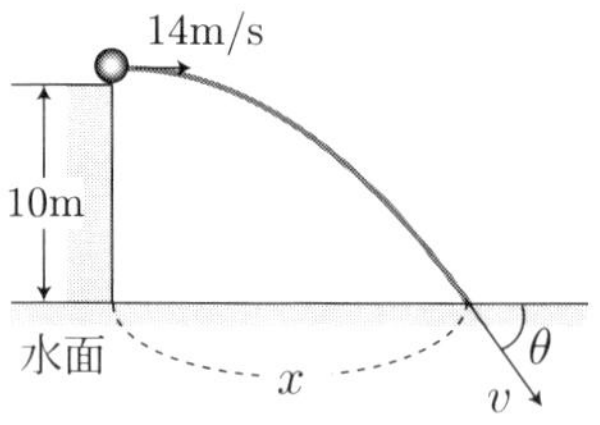

図 **4.6**

> **例題 4.2（水平投射）**　図 4.6 に示すように，水面上 10m の橋の上から，水平方向に 14m/s の速さで小石を投げた．重力加速度を $9.8\mathrm{m/s^2}$ とし，空気抵抗は考えない．
>
> (1) 小石が水面に着くまでに何秒かかるか．
>
> (2) 投げた場所から着水点までの水平距離 x はいくらか．
>
> (3) 小石が着水するときの速さ v はいくらか．着水時に，水平となす角度 θ はいくらか．

（解）小石の運動を水平方向と鉛直方向に分けて考える．

(1) 高さ $h=10\mathrm{m}$，重力加速度 $g=9.8\mathrm{m/s^2}$ とおく．鉛直方向は，自由落下運動と同じだから $h=\dfrac{1}{2}gt^2$ より

落下時間 $t=\sqrt{\dfrac{2h}{g}}=\dfrac{\mathbf{10}}{\mathbf{7}}\fallingdotseq \mathbf{1.43\ s}$

(2) 水平方向は，速さ $v_0=14\mathrm{m/s}$ の等速運動だから

水平到達距離 $x=v_0t=\mathbf{20\ m}$

(3) 水面に到達したときの水平方向の速さは $v_x=v_0=14\mathrm{m/s}$

鉛直方向の速さは $v_y=gt=14\mathrm{m/s}$

したがって速さ $v=\sqrt{v_x^2+v_y^2}=\mathbf{14\sqrt{2}}\fallingdotseq \mathbf{19.8\ m/s}$

水平面となす角 θ は　$\tan\theta=\dfrac{v_y}{v_x}=1$ より $\theta=\mathbf{45°}$　■

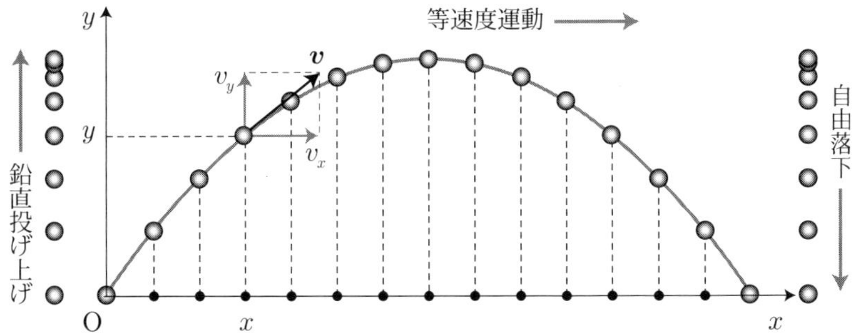

図 4.7　放物運動

■放物運動　図 4.7 は，斜めに投げ上げられたとき（斜方投射）の物体の位置を等しい時間間隔で表している．この運動を，水平方向と鉛直方向に分けて考察すると物体は

水平方向には等速度で運動し，

鉛直方向には下向きに大きさ $\boldsymbol{g}$ の等加速度運動をする

ことがわかる．水平と角 θ をなす方向に速度 $\boldsymbol{v_0}$ で投げ上げた場合には，図 4.8 に示すように**速度の分解**ができるので，水平方向には $v_0\cos\theta$ の等速度運動，鉛直方向には初速度 $v_0\sin\theta$ で加速度 $-g$ の等加速度運動となる．

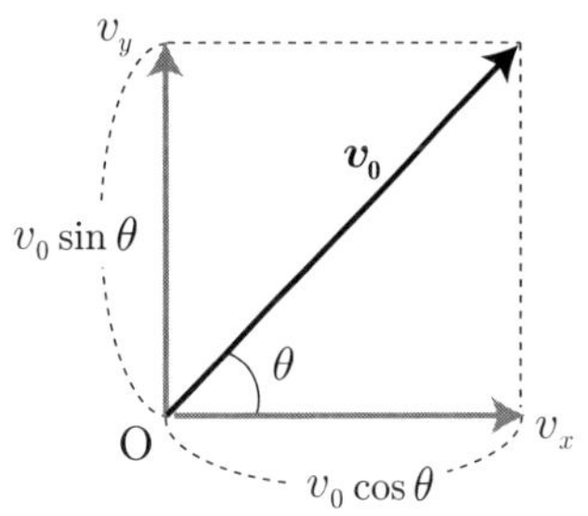

図 4.8　速度の分成

例題 4.3（放物運動）　地上から水平面と角 θ をなす方向に，初速度の大きさ v_0 でボールを投げた．図 4.9 に示すように，ボールを投げた地点を O とし，水平方向に x 軸，鉛直上向きに y 軸をとり，運動は $x-y$ 平面内で行なわれるものとする．重力加速度の大きさを g とし，空気抵抗は無視する．投げてから時間 t が過ぎたとき

(1) 水平方向の速度成分 v_x，位置の x 座標を求めよ．

(2) 鉛直方向の速度成分 v_y，位置の y 座標を求めよ．

(3) 軌道の方程式を導き，通過した道筋が放物線になることを示せ．

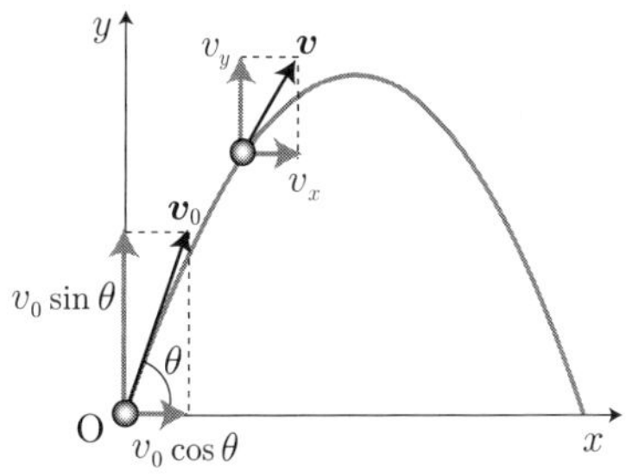

図 4.9

（解）(1) x 方向には初速度 $v_0\cos\theta$ の <u>等速度運動</u> であるから

$$v_x = \boldsymbol{v_0\cos\theta} \cdots ① \qquad x = \boldsymbol{v_0\cos\theta \cdot t} \cdots ②$$

(2) y 方向には初速度 $v_0\sin\theta$，<u>加速度 $-g$ の等加速度運動</u> だから

$$v_y = \boldsymbol{v_0\sin\theta - gt} \cdots ③ \qquad y = \boldsymbol{v_0\sin\theta \cdot t - \frac{1}{2}gt^2} \cdots ④$$

(3) ②と④から時刻 t を消去すると

軌道の方程式：　$$\boldsymbol{y = \tan\theta \cdot x - \frac{g}{2(v_0\cos\theta)^2}x^2}$$

が得られる．これから y は x の 2 次関数（放物線）になることがわかる．■

5　問題演習（力と運動の表し方）

何事も基本が大事である．高校物理をじゅうぶんに学習してこなかった学生は，ここの問題演習をきちんとやること．

基本問題（三角比とベクトル・力のつり合い）

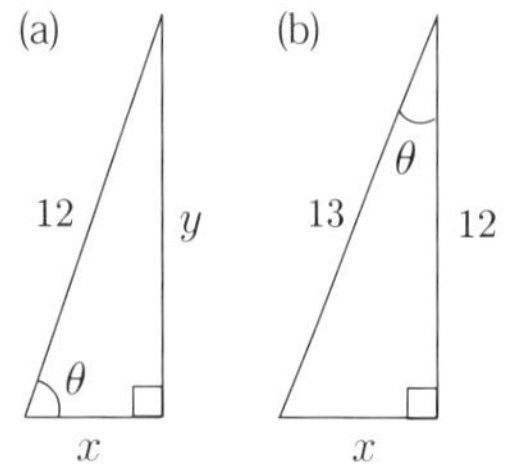

図 5.1

問題 5.1（三角比）　図 5.1(a) に示す直角三角形で $\cos\theta = \dfrac{1}{3}$ である．
(1) 辺の長さ x はいくらか．　　(2) $\sin\theta$ の値はいくらか．
(3) 辺の長さ y はいくらか．

問題 5.2（三角比）　図 5.1(b) に示す直角三角形で
(1) 辺の長さ x はいくらか．　　(2) $\sin\theta$ の値はいくらか．

問題 5.3（三角比の拡張）　三角比 $\sin 240^\circ$，$\cos 240^\circ$，$\tan 240^\circ$ の値を求めよ．

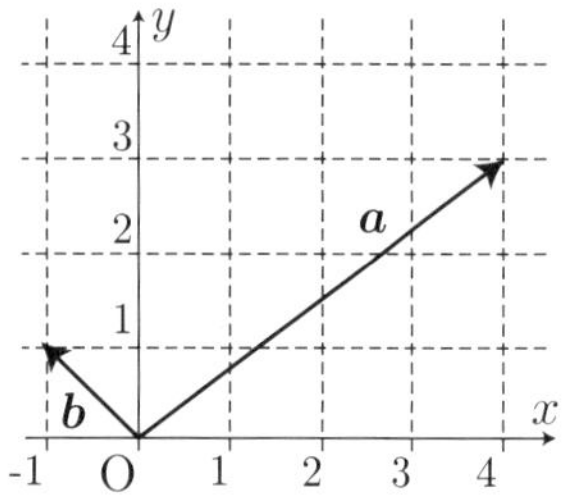

図 5.2

問題 5.4（ベクトルの成分と演算）　図 5.2 に示すベクトル $\boldsymbol{a}$ と $\boldsymbol{b}$ の合成ベクトル $\boldsymbol{a}+\boldsymbol{b}$ の x 成分と y 成分を求めよ．また合成ベクトル $\boldsymbol{a}+\boldsymbol{b}$ の大きさを求めよ．

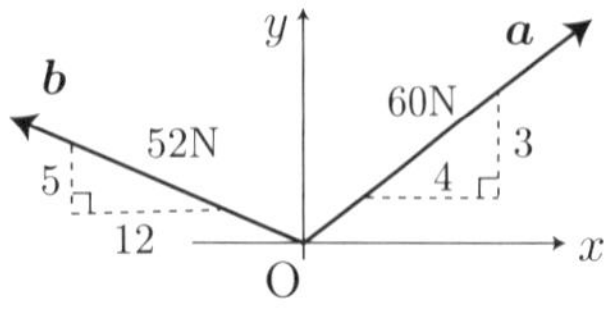

図 5.3

問題 5.5（2 つの力の合力）　図 5.3 の x-y 座標に示した $\boldsymbol{a}$ と $\boldsymbol{b}$ はそれぞれ 60N と 52N の力を表している．合力 $\boldsymbol{a}+\boldsymbol{b}$ の x 成分と y 成分を求めよ．また合力 $\boldsymbol{a}+\boldsymbol{b}$ の大きさを求めよ．

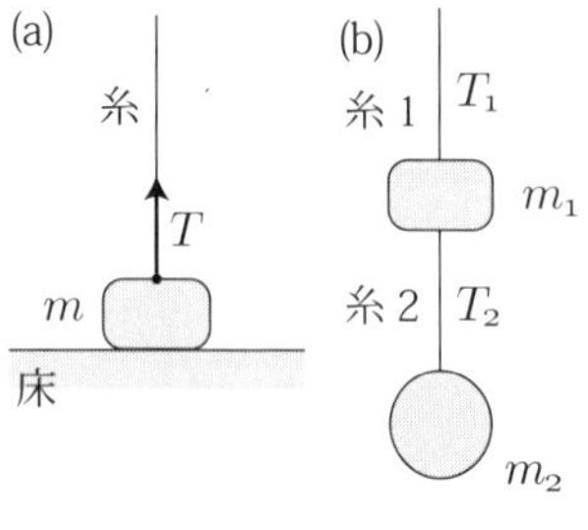

図 5.4

問題 5.6（垂直抗力）　図 5.4(a) に示すように，床の上に置かれた質量 m の物体を糸の張力 T で上に引く．物体にはたらく重力が mg で糸の張力 $T = \dfrac{2}{5}mg$ のとき，床からはたらく垂直抗力は N はいくらか．

問題 5.7（糸で結ばれた 2 物体にはたらく力）　図 5.4(b) に示すように，質量 m_1 と質量 m_2 の 2 物体に 2 本の軽い糸をつけて持ち上げてつり合わせた．2 物体にはたらく重力は m_1g，m_2g である．糸の張力 T_1 と T_2 はそれぞれいくらか．
[ヒント]：同じ糸の両端にはたらく力（張力）の大きさは等しい．

基本問題（運動の表し方）

問題 5.8（等加速度運動） 加速度 $2.0 \mathrm{m/s^2}$ で加速し，$80 \mathrm{m/s}$ になると離陸するジェット機がある．この飛行機は，滑走を始めてから何秒後に離陸するか．離陸するまでに何 m 滑走するか．

問題 5.9（v–t グラフと等加速度運動） 図 5.5 は，一定の速さで進んできた自動車がブレーキをかけてから止まるまでの v–t グラフである．

(1) 時間 t [s] と速さ v [m/s] の関係を $v = v_0 + at$ の形で示せ．v_0 [m/s] は初速度で a [m/s^2] は加速度である．

(2) 止まるまでの時間とその間に進んだ距離を求めよ．

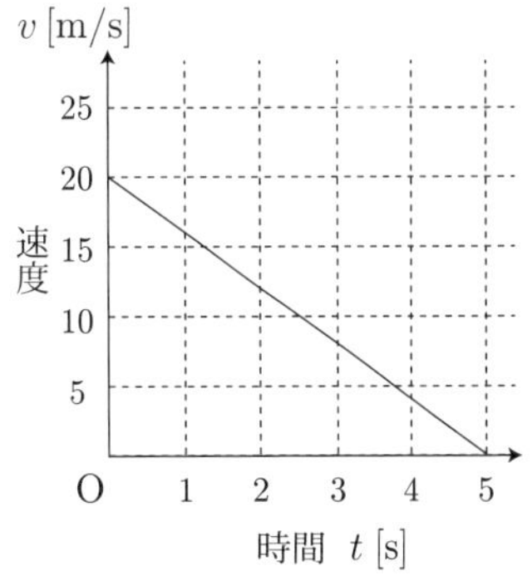

図 5.5

問題 5.10（x–t グラフと速度） 図 5.6 は，時刻 t と物体の位置 x を関係を表す x–t グラフである．直線は点 A と点 B での接線である．

(1) $t = 2\mathrm{s} \sim 4\mathrm{s}$ での変位 Δx（位置の変化）はいくらか．

(2) $t = 2\mathrm{s} \sim 4\mathrm{s}$ での平均の速度 $\overline{v}$ はいくらか．

(3) 時刻 $t = 2\mathrm{s}$（A 点）と時刻 $t = 4\mathrm{s}$（B 点）での速度はいくらか．

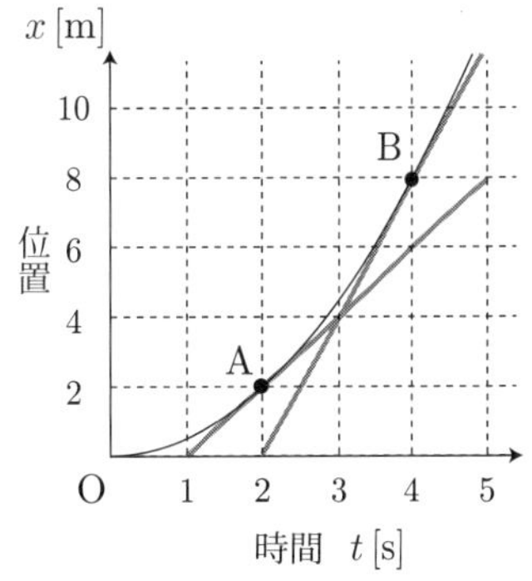

図 5.6

問題 5.11（速度と微分） 物体の位置 x [m] が時刻 t [s] の関数として $x = \dfrac{1}{2}t^2$ と与えられている．時刻 t [s] での速度 v [m/s] を求めよ．次に時刻 $t = 2\mathrm{s}$，$3\mathrm{s}$，$4\mathrm{s}$ のときの速度を求めよ．

Coffee Break

なぜ，60 進法？

日常生活の必要な数量はほとんど 10 進法で計量されている．10 進法が定着した一番の理由は，手足の指が 10 本だからである．しかし，角度と時間はなぜか 60 進法である *．その起源ははっきりしないが，1 年が 365 日であることに由来すると思われる．毎日定時に星座を観測すると，星座は 1 年かけて北極星のまわりを 1 周する．このとき角度の 1 周を 360° にとれば，1 日に 1 度ずつ回っていくことに，古代メソポタミア人達は気がついていた．さらに，円は半径で 6 等分でき，角度 60° の正三角形がつくれる．それを半分にすると，30° になり，12 等分できる．季節に四季があることや月の満ち欠けを考えると，1 年を 12 ヵ月に分けた方がよい **．数字の 60 は，2，3，5 で割り切れる．天空での星の運行を記録し暦を作成するには，60 進法の方が便利だったのだ．

* フランス大革命のとき時計や角度の 10 進法も導入されたが，評判が悪く廃止された．一方，このとき導入された MKS 単位系は，後の一部の変更を経て現在も使われている．

** 月の公転周期は約 27.3 日で，満ち欠けの周期は約 29.5 日である．

標準問題

問題 5.12（糸で結ばれた斜面上の物体のつり合い） 図 5.7 に示すように，台の上に固定された滑車を通した 1 本の糸で質量 m と M の 2 物体が結ばれてつり合っている．摩擦はないとする．(a)(b)(c) それぞれの場合について，M を m で表せ．台の断面はいずれも直角三角形で，(c) では $\sin\theta = \dfrac{3}{5}$ である．

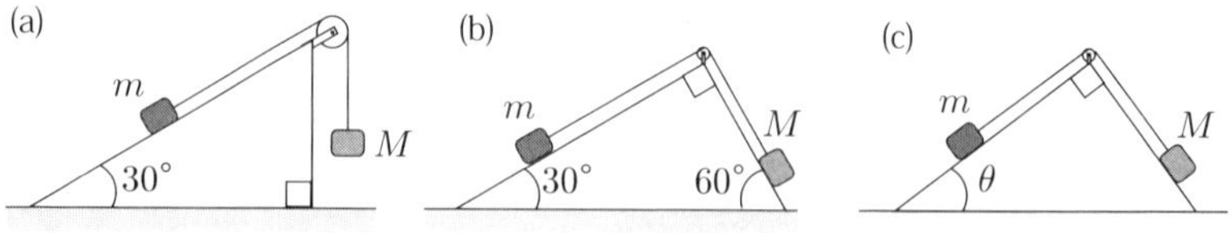

図 5.7

問題 5.13（3 力のつり合い） 図 5.8 に示すように，50cm 離れた天井の 2 点 A と B に糸 a と b をつけて，おもりをつり下げた．糸 a と b の長さはそれぞれ 40cm と 30cm で，おもりにはたらく重力を mg とする．糸 a と b の張力 T_{A} と T_{B} はそれぞれいくらか．

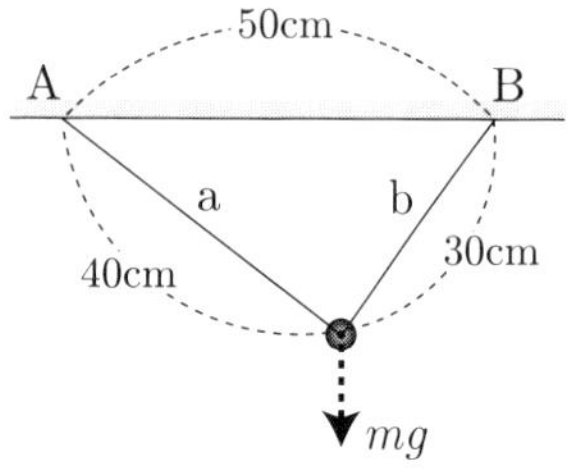

図 5.8

問題 5.14（3 力のつり合い） 図 5.9 に示すように，2 つのなめらかな滑車を通したひもを使って，3 つのおもりを静止させた．中心に質量 m のおもりをつけると，質量 m_{A} のおもりと結ぶひもは水平と角度 30° をなし，質量 m_{B} のおもりと結ぶひもは水平と角度 45° をなした．m_{A} と m_{B} をそれぞれ m を使って表せ．

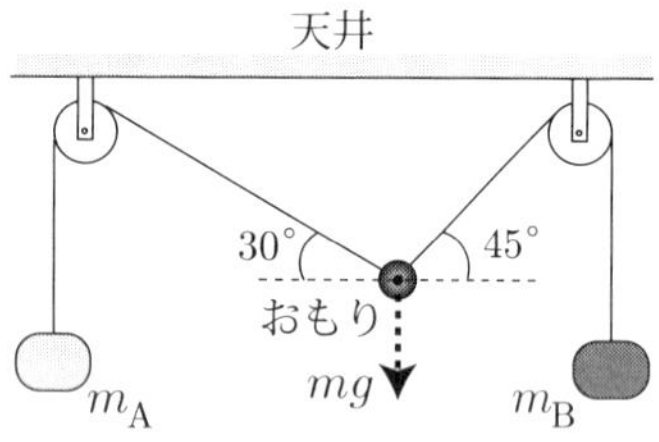

図 5.9

問題 5.15（放物運動） 図 5.10 に示すように地上の点 A から小球を投げたところ，小球は 2.0 秒後に 10m 離れた塔の先のすれすれの点 B を通り，6.0 秒後に地上の点 C に落ちた．重力加速度を 9.8m/s^2 とし，空気抵抗は無視する．

(1) 水平方向の速さ V_x はいくらか．

(2) 水平到達距離 x はいくらか．

(3) 点 A から投げたときの，初速度の鉛直方向の成分 V_y はいくらか．

(4) 塔の高さ h はいくらか．

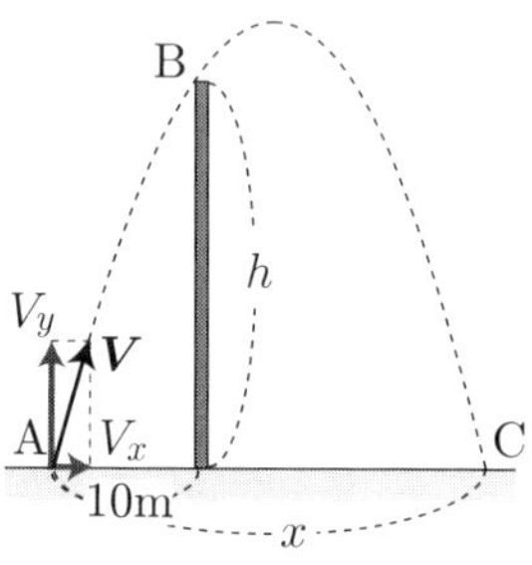

図 5.10

問題 5.16（斜め投射運動） 図 5.11 に示すように，高さ 24.5m の橋の上から，投射角 θ をなす方向に初速度 v_0 で小球を投げた．初速度 v_0 の水平方向成分は 4.0m/s で，鉛直成分は 19.6m/s である．重力加速度を $g = 9.8\text{m/s}^2$ とする．

(1) 最高点に達するまでの時間 t_1 はいくらか．

(2) 最高点の高さ H は橋の上から何 m か．

(3) 投げてから水面に落下するまでの時刻 t_2 はいくらか．

(4) 水平到達距離 x はいくらか．

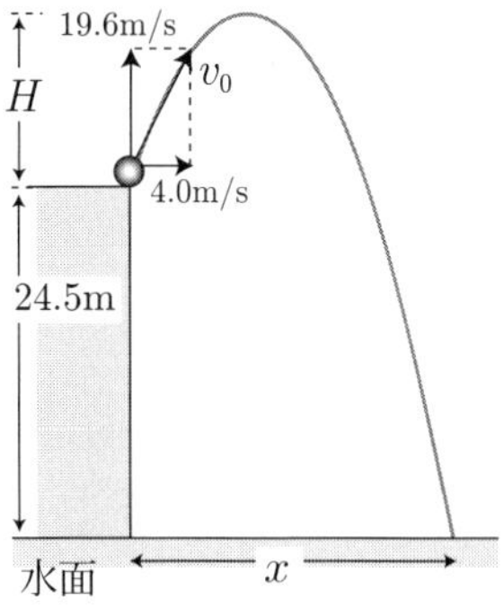

図 5.11

問題 5.17（ボールの投げ上げ運動） 地上 35m の高さから速さ 30m/s で真上に投げ上げたボールの，t [s] 後の地上からの高さ y [m] が

$y = 35 + 30t - 5t^2$ と与えられている *．

(1) ボールが地上に落ちる時刻はいくらか．

(2) 時刻 t [s] における速度 v [m/s] を求めよ．

(3) 条件 $v = 0$ より最高点に達する時刻を求めよ．

(4) 下の増減表を完成させ，速度 v [m/s] と高さ y [m] を時刻 t の関数として図 5.12 のグラフ中に表せ．

時刻 t [s]	0	⋯		⋯	
速度 v [m/s]		+	0	−	
高さ y [m]		↗		↘	0
	（はじめ）		（最高点）		（地上）

* 便宜上この問題では重力加速度を 10m/s^2 としている．

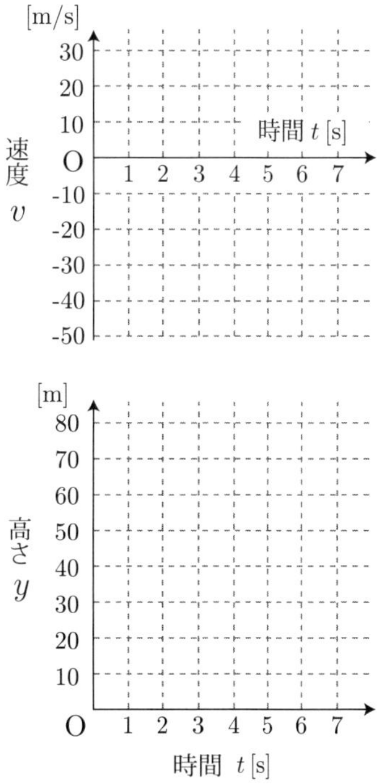

図 5.12

問題 5.18（$\boldsymbol{x}$ – $\boldsymbol{y}$ 平面上を運動する点の軌道と速度） x – y 平面上を運動する点 P の座標 (x, y) [m] が時刻 t [s] の関数として次式で与えられている． $x = 3t \cdots$ ① $y = t^2 \cdots$ ②

(1) 時刻 t を消去して y を x を使って表し，図 5.13 の中に描け．

(2) 時刻 $t = 2\text{s}$ での速度 $\boldsymbol{v}$ の成分 (v_x, v_y) を求め，図 5.13 中に速度ベクトル $\boldsymbol{v}$ の矢印を描け **．その大きさ（速さ v）を求めよ．

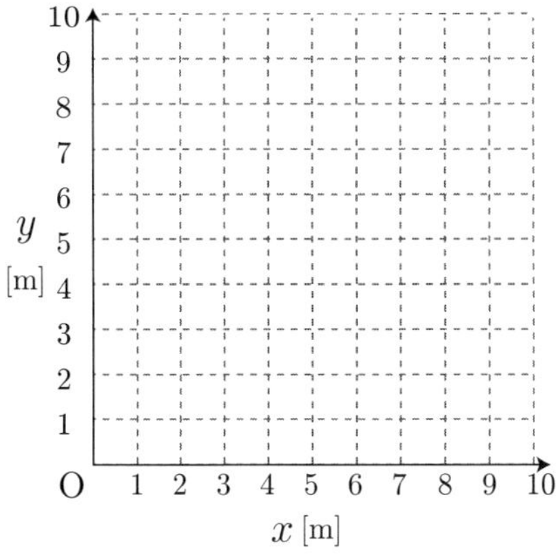

図 5.13

** 図 5.13 の $t = 2\text{s}$ に対応する $(x,\ y)$ 座標の点に，$\boldsymbol{v}$ の向きを示す矢印を記入せよ．

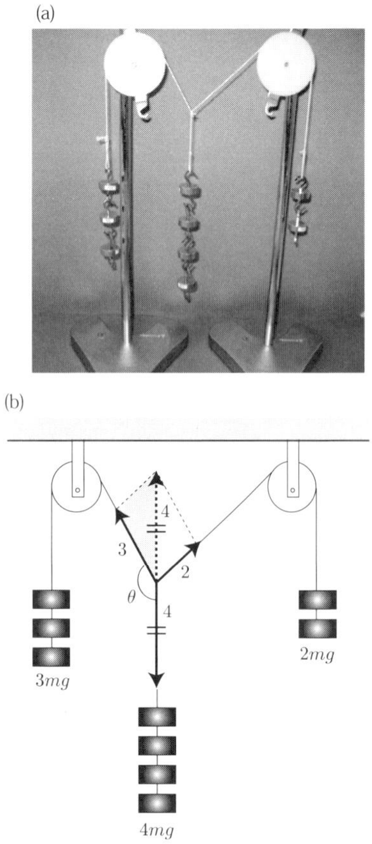

図 5.14　3 つの力のつり合い

Coffee Break

3つの力のつり合い

図 5.14(a) に示すように，2 つの定滑車を通した 1 本の糸に質量が $2m$，$3m$，$4m$ の 3 つのおもりをつけてつり合いを保つ．図 (a) で測定した角度を使って，グラフ用紙に図 (b) に示すようにおもりの質量に比例した長さが 2:3:4 の矢印を描くと，平行四辺形法で求めた 2 つの矢印のベクトル和がもう 1 つのベクトルとつり合うことがわかる．

このように 3 つの力がつり合うとき，3 力のなす角はどのように定まっているのであろうか．図 5.15(a) に示すように，つり合う 3 つの力を表すベクトルは三角形をつくる．したがって図 (b) に示した加法定理を適用すると

$$\cos\alpha = \frac{b^2 + c^2 - a^2}{2bc} = \frac{3^2 + 4^2 - 2^2}{2 \times 3 \times 4} = 0.875$$

となるので電卓の逆関数機能を使って $\alpha = \cos^{-1} 0.875 = 29^\circ$ となる．これから図 5.14(b) 中に示した $\theta = 180^\circ - \alpha = 151^\circ$ と求まる．同様に他の 2 つの角も求めることができて，それぞれ 133.4° と 75.6° である．

このようにつり合う 3 つの力を表すベクトルは三角形を作るので，図 5.15(c) に示した正弦定理も適用できる．これも知っておくと役に立つことがある．

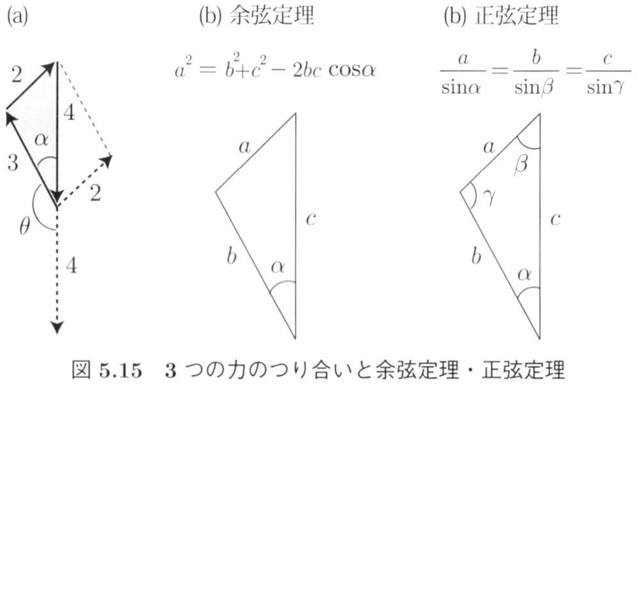

図 5.15　3 つの力のつり合いと余弦定理・正弦定理

第Ⅱ部

運動の法則

6　運動の法則

初期条件が与えられ，加速度がわかると，物体の運動は決定される．ここでは物体にはたらく力が与えられたとき，加速度がどうして決まるかを中心に学ぶ．どのような力がはたらくとき，どのような条件で，どのような運動が起こるのか――を統一的に理解するために，運動の法則が必要となる．

§ 6.1　運動の 3 法則

■運動の 3 法則　ニュートンは，物体にはたらく力と運動について，そこにはたらく力の種類や性質によらずに（共通に），3 つの法則が成り立つことを明らかにした．この 3 法則をもとにして組立てられた学問体系を**ニュートン力学**または**古典力学**とよぶ．

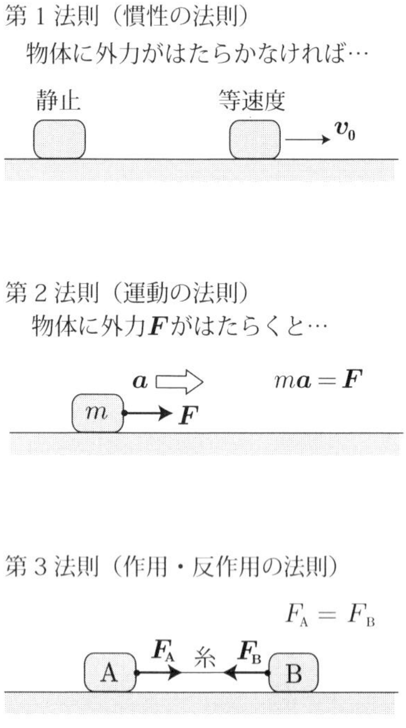

図 6.1　運動の法則

■第 1 法則（慣性の法則）　外部から力がはたらかなければ（はたらいていてもその合力が 0 ならば），静止している物体はそのまま静止を続け，運動している物体はその方向と速さを変えずにそのまま運動（等速直線運動）を続ける．

■第 2 法則（運動の法則）　物体に外から力がはたらくと，物体には力の方向に**加速度**を生じる．その加速度の大きさは力の大きさに比例し，物体のもつ**質量**に反比例する．

■第 3 法則（作用・反作用の法則）　物体 A が物体 B に力を及ぼすとき（作用），物体 B もまた物体 A に，同じ直線上にあって，大きさが等しく向きが反対の力を及ぼしている（反作用）．§2.1 既出．

■運動方程式　運動の第 2 法則によれば，質量 m の物体に外力 $\boldsymbol{F}$ がはたらいて，加速度 $\boldsymbol{a}$ が生じるとき

$$\textbf{運動方程式}\quad m\boldsymbol{a} = \boldsymbol{F} \tag{6.1}$$

（物体自身の運動状態の変化）＝（外部からの力）

が成立している．式 (6.1) に出てくる質量 m は物体に所属する量であり，運動の状態によらず一定である．加速度 $\boldsymbol{a}$ は物体に生じた運動の変化を記述する．それに対して，右辺の力 $\boldsymbol{F}$ は外部から加えられるものである．言い換えると，左辺 $m\boldsymbol{a}$ は運動している物体自身に関する量で変化の結果を表し，右辺 $\boldsymbol{F}$ は外部から物体に加えられる量で変化の原因を表す *．

* ある時刻に起こることが原因で，その後の結果が決定されることを，**因果律**という．ニュートン力学が描くのはこの因果律の世界観である．

■MKS単位系　力学では通常，長さ・質量・時間の3つの物理量を**基本量**として**基本単位**を定め，他の物理量はそれらを組み合わせてつくる．国際単位系（SI系と略記）では，長さを**メートル**(記号 **m**)，質量を**キログラム** (**kg**)，時間を**秒** (**s**) で表す．そのためこの単位系は，頭文字をとってMKS単位系とよばれる．

■力の絶対単位　MKS単位系では，加速度の単位は $\mathrm{m/s^2}$，質量の単位はkgであるから，式(6.1)によれば力の単位は $\mathrm{kg{\cdot}m/s^2}$ となる．この力の単位を**ニュートン**とよび，記号 **N** で表す *．つまり，$\mathbf{1\ N = 1\ kg{\cdot}\ m/s^2}$ である．

* Nのように，m，kg，sで組み立てられる単位を**組立単位**とよぶ．

■重力による運動と初期条件　運動方程式がどのように力と運動の記述に関わってくるかを，物体に重力だけがはたらく場合を例にして説明しよう．図6.2のように (x, y) 座標をとると，質量 m の物体にはたらく重力は $\boldsymbol{F} = (0, -mg)$ である．加速度を $\boldsymbol{a} = (a_x, a_y)$ として，運動方程式 $m\boldsymbol{a} = \boldsymbol{F}$ を成分ごとに表し，加速度を求めると

$$\text{水平成分：} ma_x = 0 \text{ より } a_x = 0 \tag{6.2}$$

$$\text{鉛直成分：} ma_y = -mg \text{ より } a_y = -g \tag{6.3}$$

となる．このことから，**重力だけがはたらく物体の運動は鉛直下向きに大きさ g の加速度の等加速度運動である**ことがわかる．重力だけがはたらく場合でも，自由落下もあれば，投げ上げ運動や放物運動もあるが，実験をして鉛直方向の v_y–t グラフを作成してみると，その傾きは皆同じになる（図6.3）．すなわち，これらの落下運動はいずれも加速度 g の等加速度運動であるが，**初期条件**（つまり時刻 $t = 0$ で与えられた速度と位置）が違うため，その後の運動が異なっているのである．**重力による運動は，いずれも物体の質量 m に無関係である．**

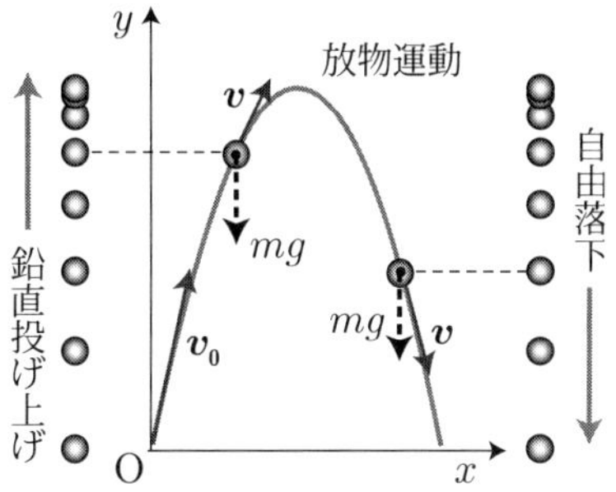

図 6.2　初期条件と重力による運動

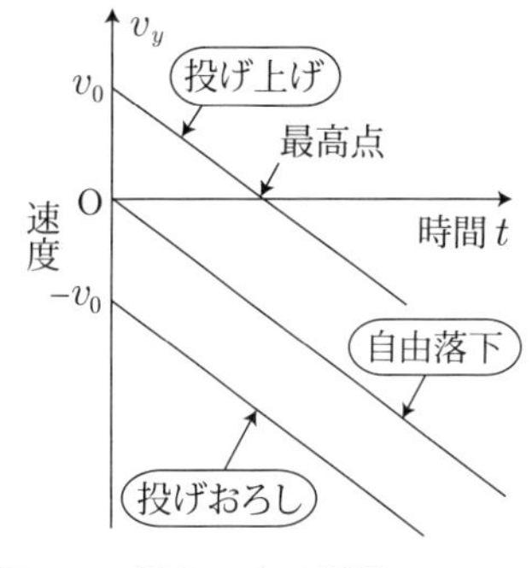

図 6.3　重力による運動の v_y–t グラフ

■ニュートン力学の体系　重力だけが物体にはたらく場合には下向きに加速度 g の等加速度運動となり，円運動や振動運動は起こらない．言い換えると，円運動や振動運動を起こすには，重力とは別の性質の力が必要である．運動方程式(6.1)は力の法則（力の性質）が与えられたとき，どのような運動が起こるのかを知るために必要なのである．ニュートン力学の体系を図示すると，図6.4のようになる．

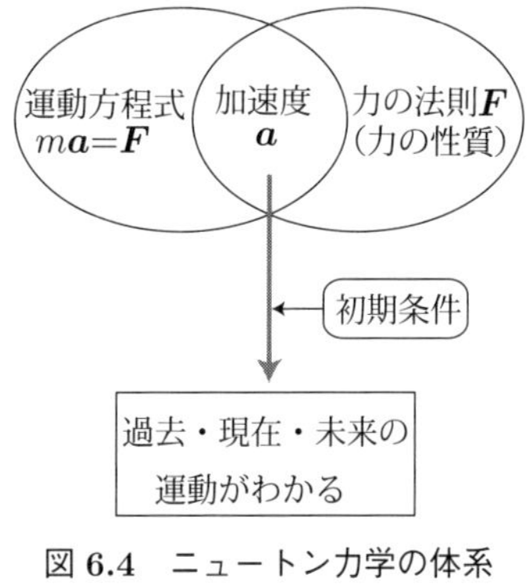

図 6.4　ニュートン力学の体系

§ 6.2　運動方程式と等加速度運動

■運動方程式の立て方　運動方程式を立てるときの手順は

(1) 状況を図示し，はたらく力をすべて図中に書き込む．力には遠隔力（重力）と近接力（抗力・摩擦力・張力など）があるので見落とさないこと (§2.1)*.

(2) 運動の方向を想定し，座標軸を設定する．力・速度 v・加速度 a の成分は，座標軸の向きを正とする **.

(3) 物体（質量 m）の運動方程式は，左側に $ma =$ と書いてから，右辺にはたらいている力をすべて書き出すこと．

(4) 運動方程式の中では MKS 単位に統一すること．

* 慣れてくると，運動方向と垂直方向の力は省略してもよい（合力が 0 の場合）.

** 本書では加速度を示す白抜き矢印を「正」の向きとして図示する．

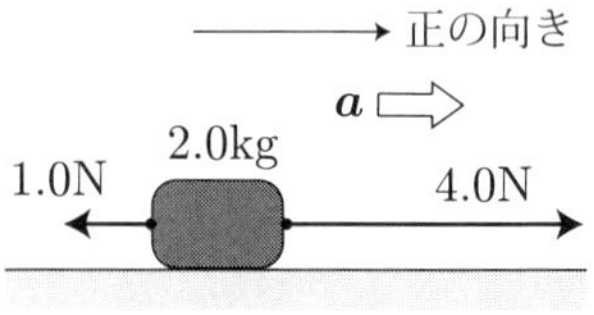

図 6.5

図 6.5 では物体には鉛直方向に重力と垂直抗力がはたらくが，つり合っているため，省略してある．

例題 6.1（運動方程式と等加速度運動）　図 6.5 に示すように，なめらかな水平面に置かれた質量 2.0kg の物体に，右向きに 4.0N，左向きに 1.0N の力を加えて運動させた．はじめ静止していたとする．

(1) 物体に生じる加速度 a を求めよ．

(2) 力を加えてから 6.0 秒後の速度 v と変位 x を求めよ．

（解）(1) 右向きを正として，加速度を a [m/s^2] とする．

力の水平方向の成分の和は $F = +4.0 - 1.0$N である．質量 $m =$ 2.0kg だから，運動方程式 $ma = F$ に代入して $2.0a = 4.0 - 1.0$

これから，加速度 $a = \mathbf{1.5\ m/s^2}$ （右向き）

(2) $t = 6.0$s として，等加速度運動の公式を適用して

$v = v_0 + at = 0 + 1.5 \times 6.0 = \mathbf{9.0\ m/s}$

$x = v_0 t + \dfrac{1}{2}at^2 = 0 \times 6.0 + \dfrac{1}{2} \times 1.5 \times 6.0^2 = \mathbf{27\ m}$　■

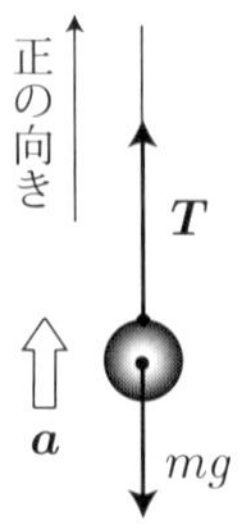

図 6.6

例題 6.2（糸で引き上げられるおもりの運動）　図 6.6 に示すように，質量 $m = 2.0$ kg の小球をつるした軽い糸の上端をもって，$T = 24$ N の力で引き上げた．重力加速度を $g = 9.8$ m/s^2 とし，加速度 a は上向きを正とする．

(1) 運動方程式を，文字式 m, a, T, g を使って表せ．

(2) 小球にはたらく力の合力は何 N か．

(3) 小球の加速度は何 m/s^2 か．

（解）(1) 小球にははたらく力は，上向きに T，下向きに mg である．

運動方程式は $\boldsymbol{ma = T - mg}$

(2) 合力 $F = T - mg = 24.0 - 19.6 = \mathbf{4.4N}$

(3) 質量 $m = 2.0$kg の小球に合力 $F = 4.4$N がはたらいている．

運動方程式 $ma = F$ に代入して，$2.0a = 4.4$

∴ 加速度 $a = \mathbf{2.2\ m/s^2}$（上向き）　■

> **例題 6.3**（摩擦のない斜面上の物体の運動）　水平面と角 θ をなす摩擦のない斜面上で，物体が静かに滑り出した．重力加速度を g として，
> (1) 滑り下りるときの加速度はいくらか．
> (2) 斜面上で距離 l だけ滑ったときの速さはいくらか．

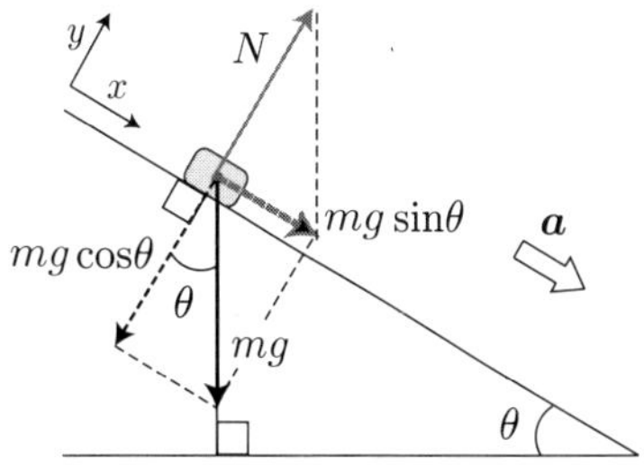

図 6.7

（解）(1) 図 6.7 のように，物体の質量を m として，物体にはたらく力（重力 mg，垂直抗力 N）と加速度 a を図に書き込む．運動は斜面に沿って起こるので，重力を「斜面に平行な成分」($mg\sin\theta$) と「斜面に垂直な成分 ($mg\cos\theta$)」に分解する．運動方程式は，

斜面と平行（x 方向）：$ma = mg\sin\theta$ ···①

斜面と垂直（y 方向）：$m \times 0 = N - mg\cos\theta$ ···②*

①より，加速度 $a = \boldsymbol{g\sin\theta}$

(2) 加速度 a は一定だから，初速度 0 として等加速度運動の公式を適用する．$v^2 - 0^2 = 2al$ より，

速さ $v = \sqrt{2al} = \boldsymbol{\sqrt{2gl\sin\theta}}$

■

* 加速度を 0 とした「斜面と垂直方向の運動方程式」②は，力のつり合い $N = mg\cos\theta$ を与える．**現れる力**（束縛力）は，このように運動上の制限から決まる．

この例のように，**斜面上での物体の運動は等加速度運動になり，その加速度は物体の質量に無関係である**．はたらく力（重力・垂直抗力）がすべて物体の持つ質量に比例するからである．

問題 6.1（運動の法則）　摩擦のない水平面上での物体の運動について，下の問いに答えよ．

(1) 質量 2.0kg の物体に 3.0N の力を加えた．加速度はいくらか．
(2) 質量 2.0kg の物体が速さ 3.0m/s の等速直線運動をしている．はたらいている力（合力）はいくらか．
(3) ある物体に 42N の力を加えると，加速度 0.70m/s^2 で運動をした．物体の質量はいくらか．

問題 6.2（糸でつるされた物体の運動）　質量 0.50 kg のおもりを糸につけて，鉛直方向に動かす．次の場合に糸の張力はいくらか．重力加速度を 9.8m/s^2 とする．

(1) 鉛直上向きに 1.2m/s^2 の加速度で引き上げる．
(2) 鉛直上向きに 1.2m/s の等速度で引き上げる．
(3) 鉛直下向きに 1.2m/s^2 の加速度で引き下げる．
(4) 鉛直下向きに 1.2m/s の等速度で引き下げる．

7　運動の法則の適用

2つ以上の物体が連結している場合の運動について考える．各物体ごとに運動方程式を立てると連立方程式になるが，この連立方程式を解くときに，作用・反作用の法則が威力を発揮する．

§ 7.1　連結している物体の運動

■運動方程式の立て方と解法　運動方程式を立てるときの手順は，基本的には1つの物体のときに準じる．

(1) 状況を図示するとき，物体間にはたらく力の組は，大きさ T などの共通の文字で表す．

(2) **物体ごとに運動方程式を立てる**．このとき等しくなる加速度は a などの共通の文字を用いる．物体（質量 m）の運動方程式は，左側に $ma =$ と書いてから，**その物体に直接はたらいている力**を右辺にすべて書き出す．

(3) **解法**：物体ごとの運動方程式を連立方程式とみて，左辺どうし，右辺どうしを加える．そうすると，物体間の力 T が作用・反作用の法則から消去できて，「全質量 $\times\, a =$ 外力」の式が導かれ，これから加速度 a を求める（以下の例題参照）．

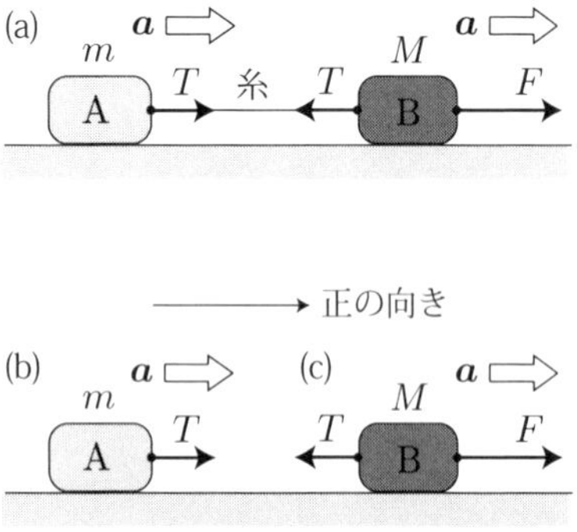

図 7.1

*正しく運動方程式が立てられていれば，左辺どうし右辺どうしを加えると必ず「**全質量** $\times\, \boldsymbol{a} =$ **外力**」の式が得られる（式 (14.6) 参照）．考えている物体間の力 T を**内力**ということもある．

> **例題 7.1（糸で連結された物体の運動）**　なめらかな水平面に質量 m の物体Aと質量 M の物体Bが糸につながれて置かれている．図 7.1(a) に示すように，Bを右向きに力 F で引いたとき，AとBは同じ加速度 a で運動した．糸の張力 T と加速度 a を求めよ．

(解)　作用・反作用の法則から，BがAを引く力とAがBを引く力は同じ大きさ T で向きが反対である．

Aの運動方程式は図 7.1(b) を参考にして　$ma = T$　…①

Bの運動方程式は図 7.1(c) を参考にして　$Ma = F - T$ …②

式①と②の左辺どうし右辺どうしを加えると，AとBの間の力 T が消去できて *

$(m + M)a = F$　となるので，$a = \dfrac{\boldsymbol{F}}{\boldsymbol{m + M}}$

この a を式①に代入して，$T = \dfrac{\boldsymbol{mF}}{\boldsymbol{m + M}}$　■

例題 7.2（糸でつるされた 2 物体の運動）　図 7.2(a) のように，質量が 2.0kg の物体 A と 3.0kg の物体 B を軽い糸でつなぎ，A を大きさ 60N の力で鉛直方向に引き上げた．重力加速度を $9.8\mathrm{m/s^2}$ とする．

(1) A と B の加速度 a を求めよ．

(2) A と B の間の糸の張力 T を求めよ．

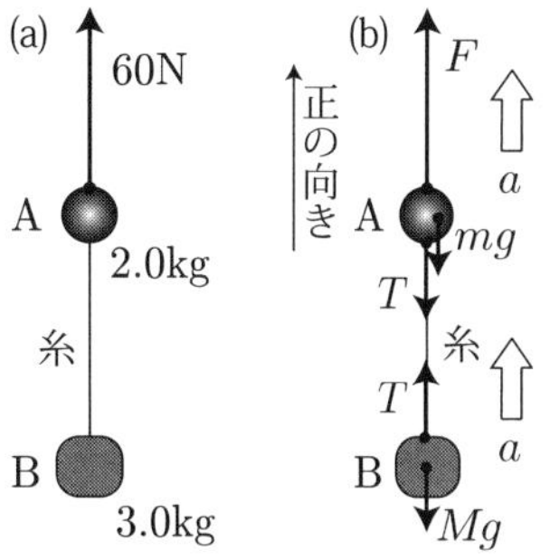

図 7.2

（解） (1) 図 7.2(b) には，力を文字式で書き込んである．

A と B それぞれに運動方程式を立てると

A：$ma = F - mg - T$　$\cdots$①

B：$Ma = T - Mg$　$\cdots$②

①と②の左辺どうし右辺どうしを加えると

$(M+m)a = F - (M+m)g$　ゆえに $a = \dfrac{F}{M+m} - g$

与えられた数値を代入して $a = \dfrac{60}{3.0+2.0} - 9.8 = \mathbf{2.2\ m/s^2}$

(2) 糸の張力は $T = \dfrac{M}{M+m}F = \dfrac{3.0}{3.0+2.0} \times 60 = \mathbf{36\ N}$ ■

例題 7.3（接触している 2 つの物体の運動）　図 7.3(a) のように，質量が 1.5kg の物体 A と 2.5kg の物体 B を互いに接するように置き，A を大きさ 8.0N の力で水平方向に押した．

(1) A と B の加速度 a を求めよ．

(2) A と B が接触面で及ぼし合う力 T を求めよ．

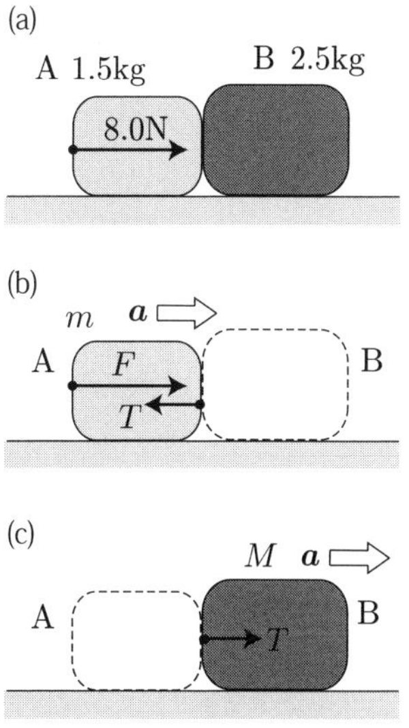

図 7.3

（解） (1) 図 7.3(b) には A にはたらく力を，図 7.3(c) には B にはたらく力を文字式で書き込んである．B には外力 F がはたらかないことに注意して，A と B それぞれに運動方程式を立てると

A：$ma = F - T$　$\cdots$①

B：$Ma = T$　$\cdots$②

①と②の左辺どうし右辺どうしを加えると

$(M+m)a = F$　ゆえに $a = \dfrac{F}{M+m}$

与えられた数値を代入して $a = \dfrac{8.0}{2.5+1.5} = \mathbf{2.0\ m/s^2}$

(2) 接触面で及ぼし合う力は

$T = Ma = \left(\dfrac{M}{M+m}\right)F = \left(\dfrac{2.5}{2.5+1.5}\right) \times 8.0 = \mathbf{5.0\ N}$ ■

§ 7.2　滑車を含む運動

■定滑車

定滑車を含む運動では以下のことに注意する．

(1) 定滑車を通した糸が引く力の大きさは糸の両端で等しい *．つまり，滑車は結ばれた 2 つの物体間の力の大きさは変えないで**力の向きを変える**だけなので，T などの共通の文字で表す．

* ここでは**軽い**滑車を扱う．質量をもつ滑車の運動については「剛体の運動」の箇所で詳しく学ぶ (§29.2).

(2) 正の向きや加速度の向きは，どのような運動になるかを考えて，物体ごとに決める（以下の例題参照）．

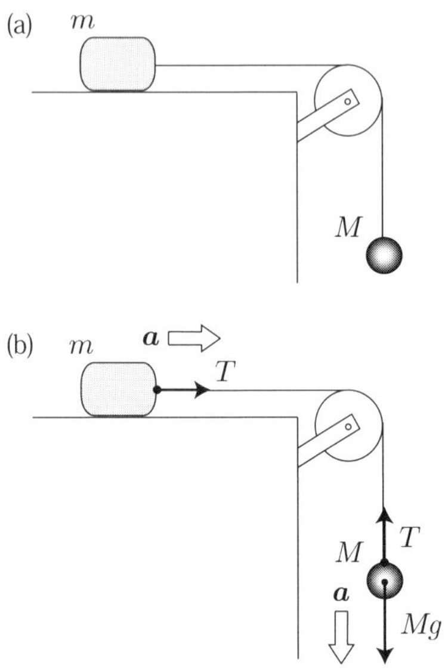

図 7.4

例題 7.4（**滑車を通した糸で結ばれた 2 物体の運動**）　図 7.4(a) のように，水平な面上に置いた質量 m の物体に糸をつけ，軽い滑車を通して，糸の他端に質量 M のおもりをつけた．重力加速度を g とし，摩擦はないとする．

(1) 物体とおもりの加速度 a を求めよ．

(2) 物体とおもりの間の糸の張力 T を求めよ．

(解)　(1) 図 7.4(b) には，力を文字式で書き込んである．

物体とおもりそれぞれに運動方程式を立てると

物体：$ma = T$　　　$\cdots$①

おもり：$Ma = Mg - T \cdots$②

①と②の左辺どうし右辺どうしを加えると

$(M+m)a = Mg$　ゆえに $a = \boldsymbol{\dfrac{M}{M+m}g}$

(2) 糸の張力は $T = ma = \boldsymbol{\dfrac{mM}{M+m}g}$ ■

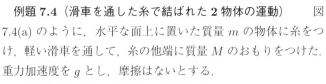

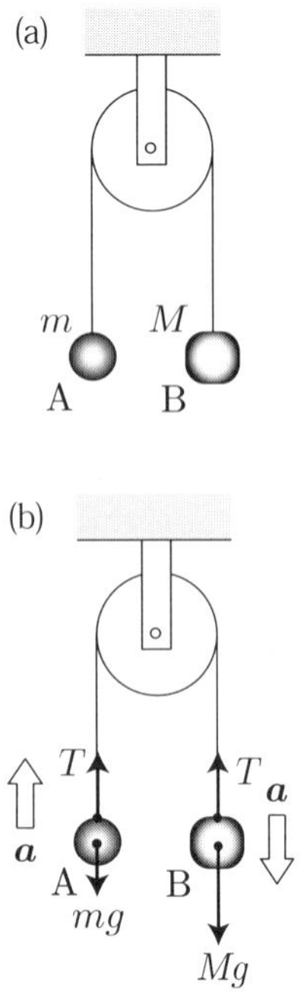

図 7.5

例題 7.5（**滑車を通した糸でつるされた 2 物体の運動**）　図 7.5(a) に示すように，軽い定滑車に糸をかけ，その両端に質量がそれぞれ m，M $(M > m)$ のおもり A，B をつけて静かに放した．重力加速度を g とする．おもりの加速度 a と 糸の張力 T を求めよ．

(解)　図 7.5(b) には，力を文字式で書き込んである．

おもり A と B それぞれに運動方程式を立てると

A：$ma = T - mg$　　$\cdots$①

B：$Ma = Mg - T$　　$\cdots$②

①と②の左辺どうし右辺どうしを加えると

$(M+m)a = (M-m)g$　ゆえに加速度は $a = \boldsymbol{\dfrac{M-m}{M+m}g}$

糸の張力は $T = \boldsymbol{\dfrac{2mM}{M+m}g}$ ■

■動滑車 図 7.6 に示す滑車では以下のことに注意する.

(1) 1 本の糸の張力はどこでも等しいから，滑車にかけられている糸の張力はすべて T である．動滑車は 2 本の糸でつり下げられているのと同じである．したがって図 7.6 では，B に質量 m のおもりをつけたとき，A に質量 $2m$ のおもりをつけるとつり合う（$T = mg$，$S = 2T = 2mg$）.

(2) おもり A を距離 x 持ち上げるには動滑車にかかる 2 本の糸も x だけ短くする必要があり，結局おもり B を $2x$ 引き下げる必要がある．すなわち，同じ時間 t で B は A の 2 倍の距離移動するので，B の速さも加速度も A の 2 倍となる（例題 7.6 参照）.

動滑車は重いものを持ち上げる重機などで広く活用されている.

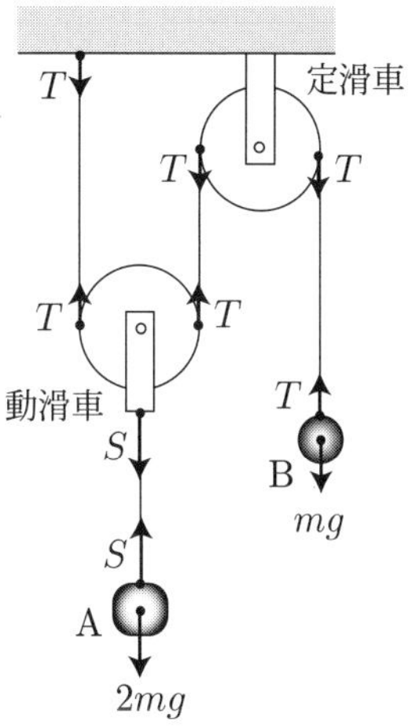

図 7.6 動滑車

例題 7.6（動滑車を通した糸で結ばれた 2 物体の運動） 図 7.7(a) のように，糸の一端を天井に固定し，動滑車と定滑車を通した後，他端に質量 m のおもり B をつるす．動滑車にも質量 m のおもり A をつるした後，静かに放すと A は加速度 a で上昇し，B は加速度 b で下降した．重力加速度を g とし，滑車の質量と摩擦は無視できるとする.

(1) おもり A と B の加速度 a と b の関係を求めよ.

(2) 加速度 a と b と滑車をつなぐ糸の張力 T を求めよ.

（解） 図 7.7(b) には，力を文字式で書き込んである.

(1) 同じ時間 t で B は A の 2 倍の距離移動するから $\boldsymbol{b = 2a} \cdots$①

(2) おもり A と B それぞれに運動方程式を立てると

おもり A： $ma = S - mg \quad \cdots$②

おもり B： $mb = mg - T \cdots$③

動滑車を下に引く力 S と糸の張力 T の間の関係は（下の注）

$S = 2T \cdots$④

①～④より

加速度は $a = \boldsymbol{\dfrac{1}{5}g} \quad b = \boldsymbol{\dfrac{2}{5}g}$ 　糸の張力は $T = \boldsymbol{\dfrac{3}{5}mg}$

（注）動滑車はおもり A と同じ加速度 a で運動するが，質量を 0 とした動滑車の運動方程式は $0 \times a = 2T - S$ となるので④が得られる．運動中の糸の張力 T は mg ではないことにも注意．運動の方向（加速度の方向）を考えると $S = 2T > mg > T$ となることを，結果で確認すること.

■

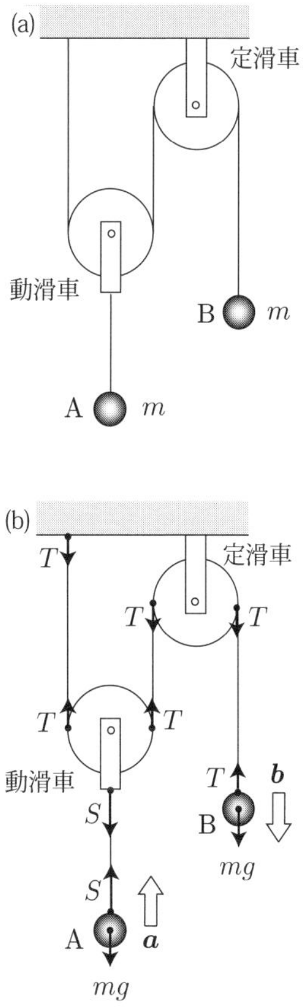

図 7.7

8　摩擦力・抵抗力

はじめて力学を学ぶ学生にとって，摩擦力は理解しにくい学習事項の 1 つらしい．つり合いの条件から決定される静止摩擦力と動き始める直前の最大摩擦力の条件，運動するときにはたらく動摩擦力の 3 つをきちんと区別して理解すること．後半は速さに比例する抵抗力を受ける雨滴の運動を考える．動摩擦力と抵抗力の向きはつねに運動の向きとは反対である．

§ 8.1　静止摩擦力

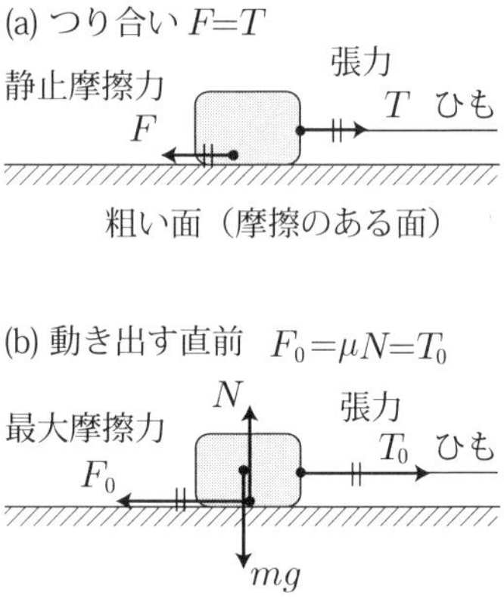

図 8.1　静止摩擦力と最大摩擦力

■最大摩擦力　§2.1 で学んだように，静止摩擦力はつり合いの条件を満たすように現れる力である．図 8.1(a) に示すように，粗い面の上に置かれた物体にひもをつけて張力 T で引いても，外部からの力（ひもの張力）が小さければ，物体は動かない．これは張力と反対向きに**静止摩擦力** F が現われ，T とつり合うからである．このとき $F = T$ である．外力 T が大きくなると F も大きくなりつり合いは保たれるが，さらに大きくするとやがてつり合いの関係は破れて，物体は動き出す．物体が動き出す直前の摩擦力 F_0 は垂直抗力 N に比例し，**最大摩擦力**とよばれる．

$$\text{最大摩擦力}\quad \boldsymbol{F_0 = \mu N} \qquad (\mu\ \text{は静止摩擦係数}) \tag{8.1}$$

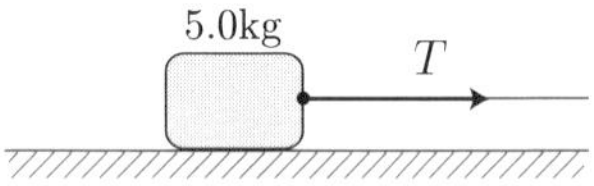

図 8.2

> **例題 8.1（最大摩擦力）**　図 8.2 に示すように，粗い平面板の上に質量 5.0kg の物体を置き，水平方向に力 T で静かに引いた．重力加速度を 9.8m/s^2 とする．
>
> (1) T が 20N のとき，物体は動かなかった．物体にはたらく重力，垂直抗力，静止摩擦力はそれぞれ何 N か．
>
> (2) T を大きくしていったところ，T が 24.5N のとき物体は動き出した．最大摩擦力は何 N か．静止摩擦係数はいくらか．
>
> (3) この物体をさらに上から 31N の力で押さえつけた状態で水平方向に引くと，引く力がある値を超えたとき物体は動き出した．動き出す直前の引く力は何 N か．

（解）(1) 重力：**49 N**，垂直抗力：**49 N**，静止摩擦力：**20 N**

(2) 最大摩擦力：$F_0 =$ **24.5 N**

静止摩擦係数：$\mu = F_0/N = 24.5/49 =$ **0.50**

(3) 直前の力：$T_0 = F_0' = \mu N' = 0.5 \times (49 + 31) =$ **40 N**　■

例題 8.2（摩擦角）　図 8.3(a) に示すように，粗い平面板の上に質量 m の小物体を置き，板を水平の位置からゆっくり傾けていった．重力加速度を g とする．

(1) 板が水平となす角が θ のとき，物体にはたらく重力，垂直抗力，静止摩擦力の大きさはそれぞれいくらか．

(2) 板が水平となす角 (θ) が角度 θ_1 を越えたとき，物体は滑り始めた．静止摩擦係数 μ を，角 θ_1 を使って表せ．

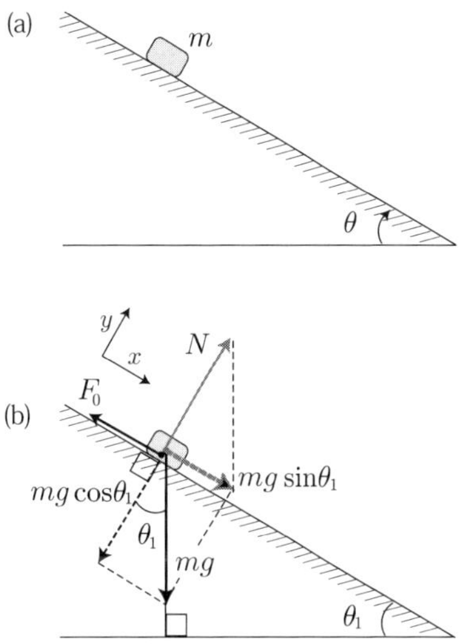

図 8.3

（解）(1) 図 8.3(b) に示すように，重力 mg を斜面に平行方向の成分 ($mg\sin\theta$) と斜面に垂直方向の成分 ($mg\cos\theta$) に分けて力のつり合いを考える（例題 2.2 参照）．重力：$\boldsymbol{mg}$

斜面に平行方向のつり合いより　静止摩擦力：$F = \boldsymbol{mg\sin\theta}$

斜面に垂直方向のつり合いより　垂直抗力：$N = \boldsymbol{mg\cos\theta}$

(2) 摩擦力 F が最大摩擦力 $F_0 = \mu N$ を超えると滑り出す．このときの条件は角度 $\theta = \theta_1$ だから，$mg\sin\theta_1 = \mu mg\cos\theta_1$．

ゆえに，静止摩擦係数 $\mu = \boldsymbol{\tan\theta_1}$（角 θ_1 を**摩擦角**とよぶ.）■

§ 8.2　動摩擦力がはたらく場合

■動摩擦力　粗い平面上で運動する物体は，運動を妨げる向き（すなわち速度と反対向きに）面から**動摩擦力 F'** を受ける．動摩擦力の大きさ F' は垂直抗力 N に比例する *．

$$\text{動摩擦力}\quad \boldsymbol{F' = \mu' N} \qquad (\mu'\ \text{は動摩擦係数}) \tag{8.2}$$

表 8.1 に静止摩擦係数 μ と動摩擦係数 μ' の例を示す．摩擦係数は，同じ組合せであっても，接触する物体の表面の状態によってもかなり違う．また一般に，**静止摩擦係数は動摩擦係数より大きい**．

表 8.1 摩擦係数の例

接触する物体	μ	μ'
硬鋼と軟鋼	0.78	0.42
銅と軟鋼	0.53	0.36
銅とガラス	0.68	0.53
ガラスとガラス	0.94	0.40
木と木	0.62	0.48
木とぬれた木	0.40	0.16
ゴムと木	0.68	0.48

（注）摩擦係数に単位はない．

* 動摩擦係数 μ' の値は物体の速さに無関係である．

例題 8.3（動摩擦力）　図 8.4(a) のように，粗い平面板の上に質量 2.0kg の物体を置き水平方向に力 $T = 4.9\text{N}$ で引くと，物体は等速度運動を続けた．重力加速度を 9.8m/s^2 とする．

(1) 動摩擦係数 μ' はいくらか．

(2) 引く力を $T' = 6.5\text{N}$ にすると物体の加速度はいくらか．

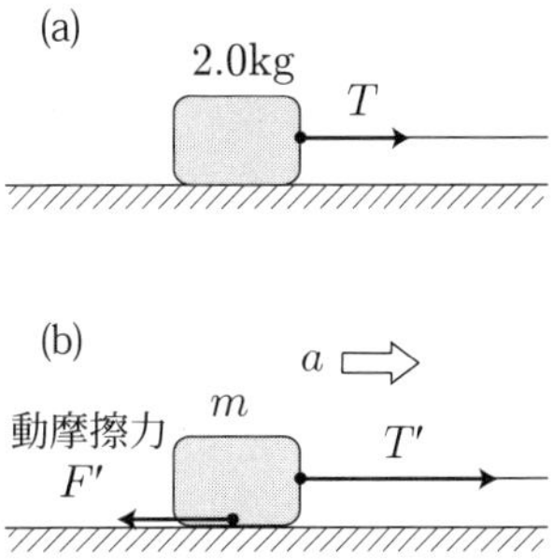

図 8.4

（解）(1) 等速だから動摩擦力 F' と T は等しい ($F' = 4.9\text{N}$)．

動摩擦力：$F' = \mu' N = \mu' mg$ より

動摩擦係数 $\mu' = \dfrac{F'}{mg} = \dfrac{4.9}{2.0 \times 9.8} = \mathbf{0.25}$

(2) 運動方程式 $ma = T' - F'$ に代入して $2.0a = 6.5 - 4.9$

これから加速度 $a = \mathbf{0.80\ m/s^2}$　■

例題 8.4（粗い水平面上の物体の運動）　図 8.5(a) に示すように，物体が粗い水平面上で初速度 v_0 で滑り始めた．物体と平面との間の動摩擦係数を μ' とし，重力加速度を g とする．

(1) 物体の加速度はいくらか．ただし初速度の向きを正とする．

(2) 距離にしてどれだけ滑って止まるか．

（解） (1) 鉛直方向は，垂直抗力 N と重力 mg がつり合っている．垂直抗力は $N = mg$ で，動摩擦力は $F' = -\mu' N = -\mu' mg$．加速度を a として，運動方程式を立てると，運動方向と反対方向に動摩擦力 F' がはたらくから *

$$ma = -\mu' mg \qquad \therefore \text{加速度 } a = \boldsymbol{-\mu' g}$$

(2) 初速度 v_0 で動いていた物体が加速度 $a = -\mu' g$ で運動して距離 x だけ移動して止まる $(v = 0)$ のだから，等加速度運動の公式 $v^2 - v_0^2 = 2ax$ に代入して $0^2 - v_0^2 = -2\mu' gx$

$$\therefore \text{距離 } x = \boldsymbol{\frac{v_0^2}{2\mu' g}}$$

■

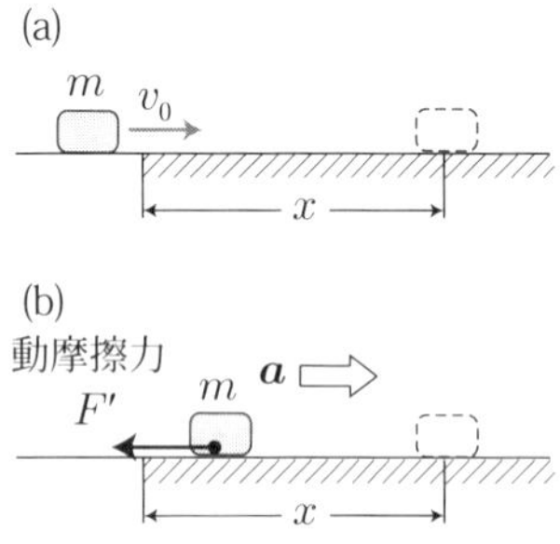

図 8.5

* 動摩擦力が運動の向き（初速度の向き）と反対だから，加速度は負となる．

例題 8.5（摩擦のある斜面上の物体の運動）　水平面と角 θ をなす粗い斜面上で，物体が静かに滑り出した．重力加速度を g，動摩擦係数を μ' として，

(1) 滑り下りるときの加速度はいくらか．

(2) 斜面上で距離 l だけ滑ったときの速さはいくらか．

（解） (1) 図 8.6 のように，物体にはたらく力（重力 mg，垂直抗力 N，動摩擦力 $F' = \mu' N$）と加速度 a を図に書き込む．運動方程式は *

斜面と平行方向：$ma = mg\sin\theta - \mu' N \quad \cdots$ ①

斜面と垂直方向：$m \times 0 = N - mg\cos\theta \quad \cdots$ ②

②より得た $N = mg\cos\theta$ を①に代入して N を消去すると

$$\text{加速度 } a = \boldsymbol{g(\sin\theta - \mu' \cos\theta)}$$

(2) 加速度 a は一定だから，初速度 0 として等加速度運動の公式を適用する．$v^2 - 0^2 = 2al$ より

$$\text{速さ } v = \sqrt{2al} = \boldsymbol{\sqrt{2gl(\sin\theta - \mu' \cos\theta)}}$$

■

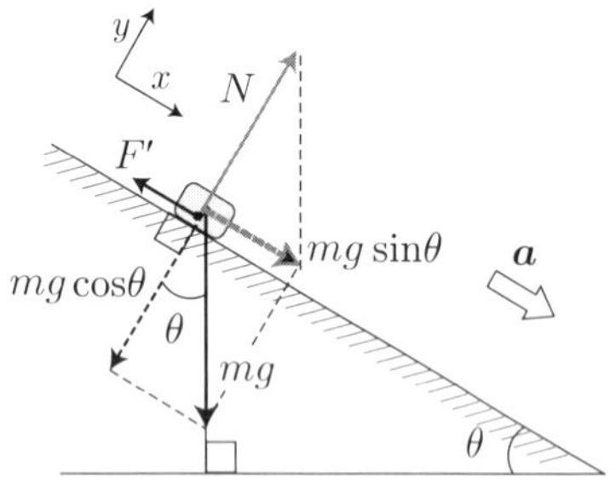

図 8.6

* 加速度を 0 とした「斜面と垂直方向の運動方程式」②は，力のつり合い $N = mg\cos\theta$ を与える．**現れる力**（束縛力）は，このように運動上の制限から決まる．

この例のように，**粗い平面上での物体の運動は等加速度運動になり，その <u>加速度は物体の質量に無関係である</u>**．はたらく力（重力・垂直抗力・摩擦力）がすべて物体の持つ質量に比例するからである．

§ 8.3　空気抵抗がある場合の落下運動

■空気抵抗と終端速度　実際の落下運動では，空気による抵抗力を無視することができない．地上に降る雨滴は速度 v に比例する抵抗力を受けることが知られている．図 8.7 に示すように，空気の抵抗力は落下する速さ v とともに大きくなり，やがて重力とつり合う．このとき，雨滴の加速度は 0 となり，雨滴は一定の速度 v_∞ で落下する．この速度を**終端速度**という（図 8.8）．

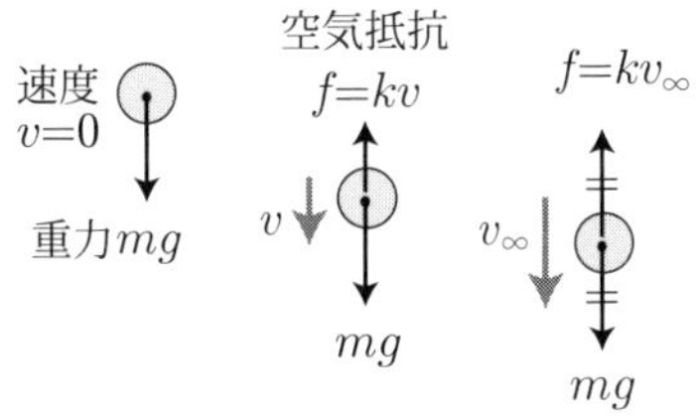

図 8.7　空気抵抗を受けて落下する雨滴

■変数分離形の微分方程式の解法　一般に

$$f(y)\frac{dy}{dx} = g(x) \tag{8.3}$$

の形の微分方程式を**変数分離形**とよぶ．$\dfrac{dy}{dx}$ は dy を dx で割った商として扱ってよいので，式 (8.3) は次のように変形できる．

$$f(y)dy = g(x)dx \longrightarrow \int f(y)dy = \int g(x)dx$$

左辺は y，右辺は x だけを含む形なのでそれぞれ積分できる．

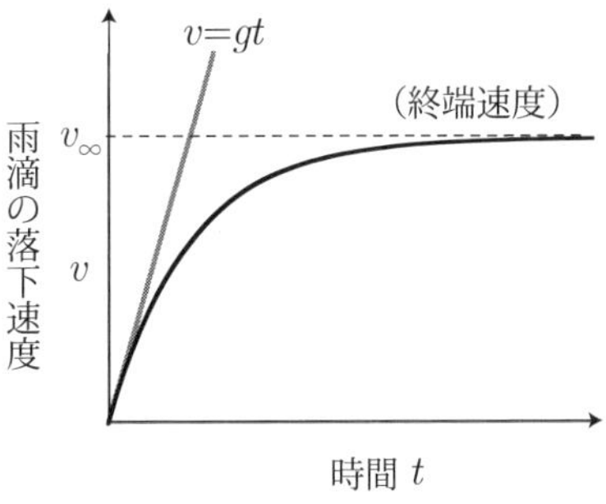

図 8.8　空気抵抗がある場合の $\boldsymbol{v-t}$ グラフ

例題 8.6（空気抵抗を受けて落下する雨滴の運動）　質量 m の雨滴が空気中を落下するとき，速度 v に比例した空気の抵抗 kv を受けるものとすると，時刻 t における速度 v について

運動方程式：$m\dfrac{dv}{dt} = mg - kv$

が成り立つ．ここで g は重力加速度で，$k(>0)$ は比例定数である．

(1) 初速度が 0 のとき，時刻 t の関数として速度 $v(t)$ を求めよ．

(2) 雨滴の終端速度 v_∞ を求めよ．

（解）　(1) $v - mg/k \neq 0$ として，上の微分方程式を変形すると

$$\frac{dv}{v-(mg/k)} = -\frac{k}{m}dt \text{ より } \int \frac{dv}{v-(mg/k)} = -\frac{k}{m}\int dt$$

となる．この式は左辺は v，右辺は t だけを含む形なので，変数分離形の微分方程式である．両辺をそれぞれ積分することにより，$\ln\left|v-\dfrac{mg}{k}\right| = -\dfrac{k}{m}t + C$ となる *．これから $\dfrac{mg}{k} - v = e^C e^{-kt/m}$ が導かれ **，$v = \dfrac{mg}{k} - e^C e^{-kt/m}$ となる．積分定数 C は，$t=0$ で $v=0$ という初期条件から $mg/k = e^C$ と定まる．したがって，$v(t) = \boldsymbol{\dfrac{mg}{k}(1-e^{-kt/m})}$

(2) 終端速度は $v_\infty = \lim_{t\to\infty} v(t) = \boldsymbol{\dfrac{mg}{k}}$　■

* 左辺は公式 $\int \frac{1}{x}dx = \ln|x|$ より $\int \frac{dv}{v-(mg/k)} = \ln|v-(mg/k)|$ 右辺は下の積分を使う $\int dt = t + C$

** 自然対数と指数関数の定義から $\ln|A| = B$ ならば $|A| = e^B$ さらに，$v - \frac{mg}{k} < 0$ なので $\left|v-\frac{mg}{k}\right| = \frac{mg}{k} - v$

9 問題演習（運動の法則）

「実際に使えるようでないと，わかってないのと同じこと」(R.P. ファインマン)．だからこそ，物理学では演習を重視する．力学の問題では特に，「図が正しくかければ 8 割方解けたのと同じ」とも言われる．まず図を描き，図中に力や加速度など必要な条件を書き入れ，「何が条件でどの法則を適用すればよいか」を考えながら，計算を進めて欲しい．

基本問題

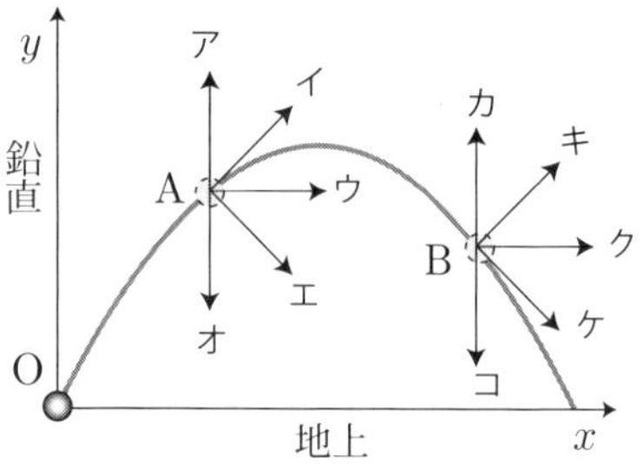

図 9.1

問題 9.1（放物運動） 地上から投げたボールが図 9.1 のように放物線を描いて飛んでいく．点 A および点 B における①速度②加速度③はたらく力の向きを，図中の記号ア～コの中から選べ．

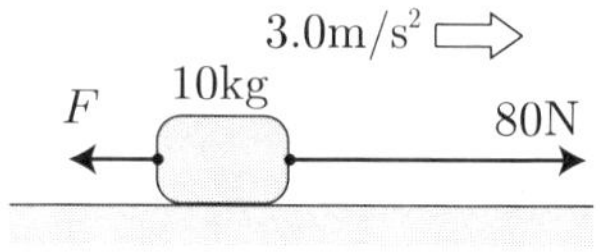

図 9.2

問題 9.2（運動の法則） 図 9.2 に示すように，なめらかな水平面上に質量 10kg の物体が静止している．この物体に，右向きに水平な 80N の力と，さらに逆向きにもう 1 つの力 F [N] を加えると，右向きに $3.0\mathrm{m/s^2}$ の加速度を生じた．

(1) 力 F の大きさは何 N か．

(2) 物体が動き始めてから 5.0 秒後の速さ v とその間に進んだ距離 x を求めよ．

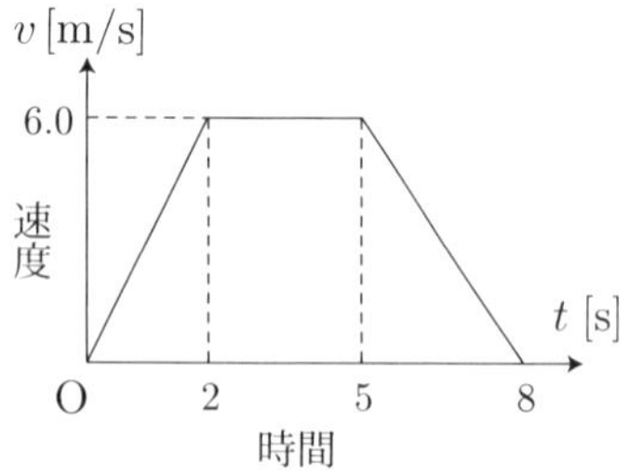

図 9.3

問題 9.3（糸で引き上げられる物体の運動） 質量 $m = 2.0\mathrm{kg}$ の物体を軽くて伸びない糸で引き上げた．このときの物体の速さの変化を図 9.3 に示す．重力加速度を $g = 9.8\mathrm{m/s^2}$ とする．

(1) 物体の質量を m，糸の張力を T，重力加速度を g，物体の上昇の加速度を a として，物体の運動方程式をつくれ．

(2) $t = 0.0\mathrm{s}$ から $2.0\mathrm{s}$ までの糸の張力 T は何 N か．

(3) $t = 2.0\mathrm{s}$ から $5.0\mathrm{s}$ までの糸の張力 T は何 N か．

(4) $t = 5.0\mathrm{s}$ から $8.0\mathrm{s}$ までの糸の張力 T は何 N か．

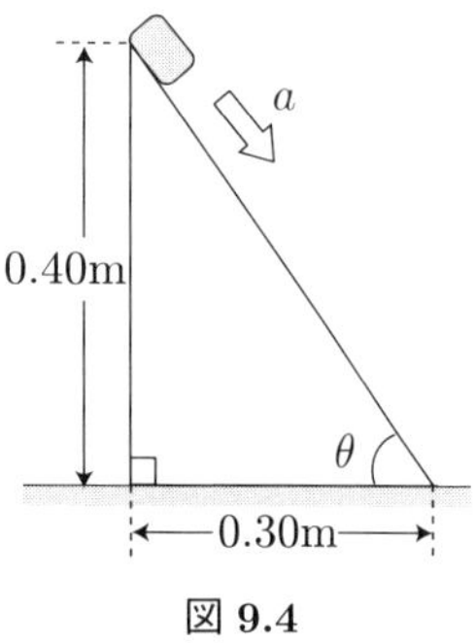

図 9.4

問題 9.4（摩擦のない斜面上の物体の運動） 水平な床の上に横幅 0.30m，高さ 0.40m の三角柱が固定されている．図 9.4 に示すように，三角柱の上端から静かに放すと，小物体は摩擦のない斜面上を等加速度運動で下りた．重力加速度を $9.8\mathrm{m/s^2}$ とする．

(1) 滑り下りるときの加速度はいくらか．

(2) 斜面の下端に着くまでの時間いくらか．下端に着く直前の速さはいくらか．

問題 9.5（投げ上げ運動） 地上から初速度 v_0 で質量 m の小物体を投げ上げた．図 9.5 のように y 軸をとり，重力加速度を g とし，空気抵抗は無視する *．時刻 t での加速度を a，速度を v とする．

(1) 鉛直方向の運動方程式を「$ma =$ 　」の形に書け．

(2) $a = \dfrac{dv}{dt}$ であることを利用して速度 v を時刻 t を使って表せ．

(3) $v = \dfrac{dy}{dt}$ であることを利用して，高さ y を時刻 t を使って表せ．ただし $t = 0$ で $y = 0$ とする．

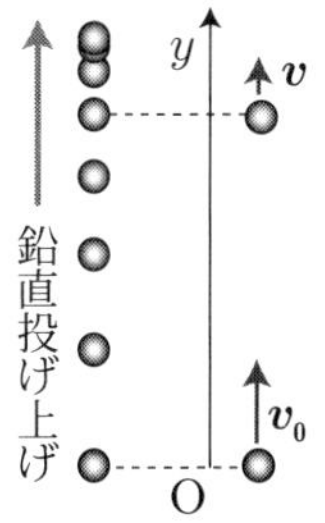

図 9.5

* 「定数」の v_0 や g は数値と同じように扱ってよい．

問題 9.6（糸でつないだ 3 物体の運動） 図 9.6 に示すように，滑らかな水平面上で，3 つの物体 A，B，C を糸でつなぎ，力 F で右の方に引っ張ったら全体が加速度 a で運動した．A，B，C の質量をそれぞれ m_A，m_B，m_C とし，AB，BC 間の糸の張力の大きさを T_A，T_B とする．

(1) 各物体の運動方程式を文字式で次の形で書け．

A：$m_A a =$ ［　　］　B：$m_B a =$ ［　　］　C：$m_C a =$ ［　　］

(2) 質量がそれぞれ $m_A = 10\text{kg}$，$m_B = 15\text{kg}$，$m_C = 20\text{kg}$ で，力 $F = 36$ N のとき，加速度 a は何 m/s^2 か．また T_A，T_B はそれぞれ何 N か．

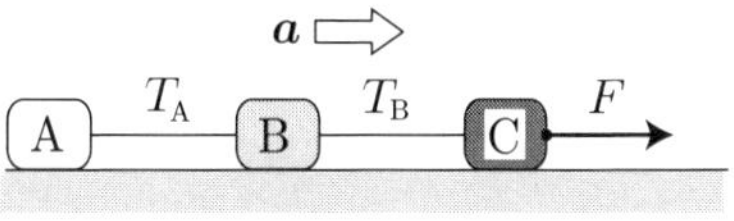

図 9.6

問題 9.7（定滑車を通した糸で結ばれた 2 物体の運動） 図 9.7 に示すように，滑車を通した軽い糸で，質量 $m = 2.0\text{kg}$ の物体 A と質量 $M = 5.0\text{kg}$ の物体 B とが結ばれている．静かに放すとき，両物体の加速度 a と糸の張力 T はいくらか．重力加速度を 9.8m/s^2 とする．

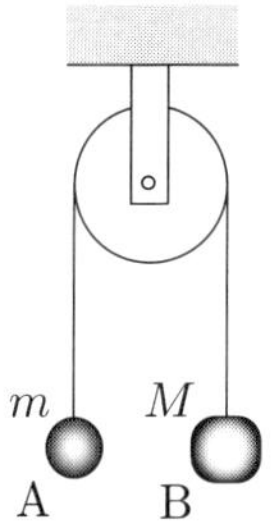

図 9.7

問題 9.8（摩擦のある水平面上での運動） 粗い水平面上で質量 4.0kg の物体に初速度 3.0m/s を与えると，6.0m 滑って停止した．重力加速度を 9.8m/s^2 とする．

(1) 粗い水平面上を運動するとき，加速度はいくらか．

(2) 動摩擦力の大きさはいくらか．

(3) 動摩擦係数はいくらか．

Coffee Break

「軽い糸」の張力

力学の問題ではしばしば「軽い糸」であることが強調される．図 9.8 で糸に着目して運動方程式を作ると $ma = T_B - T_A$ となる．糸が「軽い」と質量 $m = 0$ とみなせるので，$0 \times a = T_B - T_A$ から，$T_A = T_B$ となる．このことから，軽い糸の張力は両端で等しいことがわかる．

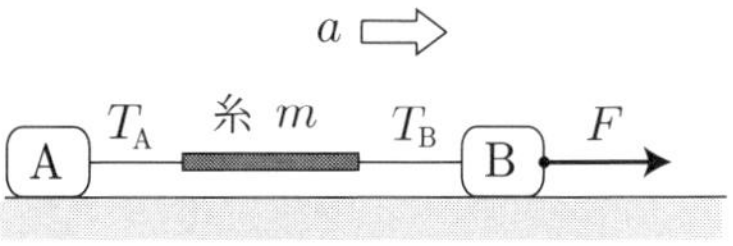

図 9.8

標準問題

問題 9.9（糸で結ばれた斜面上の物体の運動） 図 9.9 に示すように，床に固定された台があり，台に設置された定滑車を通した 1 本の糸で同じ質量 m の 2 物体 A と B が結ばれている．静かに放すと，台の斜面上の物体 A は矢印の方向に等加速度運動をした．摩擦はないとする．(a)(b)(c) それぞれの場合について，加速度 a を重力加速度 g で表せ．台の断面はいずれも直角三角形で，(c) では $\sin\theta = \dfrac{3}{5}$ である．

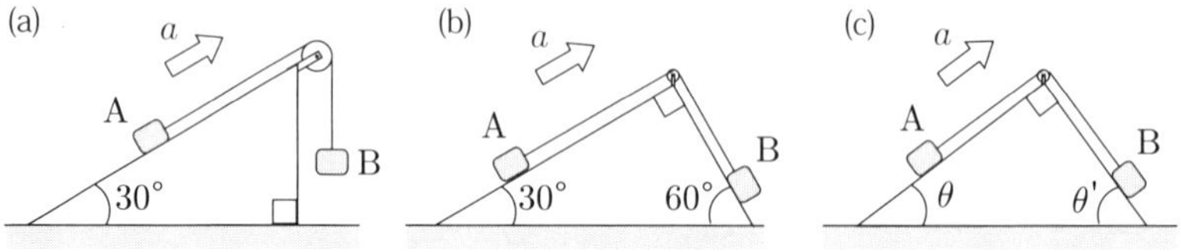

図 9.9

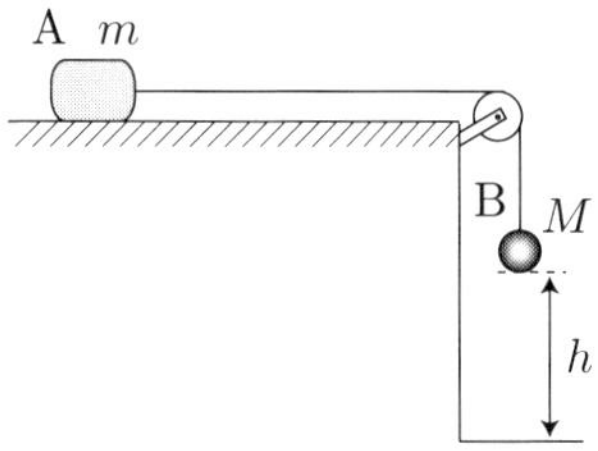

図 9.10

問題 9.10（粗い机上の物体と糸でつながれたおもりの運動） 図 9.10 に示すように，粗い机上面に質量 m の物体 A を置いた．A につけた糸を軽い定滑車に通し，糸の他端には質量 M のおもり B をつり下げた．重力加速度を g とし，物体 A と机上面との間の動摩擦係数を μ' とする．静かに放すとき

(1) 加速度 a はいくらか．

(2) $m = 4.0\text{kg}$，$M = 3.0\text{kg}$，$g = 9.8\text{m/s}^2$，$\mu' = 0.50$ のとき，加速度 a と糸の張力 T を求めよ．おもり B が $h = 0.70\text{m}$ だけ降下するまでの時間 t とそのときの速さ v はいくらか．

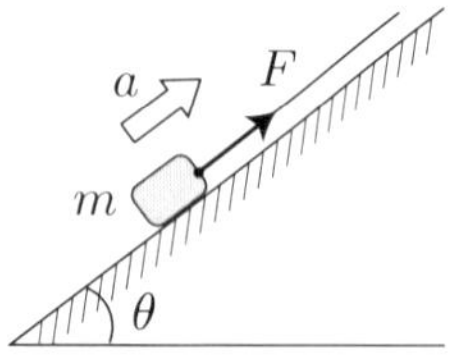

図 9.11

問題 9.11（粗い斜面上の物体の運動） 図 9.11 に示すように，傾斜角 θ の粗い斜面上に質量 m の物体を置き，斜面に沿って力 F で引いたところ，上向きに等加速度運動をした．物体の加速度 a を求めよ．小物体と斜面との間の動摩擦係数 μ' とし，重力加速度を g とする．

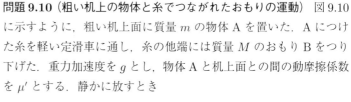

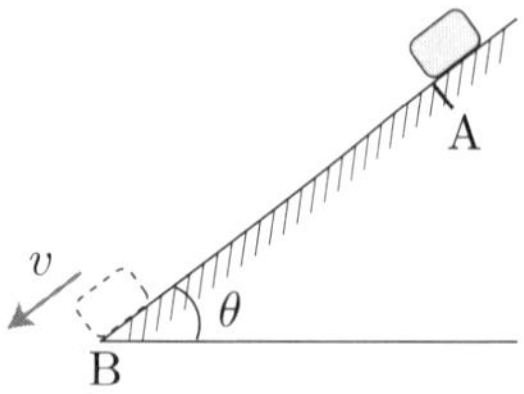

図 9.12

問題 9.12（粗い斜面上を降下する物体の運動） 図 9.12 に示すように，粗い斜面上の点 A に静かに置いた質量 m の物体が，斜面に沿って点 B まで降下した．AB 間の距離は 2.0m で，傾斜角 θ は $\sin\theta = \dfrac{3}{5}$ を満たす．小物体と斜面との間の動摩擦係数を 0.50 とし，重力加速度を 9.8m/s^2 とする．

(1) 斜面を滑り下りるときの加速度 a はいくらか．

(2) 点 B に着くまでの時間 t はいくらか．点 B を通過するときの速さ v はいくらか．

問題 9.13（粗い斜面上の物体の運動）　図 9.13 に示すように，傾斜角 θ の粗い斜面の下点 A で，質量 m の小物体に，斜面に沿って上向きに初速度 v_0 を与えると，点 B まで達した．小物体と斜面との間の動摩擦係数 μ' とし，重力加速度を g とする．

(1) 点 B に達するまでの時間を求めよ．

(2) AB 間の距離を求めよ．

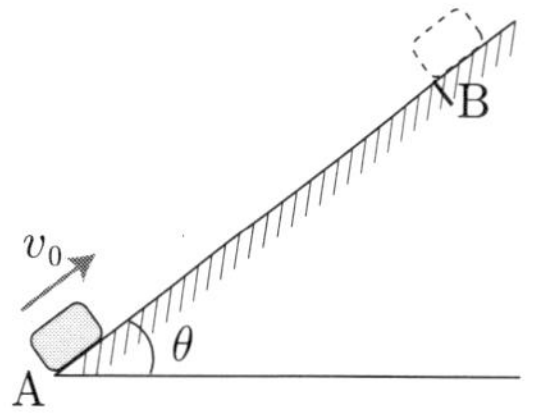

図 9.13

問題 9.14（斜面上の運動と v–t 図）　図 9.14(a) に示すように，傾斜角 θ のなめらかな斜面と傾斜角 30° の粗い斜面が水平面と接続している．図中の点 A で静かに放した小物体 P が水平面 BC を過ぎて，粗い斜面上の点 D で停止するまでの v–t 図を図 9.14(b) に示す．重力加速度を 9.8m/s^2 とする．

(1) P がなめらかな斜面を下るときの加速度はいくらか．

(2) $\sin\theta$ の値はいくらか．

(3) P が粗い斜面を上るときの加速度はいくらか．

(4) P と粗い斜面との間の動摩擦係数 μ' の値はいくらか．

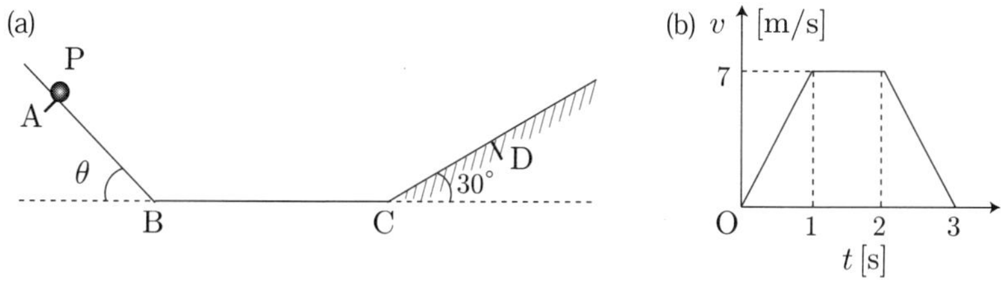

図 9.14

問題 9.15（板の上を動く物体）　図 9.15 のように，水平な床の上に，質量 M の板 B が静止している．B の左側に質量 m の小物体 A をのせ右向きの初速度 v_0 を与えると，A は B の上を滑り，B は床上をすべり，やがて A と B は同じ速さになった．A と B の間の動摩擦係数は μ' で，B と床の間の摩擦はない．重力加速度を g とする．

(1) A が B 上を滑るとき A の加速度 a と B の加速度 b を求めよ．

(2) A が B 上を滑り続けた時間はいくらか．

(3) A と B が同じ速さで動くとき，その速さはいくらか．

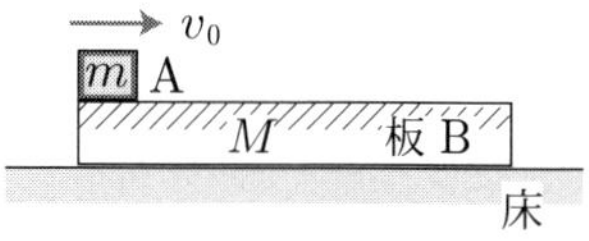

図 9.15

問題 9.16（水の抵抗力）　速さ v_0 で走っていたボートのエンジンを止めてから t 秒後の速さは $v(t) = v_0 e^{-ct}$ で表される（c は定数）．

(1) 受けている抵抗力 F が速度 v に比例することを示せ *．

(2) 速さ $v_0 = 10$m/s でエンジンを停止させると，$t = 20$s でボートの速さは $v = 5.0$m/s になった．$t = 40$s では速さ v はいくらか．

(3) エンジンを止めてからボートが停止するまで進む距離 x はいくらか **．

* 指数関数の微分公式
$$\frac{d}{dx}[Ae^{Bx}] = B[Ae^{Bx}]$$

** 指数関数の積分公式
$$\int dx[Ae^{Bx}] = \frac{1}{B}[Ae^{Bx}] + C$$

Coffee Break

「イコール」の意味

「イコール」が左辺と右辺が等しいことを表すことは，皆さんはよく知っている．しかしこれまで本書に出てきた等号には，大きく分けて 4 つの異なる使い方があることに気付いているだろうか．それは ① 恒等式，② 方程式，③ 定義式（説明式），④ 関係式の 4 つである．

恒等式は，例えば $(a+b)^2 = a^2 + 2ab + b^2$ のように，a と b がどのような値をとっても成立する式である．本書でも式の展開の多くはこの恒等式である．それに対して**方程式**は，$ax^2 + bx + c = 0$ の場合のように，ある特定の x の値に対してのみ成立する．つまりこのイコールは，x のとるべき値について，ある制限を与えている．$m\boldsymbol{a} = \boldsymbol{F}$ の運動方程式もその意味での方程式である *．言い換えると，質量 m の物体に外力 $\boldsymbol{F}$ が加えられたとき，未知の量である加速度 $\boldsymbol{a}$ を求めるための式である．一般に外力 $\boldsymbol{F}$ が位置 $\boldsymbol{r}$ や時刻 t に依存する場合は運動方程式は複雑な微分方程式となり **，解法にはそれに応じた数学的な技法が必要になる．しかしどのようなときでも，初期条件さえ与えられれば，運動方程式から（加速度を得て），いつどこで物体がどのような運動をするかを決定できる．だから運動方程式は力学の基本となる式なのである．

第 3 番目は，**定義式（説明式）**である．例えば，重力 $W = mg$ やフックの法則 $F = ks$ は，左辺に出てくる重力 W や弾性力 F の性質を右辺で定義（説明）している ***．定義式の特徴は左辺と右辺を入れ替えて $mg = W$ や $ks = F$ とすると，意味不明となることである．最後の**関係式**は異なる概念の間の関係を示すもので，円の半径 r，弧の長さ l，弧度 θ の間の関係式 $l = r\theta$ はそれに相当する．

読者の皆さんには，これから出てくる数式のイコールが，上のどの意味の等号かを意識的に判断しながら読み進めていただくことを希望する．

* 方程式は $2x = 3$ のように，未知数を含む部分を左辺にかく習慣がある．運動方程式の場合は加速度 a が未知数なので，「$ma =$」を左側にかく．

** 位置ベクトル $\boldsymbol{r}$ の時間 t に関する 2 階の微分方程式である．

*** 定義式を強調するときには $\equiv$ を使う．例えば $a \equiv \dfrac{dv}{dt}$ のように．

第Ⅲ部

エネルギーと運動量

10　仕事とエネルギー

日常でも「仕事」という言葉を使うが，力学の用語としての「仕事」は少し意味が違うかもしれない．力学では「力×移動距離」という意味で使われ，エネルギーと密接に結びついた概念なのである．外力による仕事が加わると，物体の持つエネルギーが変化することを学ぶ．

§ 10.1　仕事の概念

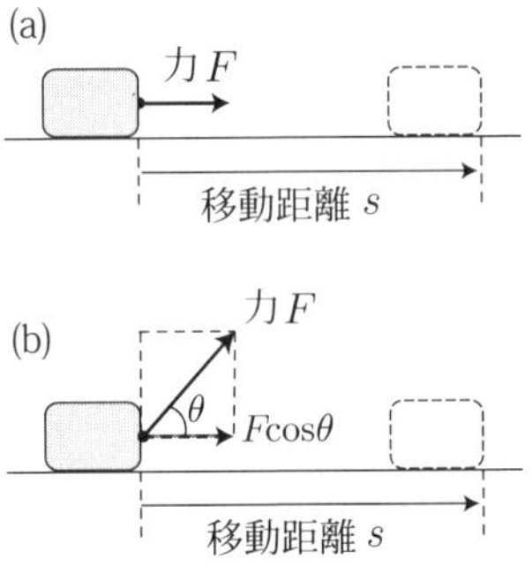

図 10.1　仕事

■仕事　図 10.1(a) に示すように，物体に力 F がはたらき，その力の方向に物体を距離 s だけ移動させたとき，「力 F は仕事をした」といい，その仕事の大きさ W を

$$W = Fs \qquad (\text{仕事} = \text{力} \times \text{移動距離}) \tag{10.1}$$

で定義する．仕事の単位は**ジュール**で，記号 **J** で表す．$1\mathrm{J} = 1\mathrm{N}\cdot\mathrm{m}$ である．図 10.1(b) のように，力の向きと移動方向が角 θ をなすときは，力 F を分解すると，力の移動方向の成分 $F\cos\theta$ だけが仕事に寄与している．そこで次式で定義する．

$$W = Fs\cos\theta \qquad \text{仕事} = \text{力の移動方向の成分} \times \text{距離} \tag{10.2}$$

■仕事の具体例　物体の移動方向は速度 v の向きだから，角 θ は力と速度のなす角である．図 10.2(b) では $\theta = 180°$ なので，動摩擦力 F' のする仕事は $W = -F's$（負の仕事）となる．図 10.2(c)(d) では $\theta = 90°$ なので垂直抗力 N のする仕事も振り子の糸の張力 T のする仕事も 0 である．

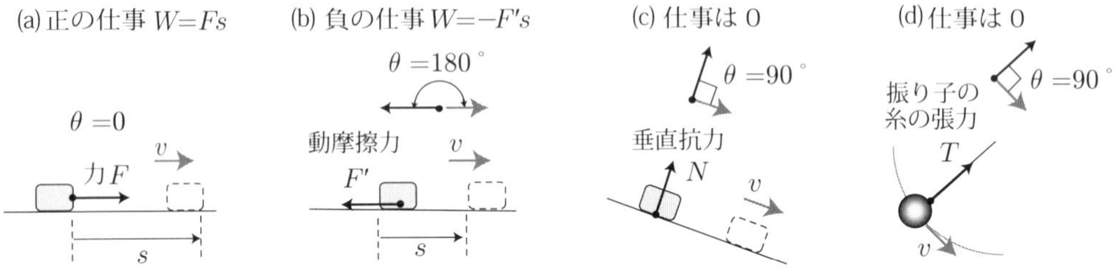

図 10.2　仕事の具体例

■仕事率　単位時間あたりの仕事を**仕事率**とよび，その単位には**ワット**（記号 **W**）を用いる．$1\mathrm{W} = 1\mathrm{J/s}$ である．

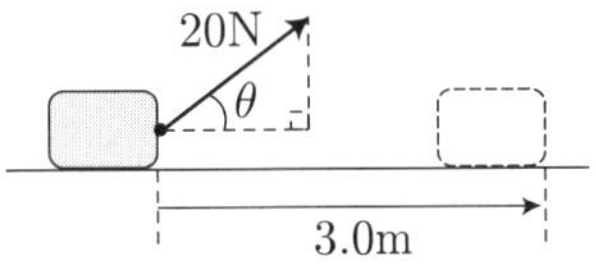

図 10.3

問題 10.1　図 10.3 に示すように，粗い水平面上で水平と角 θ の方向に 20N の力を加え続けたら，物体は一定の速さで移動し，3.0m 移動するのに 5.0 秒かかった．$\tan\theta = 3/4$ とする．このとき加えた力のした仕事はいくらか．また仕事率はいくらか．

■**ベクトルの内積と成分表示（数学的準備）**　2 つのベクトル $\boldsymbol{a}$ と $\boldsymbol{b}$ が角 θ をなすとき，その内積を $\boldsymbol{a}\cdot\boldsymbol{b} = ab\cos\theta$ で定義する．$+x$ 軸，$+y$ 軸，$+z$ 軸方向の単位ベクトルを $\boldsymbol{i}$，$\boldsymbol{j}$，$\boldsymbol{k}$ とするとき

$$\boldsymbol{i}\cdot\boldsymbol{i} = \boldsymbol{j}\cdot\boldsymbol{j} = \boldsymbol{k}\cdot\boldsymbol{k} = 1 \qquad \boldsymbol{i}\cdot\boldsymbol{j} = \boldsymbol{j}\cdot\boldsymbol{k} = \boldsymbol{k}\cdot\boldsymbol{i} = 0$$

である．このことから，ベクトル $\boldsymbol{a}$ と $\boldsymbol{b}$ が成分を使って

$$\boldsymbol{a} = a_x\boldsymbol{i} + a_y\boldsymbol{j} + a_z\boldsymbol{k} \qquad \boldsymbol{b} = b_x\boldsymbol{i} + b_y\boldsymbol{j} + b_z\boldsymbol{k}$$

と表されるときには，次の内積の成分表示が得られる．

$$\boldsymbol{a}\cdot\boldsymbol{b} = ab\cos\theta = a_xb_x + a_yb_y + a_zb_z \tag{10.3}$$

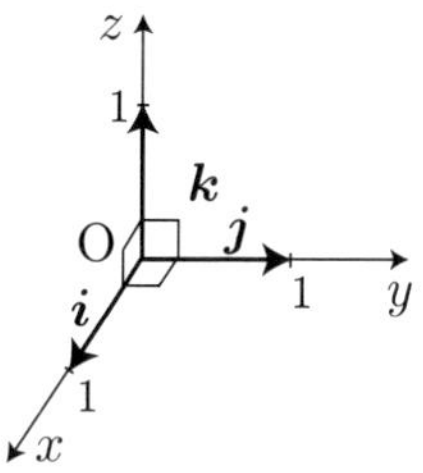

図 10.4　単位ベクトル

■**ベクトルの内積と積分を使った仕事の表現**　図 10.5(a) のように，力 $\boldsymbol{F}$ がはたらく方向と角 θ をなす向きに短い変位 $d\boldsymbol{s}$ をするときの仕事は，ベクトルの内積を使うと $\boldsymbol{F}\cdot d\boldsymbol{s}$ と表される．成分表示で，変位を $d\boldsymbol{s} = (dx, dy, dz)$，力を $\boldsymbol{F} = (F_x, F_y, F_z)$ と表すと，ベクトルの内積の定義から，この仕事は $dW = Fds\cos\theta = F_xdx + F_ydy + F_zdz$ である．したがって図 10.5(b) に示すように，物体が点 A から点 B へと移動する間に力 $\boldsymbol{F}(\boldsymbol{r})$ がした仕事は，次式で与えられる *．

$$W_{\mathrm{AB}} = \int_{\mathrm{A}}^{\mathrm{B}} \boldsymbol{F}\cdot d\boldsymbol{s} = \int_{\mathrm{A}}^{\mathrm{B}} F\cos\theta ds \tag{10.4a}$$

$$= \int_{\mathrm{A}}^{\mathrm{B}} (F_xdx + F_ydy + F_zdz) \tag{10.4b}$$

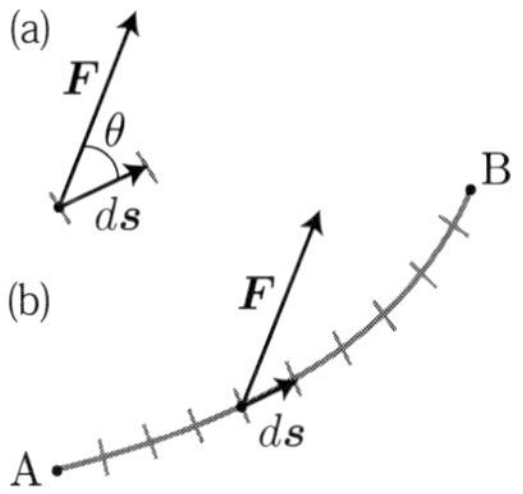

図 10.5　点 A から点 B までに力のした仕事

* 式 (10.4) のように，ある曲線に沿って和をとる積分を**線積分**という．積分範囲の A，B はその点での積分変数値を示す．

> **例題 10.1（重力のする仕事）**　物体にはたらく重力 mg のする仕事 W は，（途中の経路に関係なく）始点と終点の高度差 h で決まり $W = mgh$ となることを示せ．

（解）　図 10.6 のように鉛直上向きに y 軸をもつ x–y 座標系を取り，点 A（高さ $y = y_{\mathrm{A}}$）から点 B ($y = y_{\mathrm{B}}$) まで移動したとする．重力は $\boldsymbol{F} = (F_x, F_y, F_z) = (0, -mg, 0)$ であるから，重力のする仕事は

$$W = \int_{\mathrm{A}}^{\mathrm{B}} \boldsymbol{F}\cdot d\boldsymbol{r} = \int_{\mathrm{A}}^{\mathrm{B}} (F_xdx + F_ydy + F_zdz)$$

$$= \int_{y_{\mathrm{A}}}^{y_{\mathrm{B}}} (-mg)dy = mg(y_{\mathrm{A}} - y_{\mathrm{B}}) = mgh$$

となる ($h = y_{\mathrm{A}} - y_{\mathrm{B}}$)．■

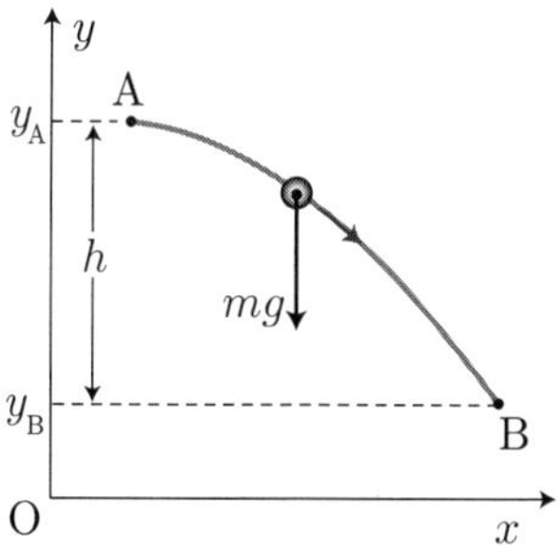

図 10.6　重力のする仕事

■**保存力と位置エネルギー**　例題 10.1 で示したように，重力のする仕事は始点と終点の高度差 $h(= y_{\mathrm{A}} - y_{\mathrm{B}})$ で決まる．図 10.7 に示すように，物体が点 A から点 B まで移動する間に力のする仕事が，途中の経路 C によらず，始点 A と終点 B の 2 点の位置だけで決まるとき，その力を**保存力**という．保存力の場合は**位置エネルギー**が定義できて **，保存力のする仕事は位置エネルギーの差で表される．重力は保存力なので

$$\textbf{重力による位置エネルギー：}\quad \boldsymbol{U = mgy} \tag{10.5}$$

が定義できて，重力がした仕事は $W = U(y_{\mathrm{A}}) - U(y_{\mathrm{B}})$ で表される．

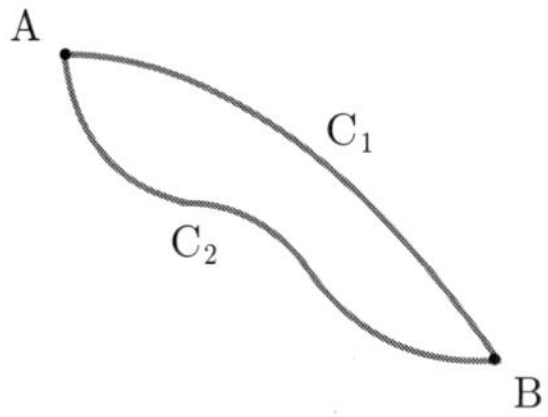

図 10.7　積分の経路

** 位置エネルギーのことを，**ポテンシャル・エネルギー**ともいう．

§ 10.2　仕事と運動エネルギーの関係

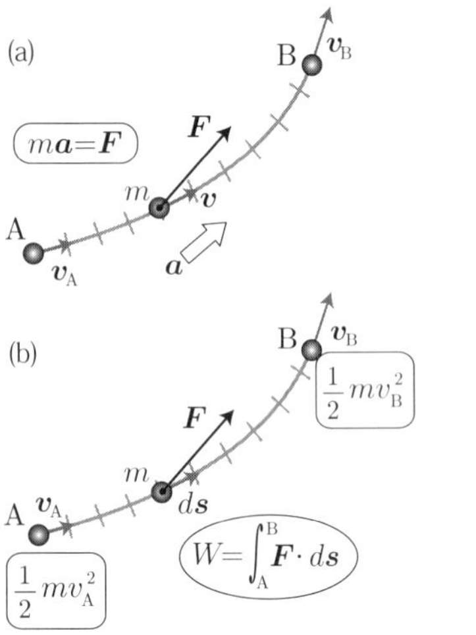

図 10.8　仕事と運動エネルギーの関係

■運動方程式の変形　図 10.8 に示すように，質量 m の物体が力 $\boldsymbol{F}$ を受けて運動する場合の運動方程式は，$m\dfrac{d\boldsymbol{v}}{dt}=\boldsymbol{F}$ である．この式の両辺に微小変位 $d\boldsymbol{s}$ をかけて（内積をとって）

$$m\frac{d\boldsymbol{v}}{dt}=\boldsymbol{F} \qquad \rightarrow \qquad m\frac{d\boldsymbol{v}}{dt}\cdot d\boldsymbol{s}=\boldsymbol{F}\cdot d\boldsymbol{s} \tag{10.6}$$

と変形する．ここで $d\boldsymbol{s}=\boldsymbol{v}dt$ であるから，左辺を変形して

$$m\frac{d\boldsymbol{v}}{dt}\cdot\boldsymbol{v}dt=\boldsymbol{F}\cdot d\boldsymbol{s} \quad \rightarrow \qquad m\boldsymbol{v}d\boldsymbol{v}=\boldsymbol{F}\cdot d\boldsymbol{s} \tag{10.7}$$

となる．ここで始点 A から終点 B までの経路に沿った線積分を実行する．このとき，点 A，点 B での速度を v_{A}，v_{B} とすると

$$\int_{v_{\mathrm{A}}}^{v_{\mathrm{B}}} mv\ dv=\left[\frac{1}{2}mv^2\right]_{v_{\mathrm{A}}}^{v_{\mathrm{B}}}=\int_{\mathrm{A}}^{\mathrm{B}}\boldsymbol{F}\cdot d\boldsymbol{s}$$

$$\rightarrow \quad \frac{1}{2}mv_{\mathrm{B}}^2-\frac{1}{2}mv_{\mathrm{A}}^2=\int_{\mathrm{A}}^{\mathrm{B}}\boldsymbol{F}\cdot d\boldsymbol{s}=W \tag{10.8}$$

■具体例：等加速度運動の場合　式 (10.8) のもつ意味を，等加速度運動の例で考えてみよう．図 10.9(a) に示すように，質量 m の物体に一定の大きさ F の力が加わり，加速度 a の運動をしたとき

$$\text{運動方程式：} ma=F \tag{10.9}$$

が成り立っている．この結果，図 10.9(b) に示すように，距離 s だけ離れた AB 間で，物体が等加速度運動をして，速さが v_{A} から v_{B} に変化したとすると

$$\text{等加速度運動の公式から } v_{\mathrm{B}}^2-v_{\mathrm{A}}^2=2as \tag{10.10}$$

が成り立つ．式 (10.9) と (10.10) から

$$\frac{1}{2}mv_{\mathrm{B}}^2-\frac{1}{2}mv_{\mathrm{A}}^2=mas=Fs=W \tag{10.11}$$

が導かれる．

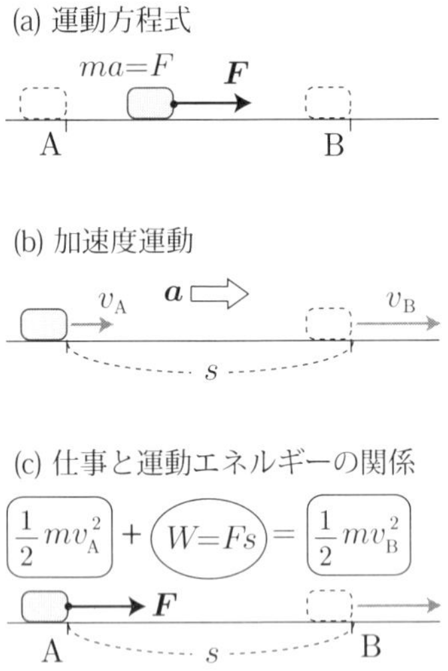

図 10.9　仕事と運動エネルギーの関係

■運動エネルギーと仕事の関係　質量 m の物体が速さ v で運動しているとき

$$\text{運動エネルギー：}\ \boldsymbol{K=\frac{1}{2}mv^2} \tag{10.12}$$

をもっているという．一方，物体に大きさ F の力を加えて，力の方向に距離 s だけ移動させたときの仕事 W は

$$W=Fs \tag{10.13}$$

である．すると式 (10.11) は

$$\boldsymbol{\frac{1}{2}mv_{\mathrm{B}}^2-\frac{1}{2}mv_{\mathrm{A}}^2=W} \tag{10.14}$$

となって *，**運動エネルギーの変化は外部から加えられた仕事に等しい**ことを意味する（図 10.9(c)）．これを**エネルギーの原理**とよぶ．

*力 F が一定でない（つまり等加速度運動でない）場合は，仕事 W を線積分で求める式 (10.8) を使うこと．

例題 10.2（エネルギーの原理） 水平な床の上で，はじめ速さ 3.0m/s で運動していた質量 2.0kg の物体に，進行方向に外部から 8.0N の力を距離 2.0m の間加えた．

(1) はじめの運動エネルギーはいくらか．

(2) 外力のした仕事はいくらになるか．

(3) 外力を加えた後の運動エネルギーはいくらか．

(4) 外力を加えた後の速度はいくらか．

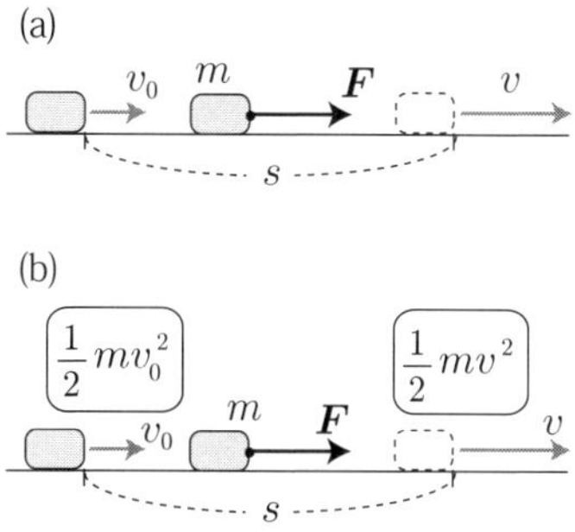

図 10.10

（解） (1) $m = 2.0\text{kg}$，$v_0 = 3.0\text{m/s}$ として *

はじめの運動エネルギー $K_0 = \frac{1}{2}mv_0^2 = \frac{1}{2} \times 2.0 \times 3.0^2 = \mathbf{9.0\ J}$

(2) 外力のした仕事 $W = Fs = 8.0 \times 2 = \mathbf{16\ J}$

(3) エネルギーの原理 $\frac{1}{2}mv^2 - \frac{1}{2}mv_0^2 = W$ より

後の運動エネルギー $\frac{1}{2}mv^2 = \frac{1}{2}mv_0^2 + W = 9.0 + 16 = \mathbf{25\ J}$

(4) $\frac{1}{2} \times 2.0 \times v^2 = 25\ \text{J}$ だから，力を加えた後の速度 $v = \mathbf{5.0\ m/s}$

■

* 運動エネルギーは K，仕事は W と表すことが多い．

例題 10.3（重力とエネルギーの原理） 重力加速度を g とし，摩擦や抵抗力は無視できるとして，次の問いに答えよ．

(1) 図 10.11(a) で，質量 m の物体が高度差 h を自由落下するとき，重力のする仕事はいくらか．

(2) 図 10.11(b) で，質量 m の物体が傾斜角 θ の斜面を距離 l だけ下りるとき，重力のする仕事はいくらか．

(3) 高度差が等しく h ならば，2 つの場合の速さ v が等しいことを示し，初速度 0 のときの速さ v を求めよ．

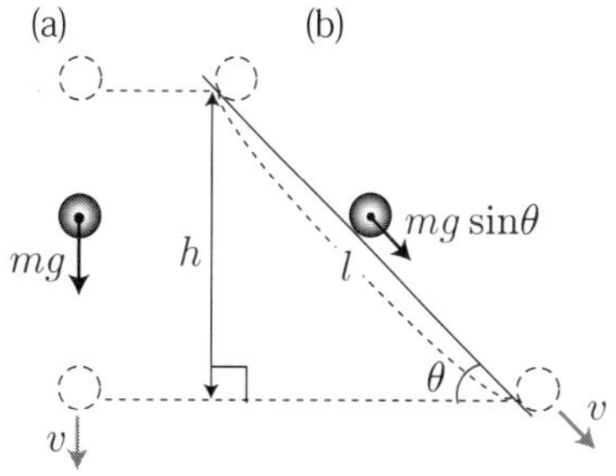

図 10.11

（解） (1) 自由落下で重力のする仕事 $W_{自由落下} = \boldsymbol{mg \times h}$

(2) 斜面を距離 l 滑るとき重力のした仕事 $W_{斜面} = \boldsymbol{mg\ \sin\theta \times l}$

(3) 高度差 $h = l\sin\theta$ を使うと

$$W_{斜面} = mg \times (\sin\theta \times l) = mgh$$

で $W_{自由落下}$ と等しい．移動方向と垂直にはたらく垂直抗力は，仕事をしない（図 10.2(c) 参照）．したがって，外力のする仕事はどちらも $W = mgh$ なので，h だけ降下した時の運動エネルギー（したがって速さ v）は等しい．$v_0 = 0$ としてエネルギーの原理を適用すると

$$\frac{1}{2}mv^2 - 0 = W = mgh \text{ より，} v = \boldsymbol{\sqrt{2gh}}$$

■

11　力学的エネルギー保存の法則 (1)

力が複雑な場合には，運動方程式の解法がかなり面倒になる．そのような場合でも，「力学的エネルギー保存の法則」は物体の運動状態についての有効な情報を与えてくれる．本章では，保存力である重力が関係する場合について，「力学的エネルギー保存の法則」の適用を学ぶ．

§ 11.1　重力と力学的エネルギー保存の法則

■力学的エネルギー保存の法則　「仕事と運動エネルギーの関係式」（エネルギーの原理）によれば，次式が成り立つ．

$$\text{エネルギーの原理：}\quad \frac{1}{2}mv_{\mathrm{B}}^2 - \frac{1}{2}mv_{\mathrm{A}}^2 = W_{\mathrm{AB}} \tag{11.1}$$

保存力の場合には，位置エネルギー $U(\boldsymbol{r})$ が定義できて

$$\text{保存力 } \boldsymbol{F} \text{ のする仕事：}\quad W_{\mathrm{AB}} = \int_{\mathrm{A}}^{\mathrm{B}} \boldsymbol{F}\cdot d\boldsymbol{r} = U(\boldsymbol{r}_{\mathrm{A}}) - U(\boldsymbol{r}_{\mathrm{B}}) \tag{11.2}$$

したがって，力が保存力の場合には，式 (11.1) と (11.2) を結びつけると *，次の**力学的エネルギー保存の法則** が導かれる **.

$$\frac{1}{2}mv_{\mathrm{A}}^2 + U(\boldsymbol{r}_{\mathrm{A}}) = \frac{1}{2}mv_{\mathrm{B}}^2 + U(\boldsymbol{r}_{\mathrm{B}}) \tag{11.3}$$

（点 A での力学的エネルギー）＝（点 B での力学的エネルギー）

* 式 (11.1) は一般的に成り立つが，式 (11.2) は力が保存力の場合にのみ成り立つことを確認しておこう．

** 運動エネルギー $\frac{1}{2}mv^2$ と位置エネルギー $U(r)$ の和を**力学的エネルギー**とよぶ．

■自由落下運動についての 3 つの考え方　図 11.1 をもとに，高さ h から自由落下する物体の速さ v を，今まで学んだ 3 通りの考え方で求めて比較してみよう ***.

(a) 運動方程式を解く方法

(b) 運動エネルギーと仕事の関係式を使う方法

(c) 力学的エネルギー保存則を使う方法

*** **(a) 運動方程式を解く方法**
運動方程式 $ma = mg$ より，$a = g$ の等加速度運動．
$v^2 - v_0^2 = 2ax$ に代入して
$v^2 - 0^2 = 2gh \quad \therefore \quad v = \sqrt{2gh}$

(b) エネルギーの原理を使う方法
「運動エネルギーの変化高＝重力が物体にした仕事」より
$\frac{1}{2}mv^2 - 0 = mgh$ だから
$v = \sqrt{2gh}$

(c) 力学的エネルギー保存の法則を使う方法
「点 B での力学的エネルギー
＝点 A での力学的エネルギー」
$\therefore\ \frac{1}{2}mv^2 + 0 = 0 + mgh$ より
$v = \sqrt{2gh}$

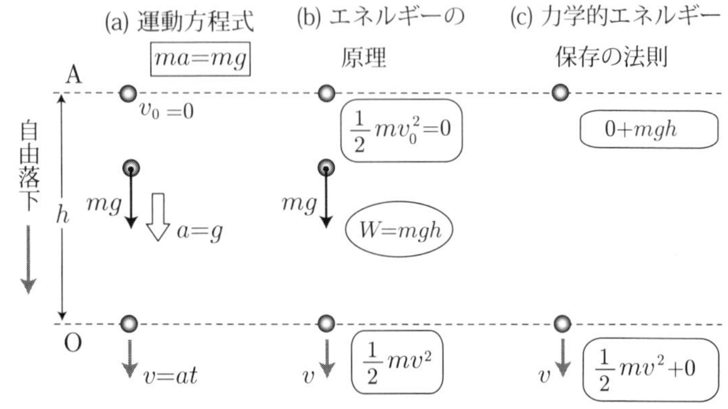

図 11.1　自由落下に関する 3 つの考え方

■**重力による位置エネルギー**　図 11.2 に示すように，点 O を**基準点**として鉛直上向きに y 座標を設定すると，質量 m の物体が高さ y の位置にあるときの重力による位置エネルギーは

$$U = mgy \qquad (g \text{ は重力加速度}) \tag{11.4}$$

である（例題 10.1 参照）.

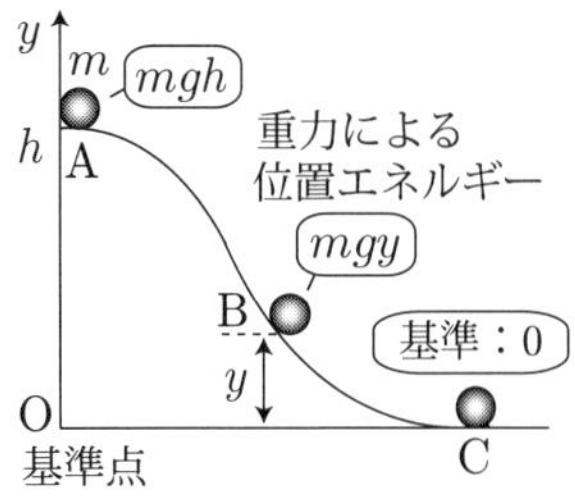

図 11.2　重力の位置エネルギー

■**なめらかな面上での物体の運動と力学的エネルギー保存の法則**　垂直抗力は仕事をしない（図 10.2(c) 参照）．そのため，摩擦のない面上で運動する物体では力学的エネルギーが保存される．

図 11.3(a) に示すように，なめらかな面上を降下する物体の問題に，力学的エネルギー保存の法則を適用する．高さ h の位置 A にあるときの速度が 0 であったとすると，力学的エネルギー E（一定値）は

$$E = 0 + mgh = \frac{1}{2}mv^2 + mgy = \frac{1}{2}mv_{\mathrm{C}}^2 + 0 \tag{11.5}$$

と表される．この状況は図 11.3(b) に示すように，縦軸にエネルギーを描くとわかりやすい．高度差 h だけ降下した点 C での物体の速さは，式 (11.5) より，$v_{\mathrm{C}} = \sqrt{2gh}$ である．

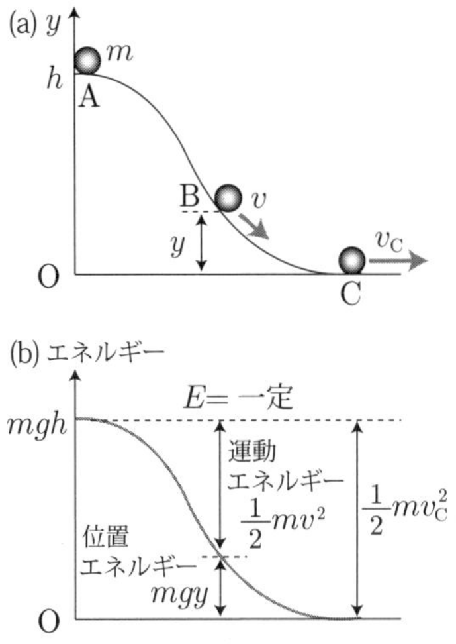

図 11.3　力学的エネルギー保存の法則

例題 11.1（なめらかな斜面上の運動と力学的エネルギー保存の法則）　図 11.4 に示すように，2 つの斜面と水平面がなめらかにつながっている．斜面上の点 A で静かに小球を放したら，小球は斜面を滑り下り，点 B を通り，斜面をさらに上って点 C を速さ 4.2m/s で通過した．点 A は点 B を含む水平面より 2.5m 高い．重力加速度の大きさを 9.8m/s^2 とし，摩擦と空気抵抗はないものとする．

(1) 点 B での小球の速さは何 m/s か．

(2) 点 C は点 B を含む水平面より何 m 高いか．

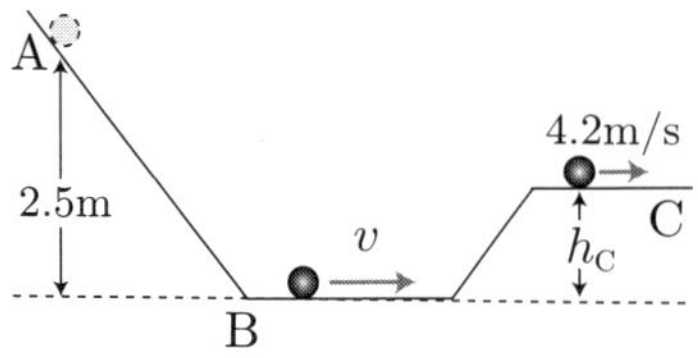

図 11.4

(解)　力学的エネルギー保存の法則より

$$mgh_{\mathrm{A}} = \frac{1}{2}mv_{\mathrm{B}}^2 = \frac{1}{2}mv_{\mathrm{C}}^2 + mgh_{\mathrm{C}}$$

が成り立つ．$h_{\mathrm{A}} = 2.5\mathrm{m}$，$v_{\mathrm{C}} = 4.2\mathrm{m/s}$，$g = 9.8\mathrm{m/s^2}$ を代入して

(1) 点 B での速さは

$$v_{\mathrm{B}} = \sqrt{2gh_{\mathrm{A}}} = \mathbf{7.0\ m/s}$$

(2) 点 C の高さ h_{C} は

$\frac{1}{2}mv_{\mathrm{C}}^2 + mgh_{\mathrm{C}} = mgh_{\mathrm{A}}$ より

$$h_{\mathrm{C}} = h_{\mathrm{A}} - \frac{v_{\mathrm{C}}^2}{2g} = \mathbf{1.6\ m}$$

■

§ 11.2　力学的エネルギー保存の法則の適用

■放物運動と力学的エネルギー保存の法則

放物運動では水平方向の速さは一定であることを思い出そう．運動エネルギーには K，位置エネルギーには U，力学的エネルギーには $E(=K+U)$ の記号が使われることが多い．

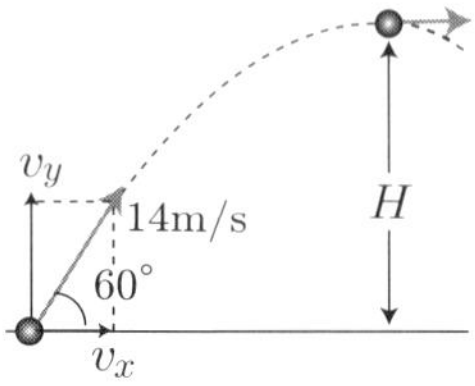

図 11.5

例題 11.2（放物運動とエネルギー保存の法則）　図 11.5 に示すように，水平より上向き 60° の方向に，初速度 14m/s で質量 0.40kg の小物体を投げた．投げた地点を位置エネルギーの基準にとり，重力加速度を 9.8m/s^2 とする．

(1) 投げた直後の物体の力学的エネルギーはいくらか．
(2) 初速度の水平方向の成分 (v_x) と鉛直方向の成分 (v_y) はそれぞれ何 m/s か．
(3) 最高点での物体の運動エネルギーはいくらか．
(4) 力学的エネルギー保存の法則を使って，最高点での位置エネルギーを求めよ．
(5) 最高点の高さ H を求めよ．

（解）質量 $m=0.40$kg，初速度 $v_0=14$m/s，重力加速度 $g=9.8$m/s^2

(1) 位置エネルギー $U_0 = 0$ J（原点）
運動エネルギー $K_0 = \frac{1}{2}mv_0^2 = 39.2$ J
よって，力学的エネルギー $E = K_0 + U_0 = \mathbf{39.2\ J}$
(2) 初速度の水平成分は $v_x = v_0 \cos 60° = \mathbf{7.0\ m/s}$
鉛直成分は $v_y = v_0 \sin 60° = \mathbf{7\sqrt{3}} \fallingdotseq \mathbf{12.1\ m/s}$
(3) 最高点では鉛直方向の速さは 0 だから，速度は水平方向で v_x．したがって最高点での運動エネルギーは $K = \frac{1}{2}mv_x^2 = \mathbf{9.8\ J}$
(4) 力学的エネルギー保存の法則 $(K+U=E)$ より最高点での位置エネルギーは　$U = E - K = 39.2 - 9.8 = \mathbf{29.4\ J}$
(5) 最高点で高さを H [m] とすると，位置ネルギーは $U = mgH$ [J]
∴　最高点の高さ $H = \dfrac{U}{mg} = \mathbf{7.5\ m}$

■

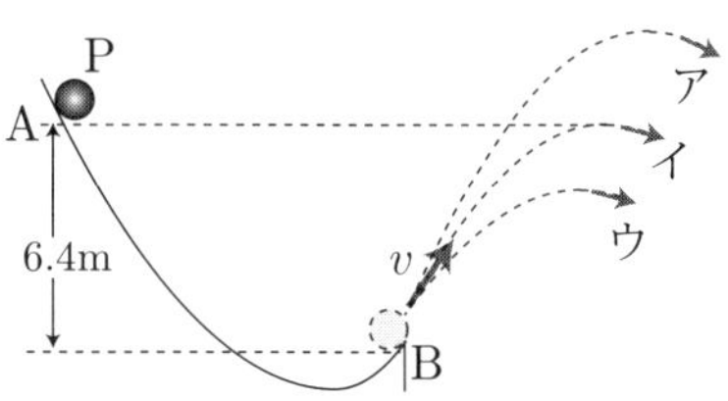

図 11.6

問題 11.1（力学的エネルギー保存の法則）　図 11.6 に示すように，斜面上の点 A で小物体 P を静かに放したら，P は斜面を滑り下りて，点 B から飛び出した．点 A と点 B の高度差は 6.4m，重力加速度は 9.8m/s^2 で，摩擦も空気抵抗もないものとする．

(1) P が点 B を飛び出すときの速さ v はいくらか．
(2) 点 B を飛び出した後の P の通る道筋は図中のア，イ，ウのどれか．理由をつけて答えよ．

■振り子の運動と力学的エネルギー保存の法則

振り子の糸の張力は，つねに速度と垂直なので，仕事をしない（図10.2(d) 参照）．したがって，振り子の運動では力学的エネルギーが保存される．

例題 11.3（振り子運動と放物運動） 図 11.7 のように，天井の支点 O に長さ l の糸をつけ，他端に質量 m のおもりをつけて，点 O と同じ高さの位置 A から静かに放したら，最下点 B にきたとき突然糸が切れて，おもりは床の上の点 C に落ちた．点 B は床から高さ $l/2$ の位置にあり，重力加速度を g とする．
(1) 点 B におけるおもりの速さ v_B を求めよ．
(2) 点 C に達する直前のおもりの速さ v_C を求めよ．

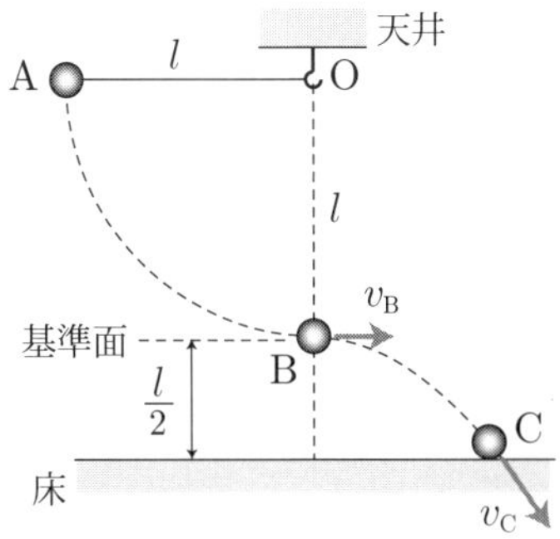

図 11.7

(解) 点 B の高さを位置エネルギーの基準面とすると，各点での運動エネルギーと重力による位置エネルギーは表の通り *．

* 「運動エネルギー K」「位置エネルギー U」「力学的エネルギー $E(=K+U)$」を具体的に書き出すことが大切なので，この例題では表にして示す．

位置	運動エネルギー	位置エネルギー	力学的エネルギー
点 A	$\frac{1}{2}m \times 0^2$	mgl	$\frac{1}{2}m \times 0^2 + mgl$
点 B	$\frac{1}{2}m \times v_B^2$	0	$\frac{1}{2}m \times v_B^2 + 0$
点 C	$\frac{1}{2}m \times v_C^2$	$-\frac{1}{2}mgl$	$\frac{1}{2}m \times v_C^2 - \frac{1}{2}mgl$

(1) 点 A と点 B との間での力学的エネルギー保存則より

$$\frac{1}{2}m \times 0^2 + mgl = \frac{1}{2}mv_B^2 + 0 \qquad \text{これから } v_B = \boldsymbol{\sqrt{2gl}}$$

(2) 点 A と点 C との間での力学的エネルギー保存則より

$$\frac{1}{2}m \times 0^2 + mgl = \frac{1}{2}mv_C^2 - \frac{1}{2}mgl \qquad \text{これから } v_C = \boldsymbol{\sqrt{3gl}}$$ ■

問題 11.2（力学的エネルギー保存の法則） 固定端 O に長さ l の糸と質量 m のおもり P をつけた振り子がある．図 11.8 に示すように，点 A で P を静かに放したら，P は振り子運動をして最下点 B を速さ v で通過した．点 A と点 B の高度差は $\frac{l}{2}$ で，重力加速度を g とする．

(1) 最下点 B を基準として，点 A で P がもつ重力による位置エネルギーはいくらか．
(2) 点 B を通過するときの P の運動エネルギーはいくらか．そのときの P の速さ v はいくらか．
(3) 点 A と同じ高さの点 C に釘をつけたら，P は点 B を通過後，図中のア，イ，ウのどの高さまで上昇するか．

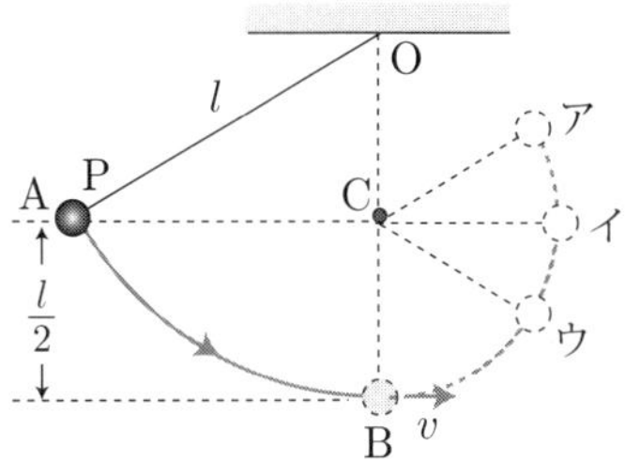

図 11.8

12　力学的エネルギー保存の法則 (2)

前章に引き続き,「力学的エネルギー保存の法則」を扱う．特にばねの弾性力と弾性エネルギーとが関係する場合について,「力学的エネルギー保存の法則」の適用を学ぶ．

§ 12.1　弾性力とエネルギー

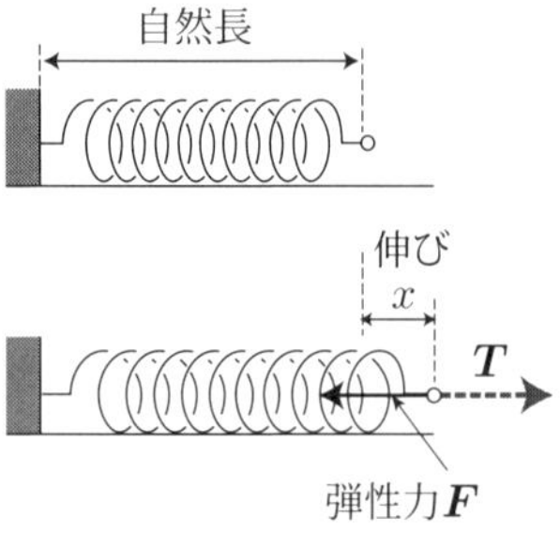

図 12.1　ばねの弾性力

■**弾性力**　図 12.1 に示すように，外から力 $\boldsymbol{T}$ を加えてばねを自然の長さ（自然長）から伸ばしたり縮めたりすると，元の長さに戻ろうとする力（**弾性力**）がはたらく．この弾性力の大きさ F はばねの伸びた（縮んだ）長さ x に比例し

$$\text{フックの法則：} F = kx \tag{12.1}$$

の関係がある．比例定数 k を**ばね定数**とよぶ．ばね定数の単位には N/m が用いられる．

問題 12.1（フックの法則）　自然長 0.10m のばねの一端を壁につけて，他端に力 3.0N を加えると，ばねの長さは 0.12m になった．

(1) ばね定数はいくらか．

(2) ばねを 0.15m になるまで伸ばすとき，加えている力はいくらか．

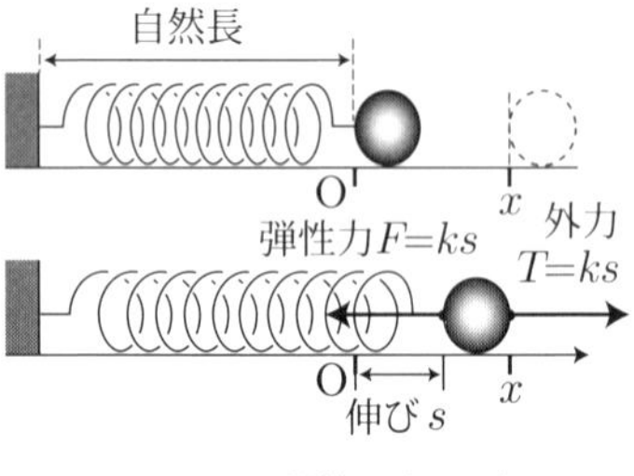

図 12.2　弾性エネルギー

■**弾性エネルギー**　図 12.2 に示すように，一端を固定したつる巻きばね（ばね定数 k）がある．自然長の位置 O からばねの伸び x の状態まで引き伸ばすのに必要な仕事 W を求めてみよう．ばねの伸びが s のとき，ばねの復元力（**弾性力**）$F = ks$ がはたらく．この F に抗してさらに伸ばすために外から加えなければならない力は $T(s) = ks$ である．したがって，0 から伸び x の状態までばねを伸ばすために必要な仕事 W は，式 (10.4) を適用して

$$W = \int_0^x T(s)ds = \int_0^x ksds = \frac{1}{2}kx^2 \tag{12.2}$$

となる．このことから，自然の長さからの伸び x の状態で**ばねの弾性力による位置エネルギー**（**弾性エネルギー**）は *

$$\textbf{弾性エネルギー：}\quad \boldsymbol{U = \frac{1}{2}kx^2} \tag{12.3}$$

* ばね定数 k のばねを自然長から x だけ伸ばしたとき弾性エネルギー $\frac{1}{2}kx^2$ が蓄えられると考えてよい．

■弾性力による仕事と弾性エネルギー　弾性力は保存力なので，弾性力のする仕事は位置エネルギーの差で表すことができる．

> **例題 12.1**（**弾性力と力学的エネルギー**）　図 12.3 に示すように，なめらかな水平面上で，ばね定数 k のばねの一端を固定し，他端に球を取り付ける．ばねを自然長の位置より A だけ伸ばして，静かに放した．
> (1) ばねの伸びが A のときと $A/2$ のときでは，弾性エネルギーの差はいくらか．
> (2) ばねの伸びが A から $A/2$ になるまでの間に，ばねの弾性力が球にした仕事はいくらか．

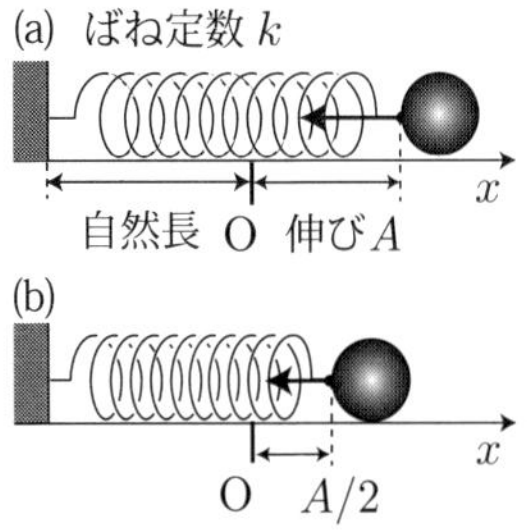

図 12.3

（解）(1) それぞれの弾性エネルギーを U_A，U_B とすると *

$$U_\mathrm{A} - U_\mathrm{B} = \frac{1}{2}kA^2 - \frac{1}{2}k\left(\frac{A}{2}\right)^2 = \boldsymbol{\frac{3}{8}kA^2}$$

(2) 伸びが x のとき，弾性力の大きさは $F = kx$ だが，力の向きは $-x$ 方向である．したがってばねの弾性力が球にした仕事 W は **

$$W = \int_A^{A/2}(-F)dx = \int_A^{A/2}(-kx)dx = \left[-\frac{1}{2}kx^2\right]_A^{A/2} = \boldsymbol{\frac{3}{8}kA^2}$$

■

* $U_\mathrm{A} - U_\mathrm{B} \neq \frac{1}{2}k\left(A - \frac{A}{2}\right)^2$

** この結果は (1) で求めた弾性エネルギーの差に等しく，弾性力が保存力であることを示している．

■弾性エネルギーと力学的エネルギー保存の法則　ばねの弾性力は保存力だから，力学的エネルギー保存の法則が適用できる．

> **例題 12.2**（**弾性力と力学的エネルギー保存の法則**）　図 12.4 に示すように，なめらかな水面上でばね定数 50N/m のばねの一端を固定し，他端に質量 2.0kg の小物体をつけた．
> (1) ばねを 0.10m 押し縮めると，ばねが蓄えるエネルギーはいくらか．
> (2) (1) の状態で手を放すと，ばねが自然の長さになったときの物体の速さはいくらか．

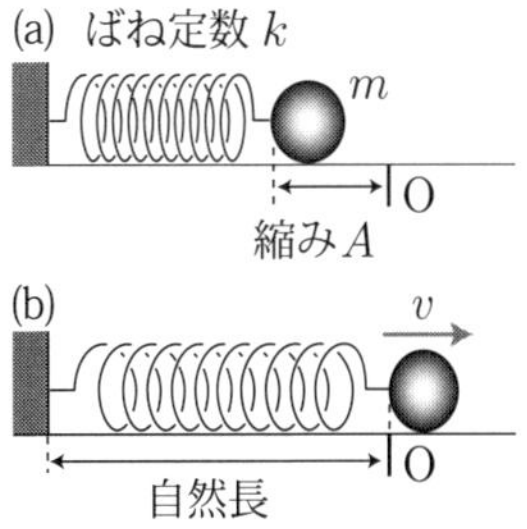

図 12.4

（解）ばね定数 $k = 50\mathrm{N/m}$，物体の質量 $m = 2.0\mathrm{kg}$ と置く．

(1) ばねを $A = 0.10\mathrm{m}$ 押し縮めたときのばねが蓄える弾性エネルギーは，$U_\mathrm{A} = \frac{1}{2}kA^2 = \frac{1}{2} \times 50 \times 0.10^2 = \mathbf{0.25\ J}$

(2) ばねが自然長 ($x = 0$) になったときの物体の速さを v_0 として，力学的エネルギー保存の法則を適用すると

$$0 + \frac{1}{2}kA^2 = \frac{1}{2}mv_0^2 + 0$$

$$\therefore\ v_0 = A\sqrt{\frac{k}{m}} = 0.10 \times \sqrt{\frac{50}{2.0}} = \mathbf{0.50\ m/s}$$

■

§ 12.2　ばね振り子と力学的エネルギー保存の法則

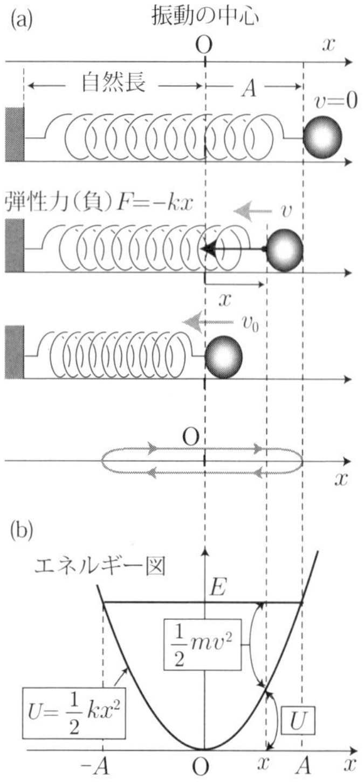

図 12.5　水平ばね振り子とエネルギー図

■水平ばね振り子と力学的エネルギー保存の法則　図 12.5(a) に示すように x 軸を取り，滑らかな床の上で一端を固定したばね（ばね定数 k）に質量 m の物体をつけ，距離 A だけ引いてから放すと，物体はばねの復元力（弾性力）により $-A \leqq x \leqq +A$ の範囲で，伸びたり縮んだりの反復運動をする．これを**単振動**とよぶ（単振動については第 18 章で詳しく学ぶ）．

伸びが x のときの物体の速さを v，自然長の位置 O での速さを v_0 として，この運動に力学的保存の法則を適用すると

$$\frac{1}{2}m \times 0^2 + \frac{1}{2}kA^2 = \frac{1}{2}mv^2 + \frac{1}{2}kx^2 = \frac{1}{2}mv_0^2 + 0 \tag{12.4}$$

が成り立っていることがわかる．

■エネルギー図　図 12.5(b) のように，横軸に変位 x，縦軸にエネルギーを書いた図を**エネルギー図**とよぶ．位置エネルギー $U(x) = \frac{1}{2}kx^2$ を書き込み，力学的エネルギー E は（一定値であるから）横線で書き込めば，エネルギー差 $(E-U)$ が運動エネルギー $\frac{1}{2}mv^2$ である．この図からわかるように，$x = \pm A$ のとき $v = 0$（停止）となり，位置エネルギー U が最大になる．$x = 0$ で速さ v が最大，つまり運動エネルギー $\frac{1}{2}mv^2$ が最大になる．いわば力学的エネルギー E を一定に保ちながら，往復運動の過程で，運動エネルギー $K = \frac{1}{2}mv^2$ と位置エネルギー $U = \frac{1}{2}kx^2$ の間で エネルギーのキャッチボールをしていると考えてよい．

問題 12.2（固定されたばねに取り付けられた球の運動）　なめらかな水平面上で，ばね定数 k のばねの一端を固定し，他端に質量 m の球を取り付ける．ばねを自然長の位置 O より距離 A だけ伸ばして，静かに放した．

(1) 点 O を通過するときの球の速さ v_0 はいくらか．

(2) 点 O より距離 $A/2$ の点での球の速さ v はいくらか．

■重力の位置エネルギーと弾性エネルギーが関係する運動

力学的エネルギー保存の法則を適用する際には，「位置エネルギー」に重力による位置エネルギーと弾性力による位置エネルギー（弾性エネルギー）の両方を含める．

例題 12.3（鉛直ばね振り子とエネルギー）　図 12.6 に示すように，ばね定数 k のばねの一端を天井に固定し，他端には質量 m の物体をつけてつり下げると，ばねが l 伸びてつり合った．次にばねの自然長の位置までこの物体を戻して静かに放すと，物体は上下方向に振動した．重力加速度を g とする．

(1) つり合いの状態でのばねの伸び l を求めよ．

(2) つり合いの位置を通過するときの速さ v_0 を求めよ．

(3) 物体の最下点でのばねの伸び L を求めよ．

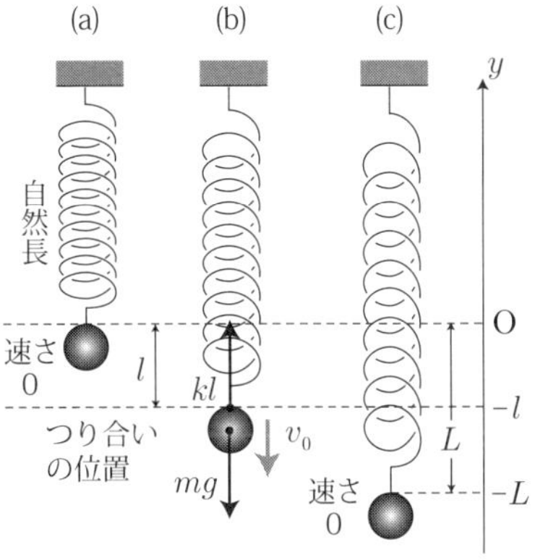

図 12.6

（解）(1) つり合いの条件 $kl = mg$ より $l = \boldsymbol{\dfrac{mg}{k}}$

(2) ばねの自然長の位置を重力と弾性力の位置エネルギーの原点 O とする．$y = 0$（図 (a)）と $y = -l$（図 (b)）の間で力学的保存の法則を適用すると

$$\frac{1}{2}m \times 0^2 + mg \times 0 + \frac{1}{2}k \times 0^2 = \frac{1}{2}mv_0^2 - mgl + \frac{1}{2}kl^2$$

これと (1) の結果から $\dfrac{1}{2}mv_0^2 = mgl - \dfrac{1}{2}kl^2 = \dfrac{(mg)^2}{2k}$

したがって　$v_0 = \boldsymbol{g\sqrt{\dfrac{m}{k}}}$

(3) $y = 0$（図 (a)）と $y = -L$（図 (c)）の間で力学的保存の法則を適用する．ばねが最も伸びたとき一瞬静止するから $(v = 0)$

$$\frac{1}{2}m \times 0^2 + mg \times 0 + \frac{1}{2}k \times 0^2 = \frac{1}{2}m \times 0^2 - mgL + \frac{1}{2}kL^2$$

これから　$L = \boldsymbol{\dfrac{2mg}{k}}$　■

問題 12.3（弾性エネルギーと運動エネルギー）　図 12.7 に示すように，水平な床の上につる巻きばねを置き，一端を壁に固定し他端に付けられた軽い板に質量 $m = 0.50\text{kg}$ の小球を押し付けた．ばねを自然の長さ（伸び 0）より $A = 0.20\text{m}$ だけ押し縮めた状態から静かに放すと小球は動き始め，ばねの自然の長さの点 O で板を離れた．ばね定数を $k = 800\text{N/m}$ とし，摩擦や空気抵抗は考えない．

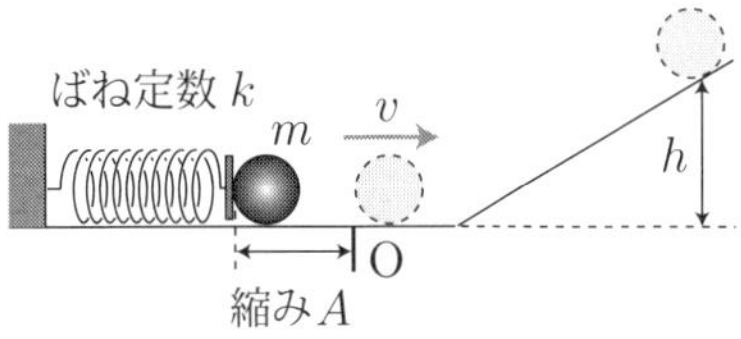

図 12.7

(1) ばねが 0.20m 押し縮められた状態で，小球がばねから受ける力は何 N か．また，ばねに蓄えられた弾性エネルギーは何 J か．

(2) ばねの伸びが 0 のとき，小球のもつ運動エネルギーはいくらか．速さ v は何 m/s か．

(3) 小球はその後，斜面を高さ h まで上った．h は何 m か．重力加速度を $g = 9.8\text{m/s}^2$ とする．

13　非保存力とエネルギー

摩擦力や張力・垂直抗力は非保存力とよばれ，位置エネルギーが定義できない．張力・垂直抗力がはたらく場合には，個別の物体ではその力のした仕事の分だけ力学的エネルギーが増減するが，連結している物体系で考えると力学的エネルギー保存の法則が成立している．摩擦力がはたらく場合には，力学的エネルギーの一部は熱エネルギーに変換するので力学的ネルギー保存の法則が成り立たない．

§ 13.1　非保存力とエネルギー

保存力	重力（万有引力） 弾性力　静電気力
非保存力	張力　垂直抗力 摩擦力　抵抗力

■非保存力と力学的エネルギー　非保存力がはたらく場合には，力学的エネルギー保存の法則が成り立たない．しかし §11.1 で示した「運動エネルギーと仕事の関係式」を使う方法は，そのまま適用できる．そこで力のする仕事を，保存力による仕事 $W_{\mathrm{AB}} = U(\boldsymbol{r}_{\mathrm{A}}) - U(\boldsymbol{r}_{\mathrm{B}})$ と非保存力による仕事 W'_{AB} に分け「運動エネルギーと仕事の関係式」を適用すると *

$$\frac{1}{2}mv_{\mathrm{B}}^2 - \frac{1}{2}mv_{\mathrm{A}}^2 = W_{\mathrm{AB}} + W'_{\mathrm{AB}} = U(\boldsymbol{r}_{\mathrm{A}}) - U(\boldsymbol{r}_{\mathrm{B}}) + W'_{\mathrm{AB}}$$

このことから

$$\left\{\frac{1}{2}mv_{\mathrm{B}}^2 + U(\boldsymbol{r}_{\mathrm{B}})\right\} - \left\{\frac{1}{2}mv_{\mathrm{A}}^2 + U(\boldsymbol{r}_{\mathrm{A}})\right\} = W'_{\mathrm{AB}} \qquad (13.1)$$

非保存力のした仕事の量 W'_{AB} だけ力学的エネルギーが変化する **.

* 保存力のする仕事は位置エネルギー U の差で表されることを思い出そう．

** エネルギーの「変化量」は，
「時間的に後」−「時間的に前」
で定義する．

> **例題 13.1**（張力のする仕事と力学的エネルギー）　図 13.1 に示すように，質量 2.0kg の物体に糸をつけ，一定の力で真上に 0.50m 持ち上げたところ，はじめ静止していた物体が速さ 3.0m/s になった．重力加速度を 9.8m/s² とする．
> (1) 力学的エネルギーの変化 $\mathit{\Delta} E$ はいくらか．
> (2) 糸の張力がした仕事（加えた力のした仕事）W' はいくらか．糸の張力 T はいくらか．

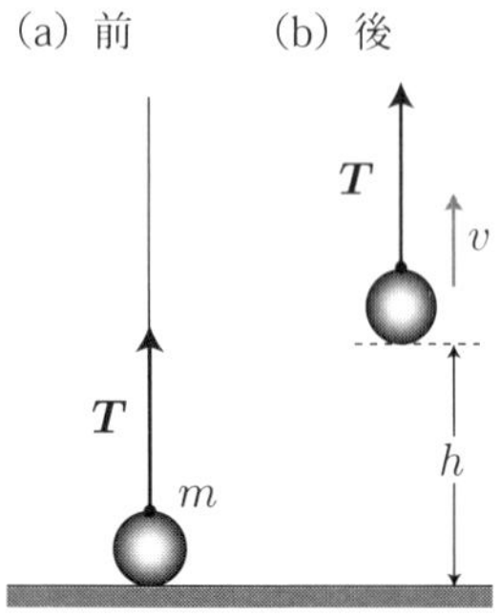

図 13.1

（解）　$m = 2.0\mathrm{kg}$，$v = 3.0\mathrm{m/s}$，$g = 9.8\mathrm{m/s^2}$，$h = 0.50\mathrm{m}$ とおく．

(1) $\mathit{\Delta} E = \left\{\frac{1}{2}mv^2 + mgh\right\} - 0 = \frac{1}{2} \times 2.0 \times 3.0^2 + 2.0 \times 9.8 \times 0.50$
$= \mathbf{18.8\ J}$

(2) 外力 T がした仕事の分 $(W' = T \times h)$ だけ力学的エネルギーが増加している $(\mathit{\Delta} E = W')$．このことから

$$W' = \mathit{\Delta} E = \mathbf{18.8\ J} \qquad T = \frac{W'}{h} = \frac{18.8}{0.5} = \mathbf{37.6\ N}$$

■

■物体系での力学的エネルギー保存の法則

図 13.2 のように，質量 m の物体 A と質量 M の物体 B を糸で結び，定滑車につるした場合の運動を考えよう ($M > m$)．運動前，物体 A を床につけた状態で，物体 B は床から h だけ上方に位置している．この状態から静かに放すと，物体 A が床から h だけ上昇したとき，物体 B は h だけ下降し床に衝突する．

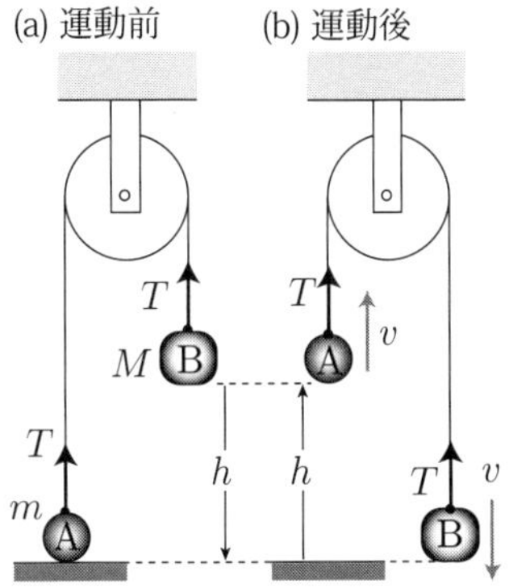

図 13.2 物体系での力学的エネルギー保存の法則

床に衝突する直前の速さを v として，「運動の前後の力学的エネルギーの変化＝非保存力 T のした仕事」を個々の物体に関して式で表すと

$$\text{物体 A：}\left(\frac{1}{2}mv^2 + mgh\right) - (0+0) = Th$$

$$\text{物体 B：}\left(\frac{1}{2}Mv^2 + 0\right) - (0 + Mgh) = -Th$$

となる．つまり，この運動では物体 A の力学的エネルギーは増加し，物体 B の力学的エネルギーは減少する．この両式の左辺どうし右辺どうしを加えると，T のする仕事が打ち消されて

$$\frac{1}{2}mv^2 + \frac{1}{2}Mv^2 + mgh - Mgh = 0$$

となる．この式は，物体 A と物体 B の力学的エネルギーの和は，運動の前後で，変わらないことを意味している．すなわち

糸で結ばれた 2 物体の運動では個々の力学的エネルギーは保存されないが，物体 A と物体 B の力学的エネルギーの和は一定である．

例題 13.2（物体系での力学的エネルギーの保存） 図 13.3 に示すように，なめらかな水平面上に置かれた質量 m の物体が，軽い滑車を通した糸で，質量 M のおもりと結ばれている．静止した状態から M が距離 h だけ落下したとき，両物体の速さ v はいくらか．重力加速度を g とする．

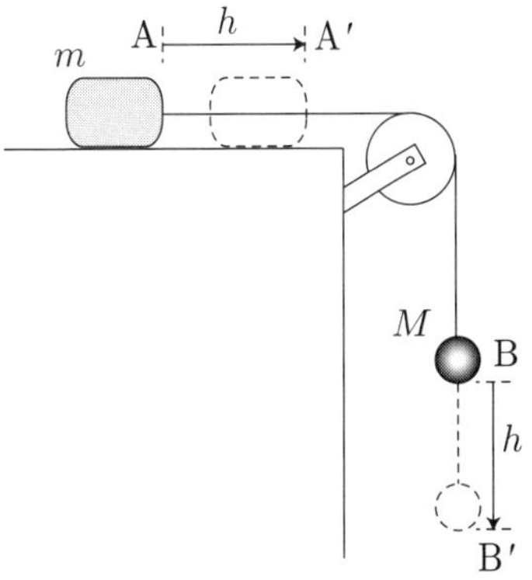

図 13.3

（解） はじめの位置の高さを位置エネルギーの基準面とすると，各点での運動エネルギーと重力による位置エネルギーは表の通り．

時間（位置）	運動エネルギー	位置エネルギー
前（A と B）	$\frac{1}{2}m \times 0^2 + \frac{1}{2}M \times 0^2$	$0+0$
後（A′ と B′）	$\frac{1}{2}mv^2 + \frac{1}{2}Mv^2$	$0 - Mgh$

運動の前（「A と B」）と後（「A′ と B′」）での力学的エネルギー保存の法則が成り立つから

$$0 = \frac{1}{2}(m+M)v^2 - Mgh \quad \text{したがって} \quad v = \sqrt{\frac{\boldsymbol{2Mgh}}{\boldsymbol{m+M}}} \quad ■$$

§ 13.2　摩擦力とエネルギー

■摩擦力とエネルギー　摩擦力はつねに物体の進む方向と反対向きにはたらくから，**動摩擦力のする仕事はつねに負となる**．そのため，**動摩擦力がはたらく場合は，力学的エネルギーが減少する**．力学的エネルギーの減少分は熱エネルギーに変換している *．

* このとき，力学的エネルギーの一部保存の法則は成立しないが，熱エネルギーも含めた広義のエネルギー保存の総則は成り立っている．

$$\left\{\frac{1}{2}mv_{\mathrm{B}}^2 + U(\boldsymbol{r}_{\mathrm{B}})\right\} - \left\{\frac{1}{2}mv_{\mathrm{A}}^2 + U(\boldsymbol{r}_{\mathrm{A}})\right\} = W'_{\mathrm{AB}} \tag{13.2}$$

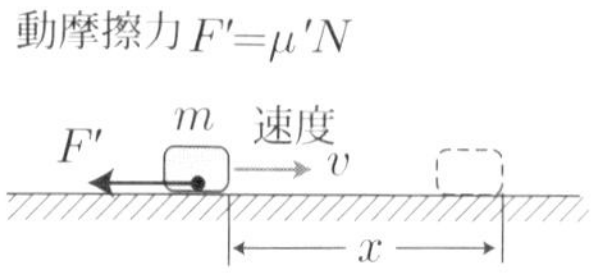

図 13.4　摩擦力とエネルギー

図 13.4 に示すように，粗い平面上を物体が動摩擦力 F' を受けて距離 x だけ進むとき，物体がされる仕事 W' はつねに負で

$$W' = -F'x \tag{13.3}$$

と表される．動摩擦力 F' は垂直抗力 N に比例し，動摩擦係数 μ' を使って

$$F' = \mu' N \tag{13.4}$$

で与えられる（§8.2 で既出）．

> **例題 13.3（粗い水平面上の物体の運動）**　図 13.5(a) に示すように，粗い水平面上を初速度 v_0 で滑り始めた質量 m の物体が，距離 x だけ進んで停止した．
> (1) 止まるまでの間に動摩擦力が物体にした仕事 W' はいくらか．
> (2) 距離 x はいくらか．物体と平面との間の動摩擦係数を μ' とし，重力加速度を g とする．

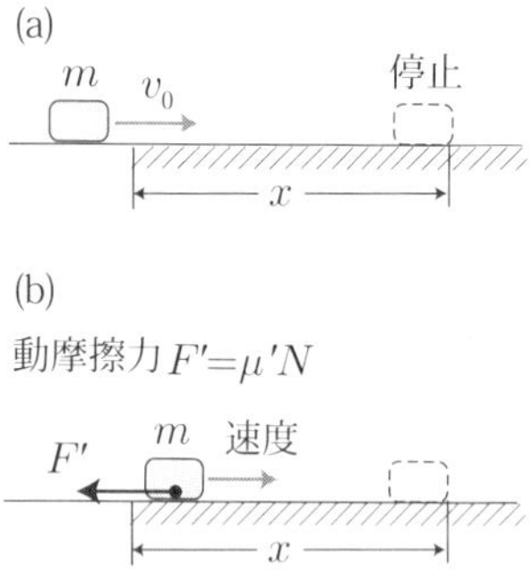

図 13.5

（解） (1)「力学的エネルギーの変化量＝非保存力のした仕事 W'」を適用する．

$\frac{1}{2}m\times 0^2 - \frac{1}{2}mv_0^2 = W'$ すなわち $\boldsymbol{W' = -\frac{1}{2}mv_0^2}$

(2) 水平面での垂直抗力は $N = mg$ だから，動摩擦力の大きさは $F' = \mu' N = \mu' mg$．図 (b) に示すように，速度（進行方向）と反対向きに摩擦力 F' がはたらくから

$W' = -F'x = -\mu' mgx$

したがって $-\frac{1}{2}mv_0^2 = -\mu' mgx$　　∴ 距離 ** $x = \boldsymbol{\frac{v_0^2}{2\mu' g}}$ ■

** この結果は，速度が 2 倍になれば止まるまでの距離は 4 倍になることを示している．

■力学的エネルギーに重力の位置エネルギーを含む場合

例題 13.4（摩擦のある斜面上での物体のエネルギー）　図 13.6(a) に示すように，水平面と角 θ をなす粗い斜面上に，質量 m の物体を置き，静かに放した．斜面に沿って距離 l だけ滑り下りたときの物体の速さを求めよ．動摩擦係数を μ'，重力加速度を g とする．

（解）「力学的エネルギーの変化量＝非保存力のした仕事 W'」を適用する．図 13.6(b) から垂直抗力 $N = mg\cos\theta$ だから

動摩擦力 F' のした仕事 $W' = -F'l = -\mu' Nl = -\mu' mgl\cos\theta$

である．したがって

$$\left(\frac{1}{2}mv^2 + 0\right) - (0 + mgl\sin\theta) = -\mu' mgl\cos\theta$$

これから物体の速さは $v = \boldsymbol{\sqrt{2gl(\sin\theta - \mu'\cos\theta)}}$

（例題 8.5 参照）■

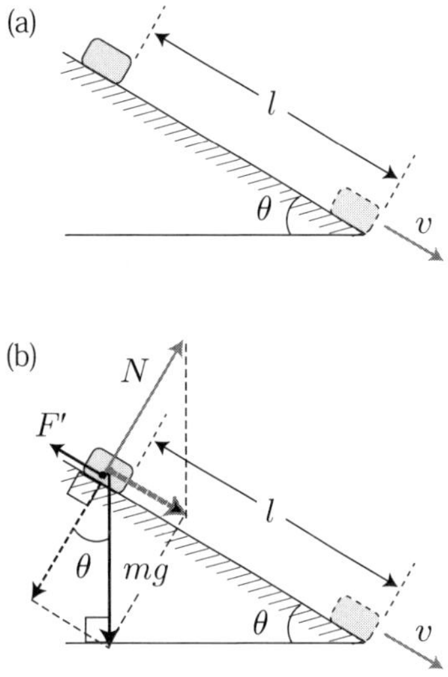

図 13.6

■力学的エネルギーにばねの弾性エネルギーを含む場合

例題 13.5（動摩擦力と弾性エネルギー）　図 13.7 に示すように，粗い水平面上で，ばねの一端を固定し他端には質量 m の物体を取り付けた．ばねの自然の長さの位置から距離 s だけ引いて放すと，物体はちょうどばねの自然長の位置まで移動して止まった．距離 s を，動摩擦係数 μ'，重力加速度 g，ばね定数 k および物体の質量 m を使って表せ．

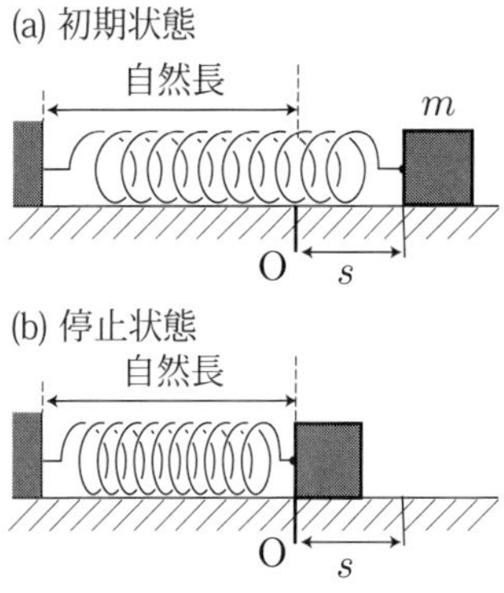

図 13.7

（解）垂直抗力 $N = mg$ だから

摩擦力のした仕事 $W' = -F' \cdot s = -\mu' Ns = -\mu' mgs$

である．この分だけ力学的エネルギーは減少する．

	運動エネルギー	弾性エネルギー
初期状態	0（初速度 0）	$\frac{1}{2}k \times s^2$
停止状態	0（停止）	$\frac{1}{2}k \times 0^2$

上の表に示したエネルギーの内訳をもとに「力学的エネルギーの変化量＝非保存力のした仕事 W'」を適用すると

$$\left(0 + \frac{1}{2}k \times 0^2\right) - \left(0 + \frac{1}{2}ks^2\right) = -\mu' mgs \quad これから\ s = \boldsymbol{\frac{2\mu' mg}{k}}$$

.■

14　運動量保存の法則

運動方程式を位置（場所）で積分したのがエネルギーの原理だとすれば，時間で積分したのが「力積の法則」である．作用・反作用の法則と力積の法則から，2 物体の衝突に関する「運動量保存の法則」が導かれる．

§ 14.1　運動量保存の法則

■運動量の概念　質量 m の物体が速度 $\boldsymbol{v}$ で運動しているとき，物体のもつ「運動の勢い」を表す量として，運動量 $\boldsymbol{p}$ を

$$\boldsymbol{p} = m\boldsymbol{v} \qquad 運動量 = 質量 \times 速度 \tag{14.1}$$

で定義する *．運動量の単位は kg·m/s である．

* 運動量はベクトル量として定義されていることに注意．

■力積の法則　一定の力 $\overline{\boldsymbol{F}}$ がはたらいたとすると，等加速度運動となり $\boldsymbol{v} = \boldsymbol{v_0} + \boldsymbol{a}t$ だから，$m\boldsymbol{v} - m\boldsymbol{v_0} = m\boldsymbol{a}t = \overline{\boldsymbol{F}} \times t$ が成立する．したがって力 $\overline{\boldsymbol{F}}$ が時間 Δt だけはたらくときは

$$m\boldsymbol{v} - m\boldsymbol{v_0} = \overline{\boldsymbol{F}}\Delta t \qquad 運動量の変化 = 力積 \tag{14.2}$$

となる．式 (14.2) の右辺 $\overline{\boldsymbol{F}}\Delta t$ は「力と時間の積」なので**力積**とよばれ，図 14.1(a) に示す F–t 図ではその面積で表される．力積の単位は N·s である．式 (14.2) は，**物体の運動量の変化はその物体に作用した力の力積に等しいことを示していて**，**力積の法則**とよばれる．

一般の衝突では，図 14.1(b) に示すように，極めて短時間の間に複雑な力（**撃力**）がはたらく．このとき力積は F–t 図の面積に相当するので，積分形で表される．

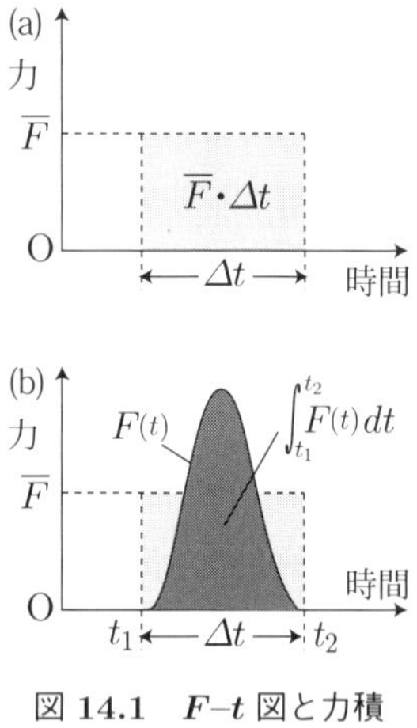

図 14.1　F–t 図と力積

> **例題 14.1（力積の法則）**　図 14.2 に示すように，速さ 20m/s で飛んできた質量 0.14kg のボールをバットで打ち返すと，ボールは反対の向きに速さ 30m/s で飛んだ．
> (1) バットがボールに与えた力積の大きさはいくらか．
> (2) バットとボールの接触時間は 0.020 秒だったとすると，バットがボールに与えた力の大きさ（平均値）はいくらか．

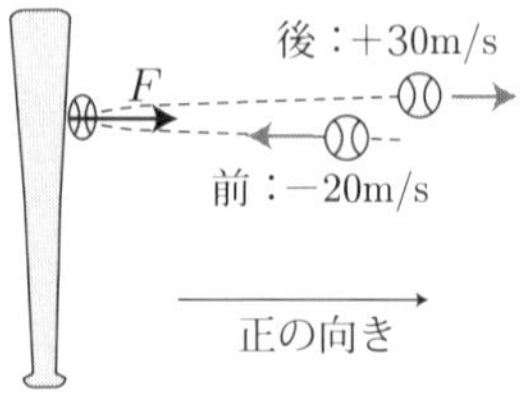

図 14.2

（解）(1) 運動量の変化 $\Delta p = 0.14 \times 30 - 0.14 \times (-20) = 7.0$ kg·m/s

「力積 = 運動量の変化」だから，力積 $\overline{F}\Delta t = \mathbf{7.0\ N\cdot s}$

(2) $\Delta t = 0.020$ [s] だから，平均の力 $\overline{F} = \dfrac{(\overline{F}\Delta t)}{\Delta t} = \dfrac{7.0}{0.02} = \mathbf{350\ N}$ ■

■**運動量保存の法則**　図 14.3 に示すように，なめらかな水平面上で，2 つの小球 A（質量 m_1）と B（質量 m_2）が衝突する問題を考えよう．2 球が接触し，A が B を力 $\boldsymbol{F}$ で押しているとき，B も A を力 $-\boldsymbol{F}$ で押している（作用・反作用の法則）．そこで，衝突前 $(t = t_1)$ での A，B の速度を $\boldsymbol{v}_1$，$\boldsymbol{v}_2$，衝突後 $(t = t_2)$ での速度を $\boldsymbol{v}_1'$，$\boldsymbol{v}_2'$ として，力積の法則を適用すれば，

$$\text{小球 A:}\quad m_1\boldsymbol{v}_1' - m_1\boldsymbol{v}_1 = -\int_{t_1}^{t_2} \boldsymbol{F}dt \quad \cdots ①$$

$$\text{小球 B:}\quad m_2\boldsymbol{v}_2' - m_2\boldsymbol{v}_2 = +\int_{t_1}^{t_2} \boldsymbol{F}dt \quad \cdots ②$$

を得る．①と②の両辺をそれぞれ加えて整理すると，右辺の力積の項が相殺されて

$$m_1\boldsymbol{v}_1 + m_2\boldsymbol{v}_2 = m_1\boldsymbol{v}_1' + m_2\boldsymbol{v}_2' \tag{14.3}$$

（衝突前の運動量の和）＝（衝突後の運動量の和）

を得る．式 (14.3) は，衝突の前後で 2 物体の運動量の和は変わらないことを意味し，**運動量保存の法則**とよばれる．

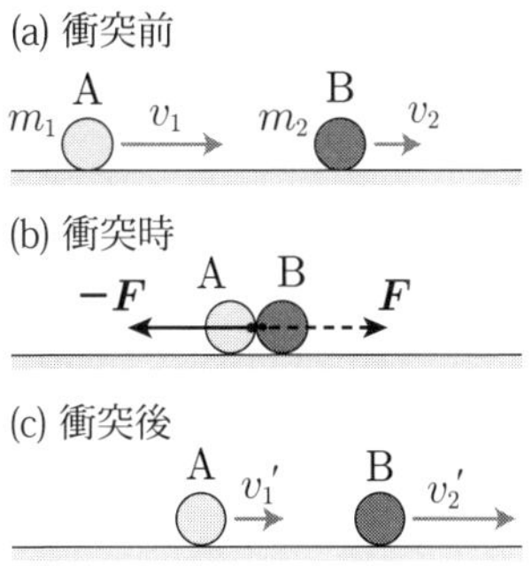

図 14.3　2 球の衝突

> **例題 14.2（直線上での衝突）**　図 14.4 のように，右向きに速さ 2.0m/s で進んできた質量 1.0kg の台車 A が，静止していた質量 5.0kg の台車 B に衝突した．衝突後の B が右向きに速さ 0.50m/s で動くとき，衝突後の A の向きと速さを求めよ．運動はすべて同一直線上で行なわれるとする．

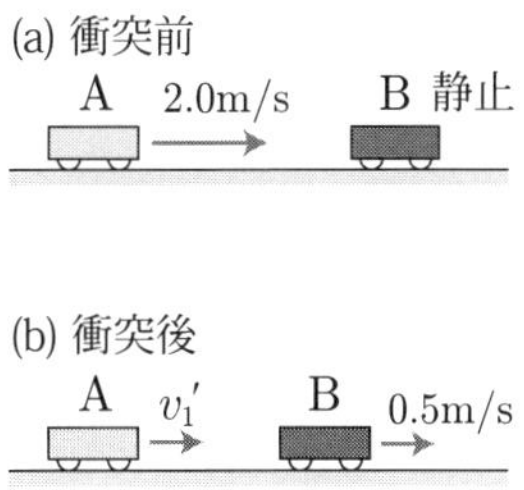

図 14.4

（解） 与えられた条件は，A の質量 $m_1 = 1\text{kg}$，B の質量 $m_2 = 5\text{kg}$．右向きを正とすると，$v_1 = 2\text{m/s}$，$v_2 = 0\text{m/s}$，$v_2' = 0.50\text{m/s}$．
衝突後の A の速度を v_1' [m/s] とすると，

運動量保存の法則：　$m_1v_1 + m_2v_2 = m_1v_1' + m_2v_2'$

から，$1.0 \times 2.0 + 0 = 1.0 \times v_1' + 5.0 \times 0.50$

$\therefore\quad v_1' = -0.50\ \text{m/s}$ *

（答）衝突後 A は**左向きに速さ 0.50m/s で動く**　■

* v_1' の負の符号ははじめに設定した正の向きと反対向きであることを意味する．

問題 14.1（運動量保存の法則）　図 14.5 に示すように，右向きに速さ 4.0m/s で進んできた質量 2.0kg の小球 A が，左向きに速さ 4.0m/s で進んできた質量 3.0kg の小球 B と衝突した．衝突後小球 A が速さ 5.0m/s で左向きに進んだとき，衝突後の小球 B はどの方向に速さいくらで進むか．運動はすべて同一直線上で行なわれるとする．

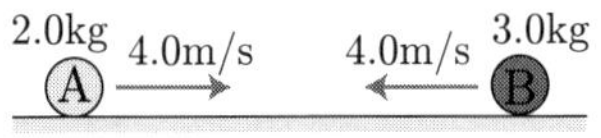

図 14.5

§ 14.2 運動量保存法則の適用

■衝突後一体となった場合

例題 14.3（衝突とエネルギー） 図 14.6 のように，質量 M の物体がひもで天井からつり下げられている．左から水平に質量 m の弾丸が速さ v で飛んできて，物体に瞬間的に突き刺さり，物体は弾丸と一体となって動き出した．

(1) 弾丸と一体となった直後の物体の速さ V を求めよ．

(2) 衝突前後での力学的エネルギーの変化はいくらか．

(3) 衝突後物体がはね上がった高さ h はいくらか．

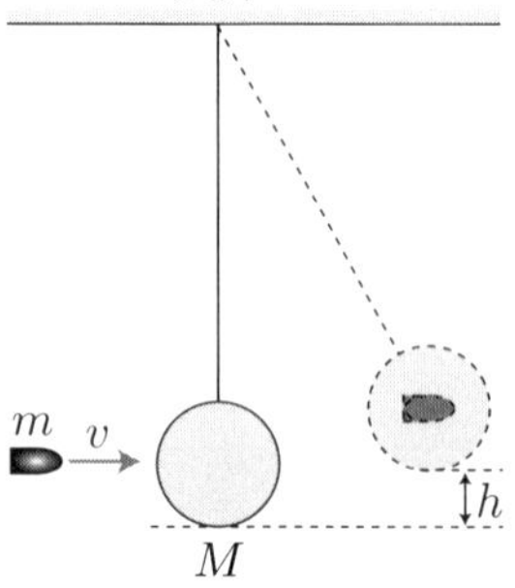

図 14.6

(解) (1) 運動量保存の法則を適用すると $mv = (M+m)V$

したがって，$V = \boldsymbol{\dfrac{mv}{M+m}}$

(2) 力学的エネルギーの変化は *

$$\Delta E = \frac{1}{2}(M+m)V^2 - \frac{1}{2}mv^2 = \boldsymbol{-\frac{Mmv^2}{2(M+m)}}$$

* $\Delta E < 0$ は力学的エネルギーの減少を意味する．

(3) 一体となった後は力学的エネルギーが保存されるから

$$\frac{1}{2}(M+m)V^2 = (M+m)gh$$

(1) で求めた V を代入して $h = \dfrac{V^2}{2g} = \boldsymbol{\dfrac{v^2}{2g}\left(\dfrac{m}{M+m}\right)^2}$ ■

■運動量と力学的エネルギーの両方が保存される場合

例題 14.4（重力の位置エネルギーと運動量保存の法則） 上面が曲面と水平面からなる質量 M の台をなめらかな床の上に置いた．図 14.7 のように，台の水平面からの高さ h の曲面上の位置で，質量 m 小球を静かに放すと，台も同時に動いた．摩擦はどこにもないものとし，重力加速度を g とする．

(1) 小球が台の水平面上にきたときの小球の速さを v として，そのときの台の速さ V を，M，m，v を用いて表せ．

(2) 速さ v を M，m，g，h を用いて表せ．

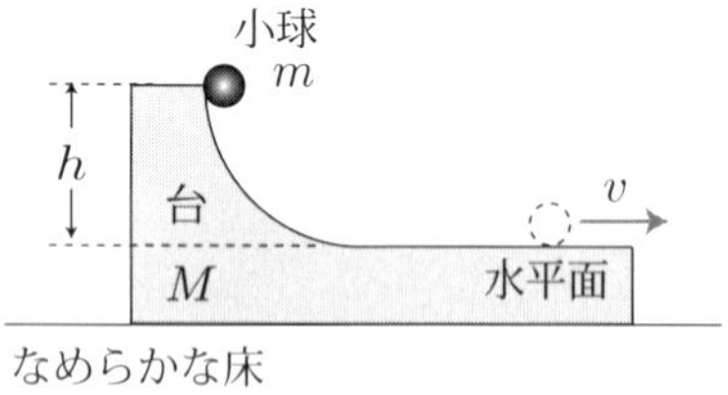

図 14.7

(解) 小球が速さ v で運動するとき台は反対向きに速さ V で進む．

(1) 運動量保存の法則が適用できるので

$$0 = mv + (-MV) \quad したがって\ V = \boldsymbol{\frac{m}{M}v}$$

(2) 摩擦がないので力学的エネルギー保存の法則が適用でき

$$mgh = \frac{1}{2}mv^2 + \frac{1}{2}MV^2$$

(1) で求めた V をこの式に代入して整理すると

$$v = \boldsymbol{\sqrt{\frac{2Mgh}{m+M}}}$$ ■

■内力と外力　いま複数の物体を 1 つの集合として考え，これを**系**とよぶ．考えている系の外側からはたらく力を**外力**，系内の物体間ではたらく力を**内力**と称する *．図 14.8 に示した質量 m_1，m_2 の 2 つの物体からなる系では，速度ベクトルを $\boldsymbol{v_1}$，$\boldsymbol{v_2}$ とすれば，それぞれの運動方程式は

$$m_1\frac{d\boldsymbol{v_1}}{dt} = \boldsymbol{F_1} + \boldsymbol{F_{12}} \cdots ① \qquad m_2\frac{d\boldsymbol{v_2}}{dt} = \boldsymbol{F_2} + \boldsymbol{F_{21}} \cdots ②$$

と表される．このとき，この系の**全運動量**は $\boldsymbol{P} = m_1\boldsymbol{v_1} + m_2\boldsymbol{v_2}$，**外力の和**は $\boldsymbol{F} = \boldsymbol{F_1} + \boldsymbol{F_2}$ である．①と②の両辺を加えると **

$$\frac{d}{dt}(m_1\boldsymbol{v_1} + m_2\boldsymbol{v_2}) = \boldsymbol{F_1} + \boldsymbol{F_2} \quad \text{つまり} \quad \frac{d}{dt}\boldsymbol{P} = \boldsymbol{F} \qquad (14.4)$$

を得る．式 (14.4) から $\boldsymbol{F} = \boldsymbol{0}$ ならば $\boldsymbol{P} =$ **一定**，つまり**外力がはたらかなければ全運動量は保存される（運動量保存則）**ことがわかる．

* 「外力」「内力」といっても特別な力があるのではない．

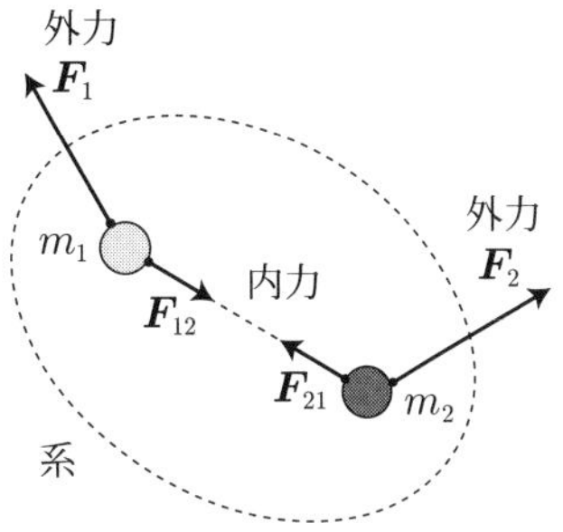

図 14.8　内力と外力

** 作用・反作用の法則から，内力どうしで打ち消し合うので

$\boldsymbol{F}_{12} + \boldsymbol{F}_{21} = \boldsymbol{0}$

■重心（質量中心）　図 14.8 の系の全質量は $M = m_1 + m_2$ である．そこで，2 物体の位置ベクトルを $\boldsymbol{r_1}$，$\boldsymbol{r_2}$ として

$$\textbf{重心（質量中心）：} \quad \boldsymbol{R} = \frac{1}{M}(m_1\boldsymbol{r_1} + m_2\boldsymbol{r_2}) \qquad (14.5)$$

を定義すると，$\boldsymbol{P} = M\boldsymbol{V} = M\dfrac{d\boldsymbol{R}}{dt}$ だから ***

$$\textbf{重心（質量中心）の運動方程式：} \quad M\frac{d^2\boldsymbol{R}}{dt^2} = \boldsymbol{F} \qquad (14.6)$$

が導かれる．つまり**重心の運動は外力だけできまる**．

*** 重心の速度：$\boldsymbol{V} = \dfrac{d\boldsymbol{R}}{dt}$

外力がはたらかない系では，はじめ静止していたならば内力がはたらいても重心は移動しない．重心については §27.2 で詳しく学ぶ．

例題 14.5（水上の板の上を歩く人）　図 14.9 に示すように，水面上に浮かぶ質量 M，長さ L の一様な板の上で，質量 m の人が板の一端から他端まで歩いた．はじめは人も板も静止していた．水の抵抗は無視できる．

(1) 人が速さ v で動くとき，板は反対向き速さ V に動いた．V はいくらか．

(2) 板が移動した距離 l を求めよ．

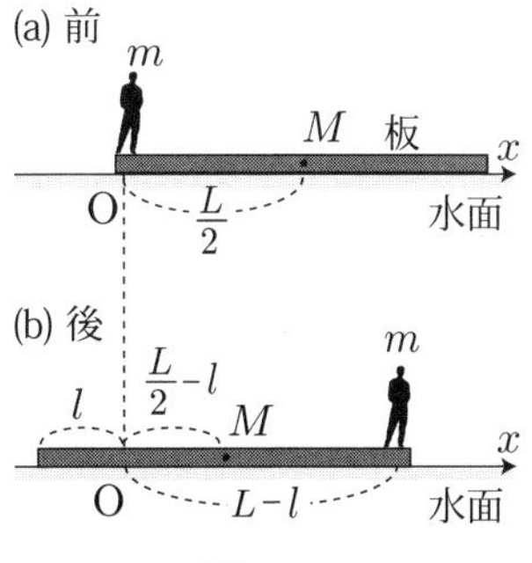

図 14.9

（解）　外力がはたらいていないから「板＋人」の重心は変わらない．

(1) 運動量保存の法則が成立し $mv - MV = 0$ だから $V = \boldsymbol{\dfrac{mv}{M}}$

(2) 図 14.9(a) のように，最初人がいた点を原点 O にとり，板の質量 M は板の中心に集中するとして，重心の位置は

$$\text{移動前：} x_G = \frac{m \times 0 + M \times (L/2)}{m+M} = \frac{ML}{2(m+M)} \cdots ①$$

$$\text{移動後：} x'_G = \frac{m \times (L-l) + M \times (L/2 - l)}{m+M} \cdots ②$$

である．①と②は等しいとして，板の移動距離 $l = \boldsymbol{\dfrac{mL}{(m+M)}}$

■

15　衝突問題とエネルギー

ここでは衝突問題を運動量保存の法則と反発係数 e を使って解く．$e=1$（弾性衝突）ならば力学的エネルギーが保存されるが，それ以外は保存されない．$e=0$（完全非弾性衝突）ならば 2 物体は一体となる．反発係数とエネルギーの関係をしっかり理解すること．

§ 15.1　反発係数（はね返り係数）

■小球と壁との衝突　図 15.1 に示すように，鉛直な壁に小球を速さ v で衝突させるとき，大きな速さで衝突させると大きな速さではね返る．このとき色々条件を変えて実験してみても，同じ球と同じ壁ならば，衝突する直前の速さ v と直後の速さ v' の**比は一定**である．これを**反発の法則（はね返りの法則）**とよぶ．そこで *

$$\textbf{反発係数}\text{（はね返り係数）}：e=\frac{\text{（衝突後の遠ざかる速さ）}}{\text{（衝突前の近づく速さ）}} \quad (15.1)$$

と定義する．反発係数 e は衝突するものどうし（球と床，球と球など）の材質で決まる定数である．

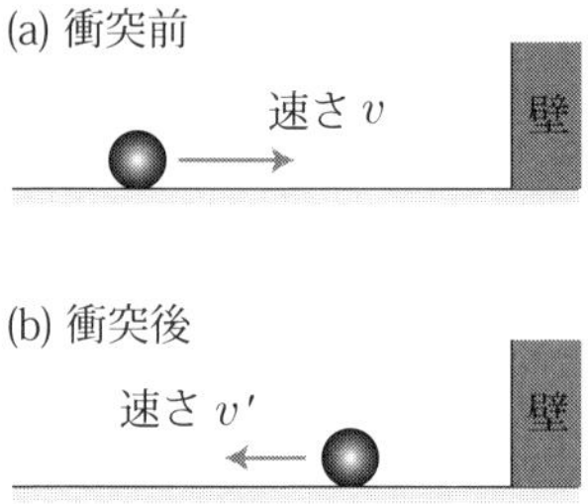

図 15.1　壁に衝突する小球

*ここでは衝突前の「近づく速さ」も衝突後の「遠ざかる速さ」も正の量で定義していることに注意．

例題 15.1（鉛直な壁と小球との衝突）　質量 0.80kg のボールを速さ 4.0m/s で壁に衝突させると 3.0m/s ではね返った．

(1) 反発係数はいくらか．

(2) 衝突の前後での力学的エネルギーの変化はいくらか．

(3) このボールを速さ 6.0m/s で壁に垂直に衝突させるとき，はね返る速さはいくらか．

（解）$m=0.80\text{kg}$，$v=4.0\text{m/s}$，$v'=3.0\text{m/s}$ とおく．

(1) 反発係数 $e=\dfrac{v'}{v}=\dfrac{3}{4}=\mathbf{0.75}$

(2) 衝突の前後での力学的エネルギーの変化は **

$$\Delta E=\frac{1}{2}mv'^2-\frac{1}{2}mv^2$$

$$=\frac{1}{2}\times 0.80\times 3.0^2-\frac{1}{2}\times 0.80\times 4.0^2=\mathbf{-2.8\ J}$$

つまり，力学的エネルギーは 2.8J の減少する．

(3) 速さ $v_1=6.0\text{m/s}$ で衝突させるとき，

はね返る速さは $v_1'=ev_1=0.75\times 6.0=\mathbf{4.5\ m/s}$

■

** $\Delta E=\frac{1}{2}mv'^2-\frac{1}{2}mv^2$
$=\frac{1}{2}m(ev)^2-\frac{1}{2}mv^2$
$=-\frac{1}{2}m(1-e^2)v^2$

■反発係数の範囲と力学的エネルギー　小球が壁や床と衝突してはね返るとき，衝突後の速さが衝突前の速さより大きくなることはない．そのため

$$\textbf{反発係数 } \boldsymbol{e} \textbf{ の範囲：} \mathbf{0} \leqq \boldsymbol{e} \leqq \mathbf{1} \tag{15.2}$$

である．

- $e=1$ の衝突を**弾性衝突**といい，衝突前の速さと衝突後の速さが同じなので，力学的エネルギーは保存される．
- $0 \leqq e < 1$ の衝突を**非弾性衝突**といい，力学的エネルギーが減少する．実際の多くの衝突は非弾性衝突である．特に $e=0$ の場合は衝突してもはね返らない場合で，**完全非弾性衝突**という．完全非弾性衝突では力学的エネルギーの減少が最大である．

■小球どうしの衝突　2つの小球が衝突する場合にも反発係数は定義できる．図 15.2(a) に示すように直線上で，速度 v_1 で小球 A が追いかけて，前方を速度 v_2 で進む小球 B に衝突するとき

衝突前の近づく速さは　$v_1 - v_2$

である．図 15.2(b) に示すように，速度 v_1' で進む小球 A から小球 B が速度 v_2' でしだいに遠ざかる状況では

衝突後の遠ざかる速さは　$v_2' - v_1' = -(v_1' - v_2')$

である．したがって，反発係数は *

$$e = \frac{(\text{衝突後の遠ざかる速さ})}{(\text{衝突前の近づく速さ})} = -\frac{v_1' - v_2'}{v_1 - v_2} \tag{15.3}$$

となる．

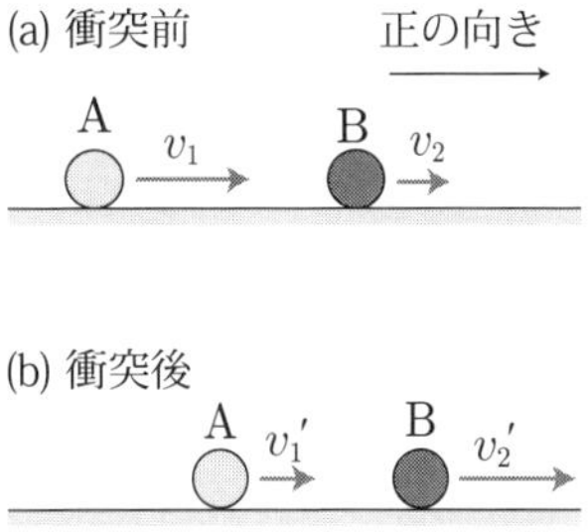

図 15.2　小球どうしの衝突

* 衝突前の「近づく速さ $v_1 - v_2$」も衝突後の「遠ざかる速さ $v_2' - v_1'$」も正の量であることに注意．したがって，反発係数 e も正の量である．

> **例題 15.2（直線上の衝突と反発係数）**　図 15.3(a) のように，右向きに速さ 8.0m/s で進む小球 A（質量 5.0kg）と，左向きに速さ 4.0m/s で進む小球 B（質量 10kg）とが衝突した．反発係数 e を 0.60 として，衝突後の A，B の速度（向きと速さ）を求めよ．

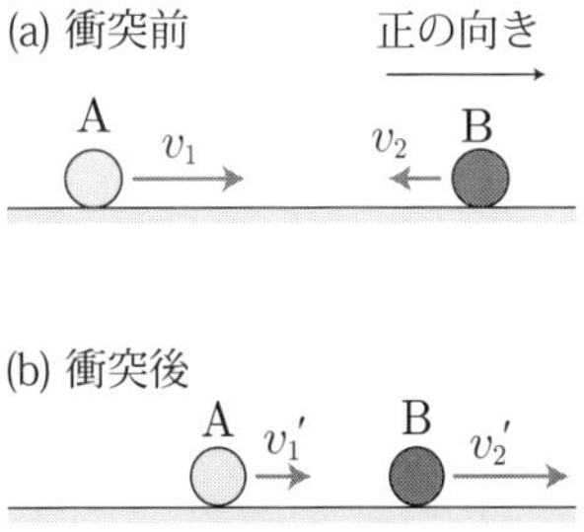

図 15.3

（解）　右向きを正として，衝突前の A，B の速度を $v_1 = 8.0\text{m/s}$，$v_2 = -4.0\text{m/s}$ とおき，衝突後の速度 v_1'，v_2' を求める．球の質量を $m_1 = 5.0\text{kg}$，$m_2 = 10\text{kg}$ として，運動量保存の法則より

$$m_1 v_1 + m_2 v_2 = m_1 v_1' + m_2 v_2'$$

$$\therefore 5.0 \times 8.0 + 10 \times (-4.0) = 5.0 v_1' + 10 v_2' \cdots ①$$

反発係数 e の定義：$e = \dfrac{(\text{衝突後の遠ざかる速さ})}{(\text{衝突前の近づく速さ})}$ より

$$0.60 = \frac{v_2' - v_1'}{8.0 - (-4.0)} \cdots ②$$

①と②より，$v_1' = -4.8\ \text{m/s}$，$v_2' = +2.4\ \text{m/s}$

（答）**A：左向きに 4.8 m/s，B：右向きに 2.4 m/s** ■

§ 15.2　衝突とエネルギー

■反発係数とエネルギー

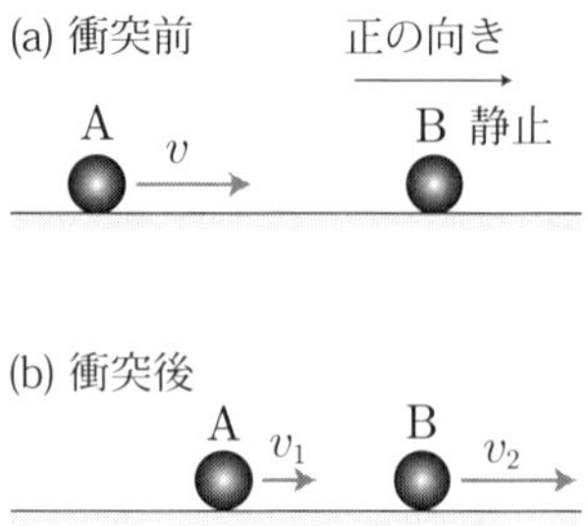

図 15.4

> **例題 15.3（衝突とエネルギー）**　図 15.4 に示すように，静止していた小球 B に，他の小球 A が速さ v で衝突した．A と B の質量をともに m，反発係数を e とする．運動はすべて水平な同一直線上で行なわれたとする．このとき
> (1) 衝突後の A，B の速さ v_1，v_2 を求めよ．
> (2) 衝突の前後での力学的エネルギーの変化を求めよ．

（解）(1) 運動量保存の法則より $mv = mv_1 + mv_2 \cdots$ ①

反発係数の定義 $\left(= \dfrac{\text{遠ざかる相対的速さ}}{\text{近づく相対的速さ}} \right)$ より $e = \dfrac{(v_2 - v_1)}{v} \cdots$ ②

①と②より，　$v_1 = \dfrac{\boldsymbol{(1-e)}}{\boldsymbol{2}}\boldsymbol{v}$，　$v_2 = \dfrac{\boldsymbol{(1+e)}}{\boldsymbol{2}}\boldsymbol{v}$

(2) 力学的エネルギーの変化は

$\Delta E = \dfrac{1}{2}mv_1^2 + \dfrac{1}{2}mv_2^2 - \dfrac{1}{2}mv^2 = -\dfrac{\boldsymbol{1}}{\boldsymbol{2}}\boldsymbol{mv^2}\dfrac{\boldsymbol{(1-e^2)}}{\boldsymbol{2}}$

$\Delta E < 0$ は力学的エネルギーの減少を意味する *．■

* 非弾性衝突で失われた力学的エネルギーは熱や光・音，物体の変形などのエネルギーに変換される．

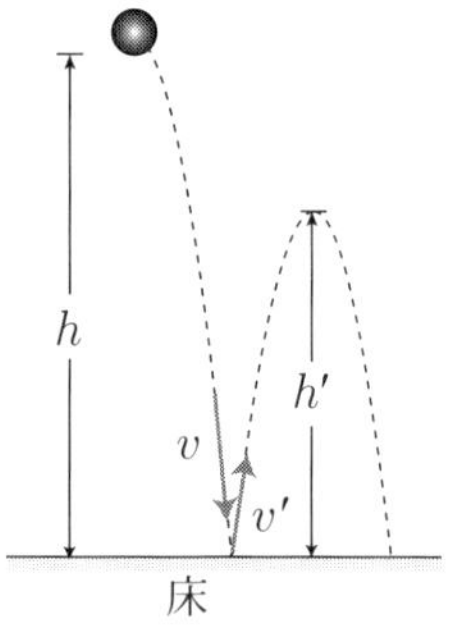

図 15.5

問題 15.1（床との衝突と反発係数）　図 15.5 に示すように，高さ h から自由落下させたボールが床に衝突しはね返った．ボールの質量を m，重力加速度を g，床とボールの間の衝突係数を e とする．

(1) 床に衝突直前のボールの速さ v と衝突直後の速さ v' はいくらか．
(2) 衝突後はね上がった高さ h' はいくらか．
(3) 衝突前後でボールの力学的エネルギーの変化はいくらか．

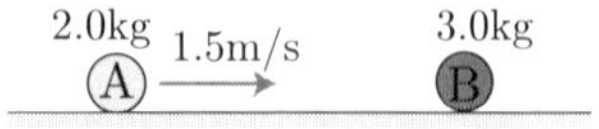

図 15.6

問題 15.2（運動量保存の法則と反発係数）　図 15.6 に示すように，右向きに速さ 1.5m/s で進んできた質量 2.0kg の小球 A が，静止していた質量 3.0kg の小球 B と衝突した．衝突後小球 B は右方向に速さ 0.90m/s で進んだ．運動はすべて同一直線上で行なわれるとする．

(1) 衝突前の小球 A の運動量の大きさはいくらか．
(2) 衝突後の小球 B の運動量の大きさはいくらか．
(3) 衝突後の A の速さ v はいくらか．
(4) 小球 A と小球 B との間の反発係数 e はいくらか．

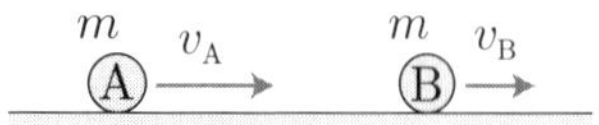

図 15.7

問題 15.3（質量の等しい 2 球の弾性衝突）　図 15.7 に示すように，質量 m の小球 A が速度 v_A で進み，前方を同じ方向に速度 v_B で進んでいる質量 m の小球 B に弾性衝突をした．運動はすべて滑らかで水平な直線上で行われたとして，衝突後の A の速度 v'_A と B の速度 v'_B を求めよ．

■弾性衝突（力学的エネルギーが保存される場合）

例題 15.4（質量の異なる 2 球の弾性衝突） 図 15.8 に示すように，質量 M の小球と質量 m の小球が同じ速さ v で弾性衝突し，衝突後は質量 M の小球は静止したが，質量 m の小球は衝突前と反対方向に速さ v' で進んだ．運動はすべてなめらかで水平な直線上で行われた．速さ v' を v で表せ．質量 M を m で表せ．

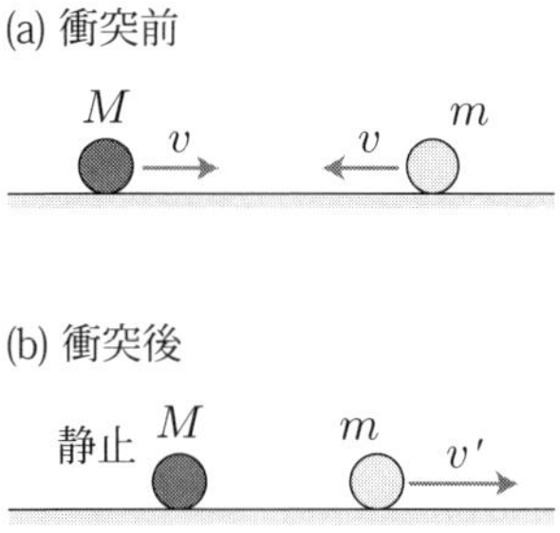

図 15.8

（解） 弾性衝突なので反発係数 $e=1$ だから

$$e = 1 = -\frac{0 - v'}{v - (-v)} \text{ より} \qquad v' = \boldsymbol{2v}$$

衝突の前後で運動量保存の法則が成り立つので

$$Mv - mv = 0 + mv'$$

この式に $v' = 2v$ を代入すると　　$M = \boldsymbol{3m}$

(別解) 力学的エネルギー保存の法則を適用して

$$\frac{1}{2}Mv^2 + \frac{1}{2}mv^2 = \frac{1}{2}mv'^2$$

この式と運動量保存の法則の式 $Mv - mv = mv'$ を連立しても同じ結果が得られる（この方法は計算がやや面倒）． ■

■平面との斜め衝突　なめらかな面との衝突では，面に平行方向の運動量は保存され，反発係数は垂直方向の速さの比で定義される．

例題 15.5（なめらかな面と小球との衝突） 図 15.9 に示すように，なめらかな水平面上で速さ v の小球（質量 m）が入射角 30° で衝突した．面と小球との反発係数を $e = \dfrac{1}{3}$ とする．

(1) はね返った直後の小球の速さ v' を求めよ．
(2) 反射角 θ はいくらか．
(3) 衝突前後での力学的エネルギーの変化はいくらか．

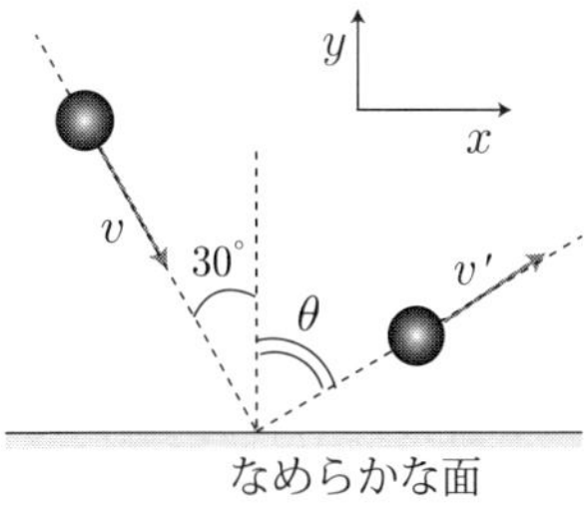

図 15.9　なめらかな面と小球の衝突

面に平行成分 $v'_x = v_x$
垂直成分 $v'_y = -ev_y$

（解） 面に平行に x 軸，垂直に y 軸を考える．$v_y = -v\cos 30°$

(1) 平行：$v'_x = v_x = v\sin 30° = \dfrac{1}{2}v$，垂直：$v'_y = ev\cos 30° = \dfrac{\sqrt{3}}{6}v$

$$v' = \sqrt{v'^2_x + v'^2_y} = \sqrt{\left(\frac{1}{2}v\right)^2 + \left(\frac{\sqrt{3}}{6}v\right)^2} = \boldsymbol{\frac{\sqrt{3}}{3}v}$$

(2) $\tan\theta = \dfrac{v'_x}{v'_y} = \sqrt{3}$ ゆえに $\theta = \boldsymbol{60°}$

(3) $\Delta E = \dfrac{1}{2}mv'^2 - \dfrac{1}{2}mv^2 = \dfrac{1}{2}m\left(\dfrac{\sqrt{3}}{3}v\right)^2 - \dfrac{1}{2}mv^2 = \boldsymbol{-\dfrac{1}{3}mv^2}$

■

16 問題演習（エネルギーと運動量）

エネルギーや運動量の保存の法則を適用するメリットは，運動方程式を解かなくても前後の運動を記述する物理量の関係が得られることである．要点さえわかれば，面白いように問題が解ける．

基本問題（仕事とエネルギー）

問題 16.1（仕事と仕事率） 質量 1.5t (=1500kg) の鋼材をクレーンが 20s で高さ 30m まで持ち上げた．クレーンのした仕事と仕事率を求めよ．重力加速度を $9.8\mathrm{m/s^2}$ とする．

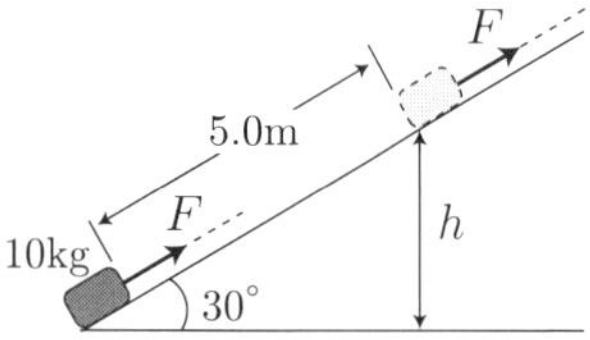

図 16.1

問題 16.2（力の向きと仕事） 図 16.1 に示すように，質量 10kg の物体を傾斜角 30° のなめらかな斜面に沿って 5.0m だけゆっくりと引き上げた．重力加速度を $9.8\mathrm{m/s^2}$ とする．

(1) 引く力 F の大きさはいくらか．引く力 F がした仕事はいくらか．

(2) 高度差 h はいくらか．位置エネルギーの増加はいくらか．

問題 16.3（運動エネルギーと位置エネルギー） 各問いに答えよ．

(1) 基準点から 20m の高さにある質量 3.0kg の物体のもつ位置エネルギーはいくらか．重力加速度を $9.8\mathrm{m/s^2}$ とする．

(2) 質量 5.0kg の物体が速さ 4.0m/s で運動しているときの運動エネルギーはいくらか．

(3) ばね定数 40N/m のばねが自然長より 0.50m 縮んでいるときの弾性エネルギーはいくらか．

(4) 質量 3.0kg の物体が運動エネルギー 24J をもつとき，物体の速さはいくらか．

問題 16.4（仕事と運動エネルギー） 点 A で速さ 2.0m/s だった質量 0.60kg の物体は，点 B で運動エネルギーが 7.5J になっていた．

(1) 点 A での運動エネルギーはいくらか．

(2) 点 B での速さはいくらか．

(3) 点 A から点 B に移動する間に外力が物体にした仕事はいくらか．

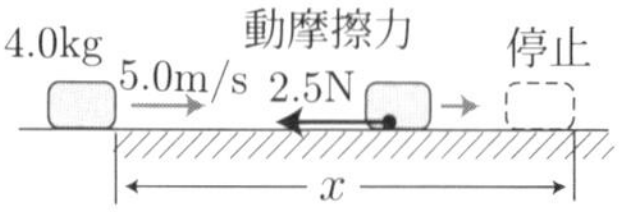

図 16.2

問題 16.5（摩擦のする仕事） 初速度 5.0m/s で粗い水平面上を滑り始めた質量 4.0kg の物体が，動摩擦力 2.5N を受けて静止した．

(1) はじめの運動エネルギーはいくらか．

(2) 動摩擦力のした仕事はいくらか．何 m 滑って止まるか．

問題 16.6（自由落下と力学的エネルギー保存の法則） 地面から 10m の高さから質量 0.50kg の小球を静かに放した．重力加速度を $9.8\mathrm{m/s^2}$ とし，摩擦や空気抵抗はないものとする．このとき

(1) 地面を基準として，10m の高さのとき，小球のもつ重力による位置エネルギーはいくらか．

(2) 地面に衝突する直前，小球の運動エネルギーはいくらか．小球の速さはいくらか．

基本問題（運動量保存の法則）

問題 16.7（運動量と力積） 質量 0.26kg のバレーボールを時速 36km の速さで投げた．何 N·s の力積を与えたか．またこのボールを 0.050 秒で受け止めるとき，受ける平均の力は何 N か．

問題 16.8（運動エネルギーと運動量） 質量 0.20kg のボールが，速さ 4.0m/s で壁に垂直に衝突して，速さ 3.0m/s ではね返った．

(1) ボールがはじめ持っていた運動エネルギーはいくらか．衝突の前後で失った力学的エネルギーはいくらか．

(2) ボールがはじめ持っていた運動量の大きさはいくらか．衝突の際に加えられた力積の大きさはいくらか．

(3) ボールと壁との反発係数はいくらか．もしボールが 2.0m/s で壁と衝突すると，はね返った直後のボールの速さはいくらか．

問題 16.9（直線上での 2 球の衝突） 図 16.3 のように，一直線上で質量 0.90kg の小球 A が速さ 0.80m/s で右向きに進んできて，左向きに 1.6m/s で進む小球 B と正面衝突した．衝突後，小球 A は左向きに 0.64m/s の速さで進み，小球 B は右向きに 0.56m/s で進んだ．

(1) 反発係数はいくらか．

(2) 小球 B の質量はいくらか．

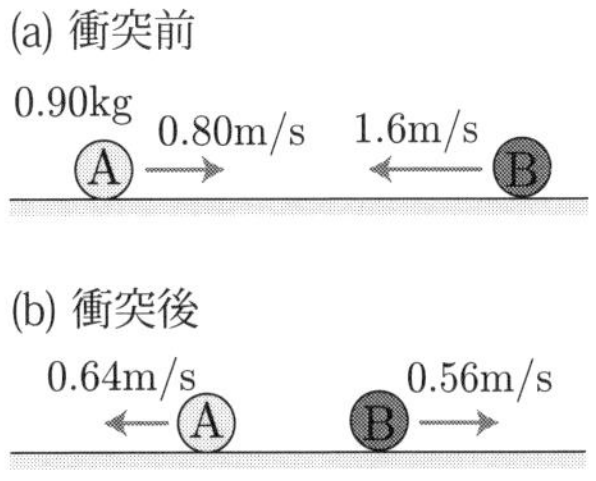

図 16.3

問題 16.10（物体の分裂） 静止していた質量 3.0kg の物体が，内部の少量の火薬の爆発によって，質量 2.0kg の物体 A と質量 1.0kg の物体 B に分裂し，A は東に 4.0m/s で飛んだ．

(1) B はどの向きにどれほどの速さで飛ぶか．

(2) 火薬の爆発によって生じた力学的エネルギーはいくらか．

B. 標準問題

問題 16.11（水平投射とエネルギー保存） 図 16.4 に示すように，斜面上の点 A に小球を置いて静かに放すと，小球は斜面を下り，なめらかにつながった水平面 BC の端 C から水平に飛び出して，h_2 だけ下の水平面上の点 E に落ちた．点 A と水平面 BC の高度差を h_1，重力加速度を g とし，摩擦と空気抵抗はないものとする．

(1) 点 C を飛び出すときの速さ v はいくらか．

(2) 点 C を飛び出してから点 E に落下するまでの時間 t はいくらか．

(3) 点 C の真下の点 D から落下点 E までの水平距離 x を求めよ．

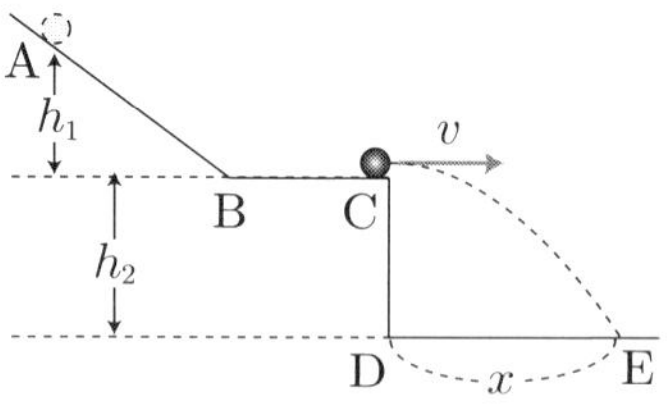

図 16.4

問題 16.12（動摩擦力とエネルギー） 図 16.5 に示すように，斜面と水平面がなめらかに接続している．斜面上の点 A から，静かに滑り始めた質量 m の物体が，水平面上の点 B を通過して点 C で静止した．AB 間は摩擦がなく，水平面から点 A までの高さを h とする．BC 間では動摩擦力がはたらき，その動摩擦係数を μ' とする．

(1) 点 B を通過するときの速さ v はいくらか．重力加速度を g とする．

(2) BC 間の距離 x を h と μ' を用いて表せ．

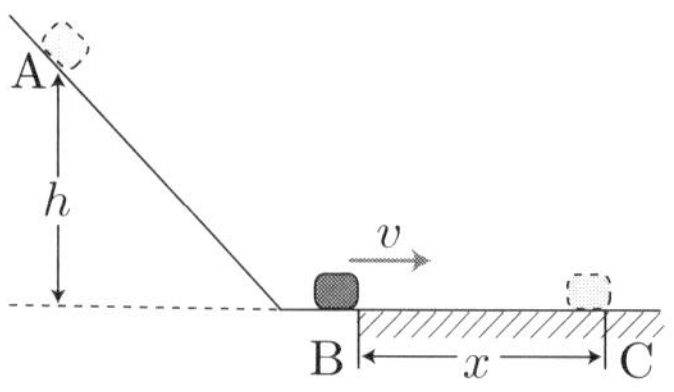

図 16.5

問題 16.13（物体系での力学的エネルギー保存の法則） 図 16.6 に示すように，質量 m の物体 A と質量 M の物体 B が軽い滑車を通した糸で結ばれている $(M > m)$．運動前，物体 A を床につけたとき物体 B は床から h だけ上方にあった．この状態から静かに放すとき，物体 B が降下して床と同じ高さになるときの速さ v を力学的エネルギー保存の法則を使って求めよ．重力加速度を g とする．

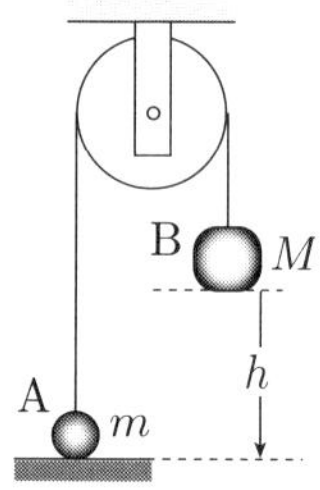

図 16.6

問題 16.14（直線上での 2 球の衝突） 図 16.7 に示すように，静止していた質量 M の小球 B に，速さ v_0 で進んできた質量 m の小球 A が衝突した．反発係数を e とし，2 球の運動はすべて水平な一直線上で行なわれたものとする．

(1) 衝突後の A，B の速さを v_A，v_B として（ただし，はじめ A が進んできた向きを速度の正の向きとする）

　① 運動量保存の法則の式を立てよ．

　② 反発係数 e を v_0，v_A，v_B で表せ．

(2) v_A と v_B を m，M，v_0，e を使って表せ．

(3) 小球 A が衝突後，はじめ進んできた方向と反対向きに進む条件は何か．

(4) 衝突の前後で失った力学的エネルギーはいくらか．

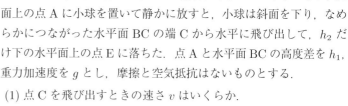

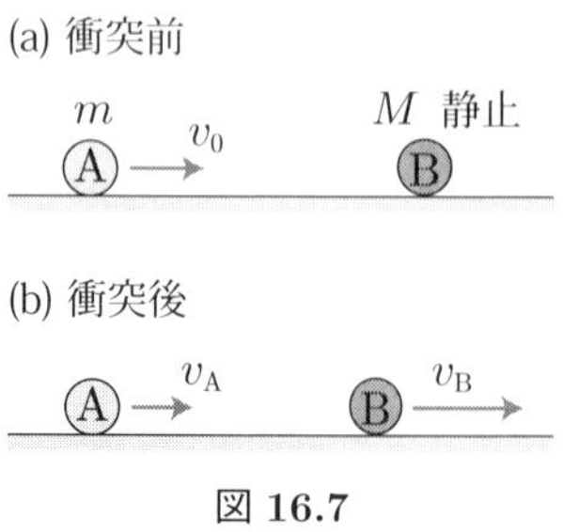

図 16.7

問題 16.15（弾性エネルギーと運動量保存の法則） 質量 M の物体にばね定数 k の軽いばねを取り付け，なめらかな床の上に置く．図 16.8 のように，質量 m の小球をばねに押しつけ，ばねを自然長より L だけ縮めた状態にして，物体と小球を同時に静かに放すと，物体は速さ V で左へ，小球は速さ v で右へと動いて行った．

(1) 速さ V を，M，m，v を用いて表せ．

(2) 速さ v を M，m，k，L を用いて表せ．

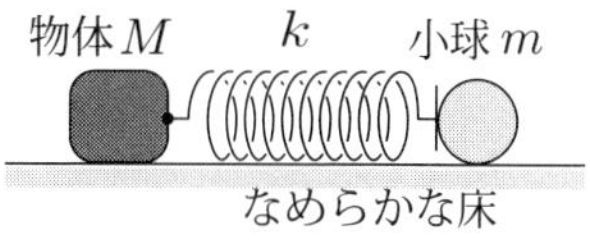

図 16.8

問題 16.16（粗い斜面上での物体の運動と失われた力学的エネルギー） 図 16.9 に示すように，傾き 30° の粗い斜面上に質量 5.0kg の物体を静かに置くと，初速度 0 で滑り始め，20m 滑り下りたときの速さは 6.0m/s であった．重力加速度を 9.8m/s^2 とする．

(1) もしも摩擦がなければ，滑り下りた物体の速さは何 m/s であったはずか．

(2) 傾き 30° の斜面上で物体が静止できないという条件より，静止摩擦係数 μ の値はいくらより小さいといえるか．

(3) 摩擦のある斜面を 20m 滑り下りることで，力学的エネルギーは何 J 変化したか．

(4) 動摩擦力の大きさは何 N か．動摩擦係数 μ' の値はいくらか．

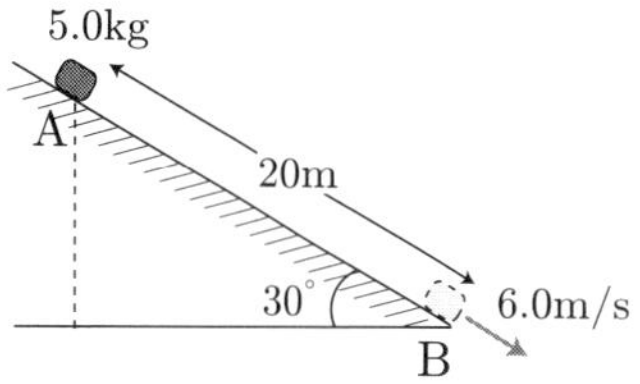

図 16.9

問題 16.17（ビリヤード球の衝突） 図 16.10 のように，水平な板の上に置かれたビリヤード球 B に，別のビリヤード球 A を速度 $\boldsymbol{v}_0$ で衝突させると，衝突後に 2 球はそれぞれ $\boldsymbol{v}_A$ と $\boldsymbol{v}_B$ で別の方向に進んだ．2 球の質量を m とし，衝突は弾性衝突であるとする．

(1) 運動量保存の法則を適用した式を（ベクトル表示で）書け．

(2) 力学的エネルギー保存の法則を適用した式を書け．

(3) 衝突後の 2 球の進路が互いに直角であることを示せ．

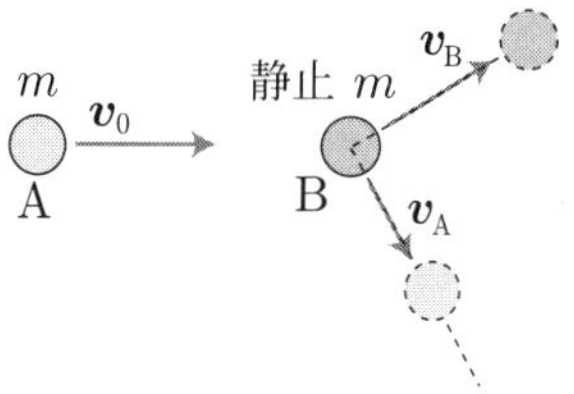

図 16.10

問題 16.18（粗い板の上を動く物体） 図 16.11 のように，水平な床の上に質量 M の板 B が置かれている．B の左側に質量 m の小物体 A をのせ右向きに速さ v_0 を与えると，A は B の上を滑り，B は床上を滑り，やがて A は B の上で停止し，A と B は同じ速さで動くようになった．A と B との間の動摩擦係数は μ' で，B と床との間に摩擦はない．重力加速度を g とする．

(1) 同じ速さになった後の A と B の速さ V はいくらか．

(2) A と B が同じ速さになるまでの A の運動量の変化 Δp はいくらか．

(3) A の運動量の変化 Δp は動摩擦力 F' による力積に等しいとして，A に初速度 v_0 を与えてから A と B が同じ速さになるまでの時間 t を求めよ．

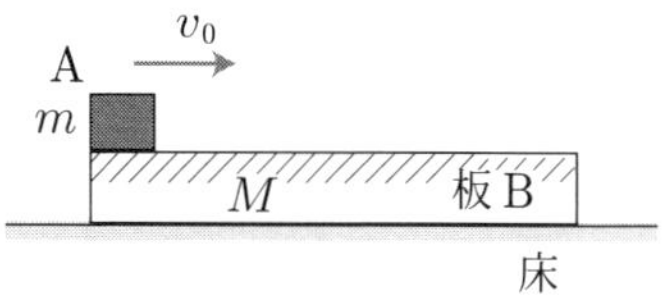

図 16.11

Coffee Break

単位のはなし

力学では長さ・質量・時間の3つの物理量が基本量で，メートル (m)，キログラム (kg)，秒 (s) の3つが基本単位として定められている (MKS単位系)．これらの単位はどのように決められたのだろうか？

諸説あるが，まず最初に時間の秒 (s) が決まったようだ．地球の自転が規則正しいと信じられたことから，これを24時間と定め，60進法を使って1時間を60分，1分を60秒に分けた (1日 = 24時間 = 24 × 60分 = 24 × 60 × 60秒)．しかし古代より日時計はあったものの，日時計で秒の単位まで測れたとは思えない *．やがてガリレオ・ガリレイが振り子の同時性を発見し，それをもとに1957年頃ホイヘンスが振り子時計を発明すると，時間の測定精度は格段に向上した **．

まちまちだった単位の統一が一挙に進んだのはフランス革命 (1789) がきっかけである．長さの単位としての1m は，周期2秒の振り子の長さとして最初提案された．しかし振り子の周期は，振り子の長さだけでなくその場所の重力加速度の大きさにも依存する ***．そのことに気が付いたフランスの科学アカデミーは，地球の1周が4000万 m になるように1m を定めてメートル原器を作り，それを長さの単位とした ****．

質量の単位の1kg は，1気圧4°C における水 $1000\mathrm{cm}^3$ の質量として定義され，**国際キログラム原器**がつくられた．

その後地球の自転速度がしだいに遅くなりつつあることが判明したので，現在ではセシウム135 ($^{133}\mathrm{Cs}$) の基底状態の2つの超微細準位間の遷移に対応する放射の周期の9,192,631,770倍とし1秒として定義している (1967年)．長さは，光が真空中を1秒間に進む距離の299,792,458分の1が1m として定義されている (1983年)．

このように，時間も長さも普遍的な定義を使って再定義されたのに，質量だけは世界にただ1つの国際キログラム原器（フランス国際度衡局保管）を基準としたままである．原器は白金イリジウム合金でできている．人工物である以上，表面吸着による原器の質量の増加の可能性があり，焼失や紛失のおそれもある．そこでアインシュタインの関係式 $E = mc^2$ と光子エネルギー $E = h\nu$ を組み合わせた1kg の新しい定義が2013年に提案され，現在も検討が続けられている．

* ガリレオは水時計を使って実験を行った．

** 新宿 NS ビルにある「ユックリズム振り子時計」(振り子の長さ 22.5 m) は世界一大きい振り子時計としてギネスに登録された．

*** 重力加速度の大きさ
東京（北緯 35°）: 9.79763 $\mathrm{m/s^2}$
シンガポール（赤道）: 9.78066 $\mathrm{m/s^2}$
昭和基地（南極）: 9.82524 $\mathrm{m/s^2}$

**** 再測定の結果，パリを通る地球の子午線の長さは 40,008,005m となった．

第Ⅳ部

振動と円運動

17　三角関数

振動・円運動などを記述するとき，三角関数は強力な武器となる．数学でも学んだかもしれないが，ここではこれから使う三角関数の知識をまとめておく．当面は三角関数のグラフを理解すること，$\dfrac{d}{dx}\sin x = \cos x$ と $\dfrac{d}{dx}\cos x = -\sin x$ を使いこなせることが目標になる．

§ 17.1　三角関数のグラフ

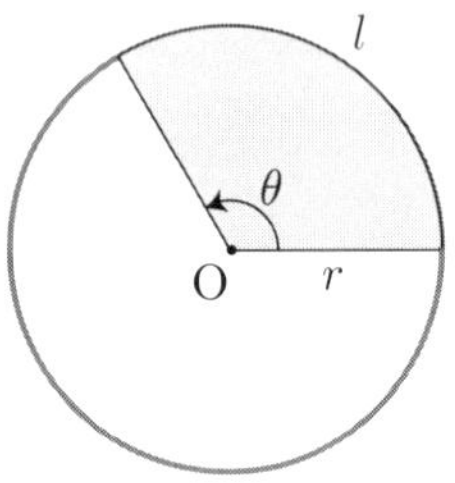

図 17.1　弧度法

■弧度法　図 17.1 に示すように，半径 r の弧の長さ l は中心角 θ に比例する．そこで

$$l = r\theta \qquad \text{つまり} \qquad \theta = \frac{l}{r} \tag{17.1}$$

となるように角度を決める．このような角度の決め方を**弧度法**とよび，角度の単位を **rad**［ラジアン］とよぶ*．とくに全円周の場合には $l = 2\pi r$ であるから，$\theta = 2\pi = 360°$ である．

* rad は省略することがある．

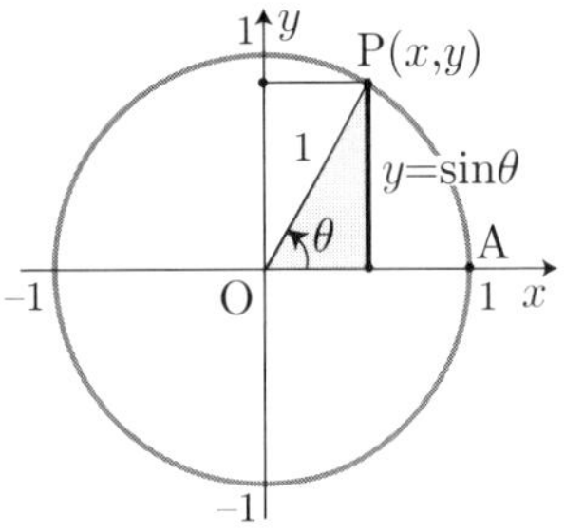

図 17.2　$\boldsymbol{y = \sin\theta}$

■ $\boldsymbol{y = \sin\theta}$ のグラフ　図 17.2 に示す半径 1 の円（単位円）で，角 θ と点 $\mathrm{P}(x, y)$ の関係から

$$y = \sin\theta \tag{17.2}$$

である．角 θ にいくつかの代表的な値を代入して関数表をつくる．これを使って $y = \sin\theta$ のグラフを描くと，図 17.3 のような**正弦曲線**が得られる（$-1 \leq \sin\theta \leq 1$）．$\sin\theta$ に現れる角 θ を**位相**という．図 17.3 から，$\sin\theta$ のグラフは位相が 2π 増加するごとに同じ形を繰り返すことがわかる．つまり，<u>関数 $y = \sin\theta$ は**周期 2π の周期関数**</u>である．

θ (度)	$-90°$	$\cdots$	0	$\cdots$	$90°$	$\cdots$	$180°$	$\cdots$	$270°$	$\cdots$	$360°$	$\cdots$	$450°$
θ [rad]	$-\dfrac{\pi}{2}$	$\cdots$	0	$\cdots$	$\dfrac{\pi}{2}$	$\cdots$	π	$\cdots$	$\dfrac{3}{2}\pi$	$\cdots$	2π	$\cdots$	$\dfrac{5}{2}\pi$
$\sin\theta$	-1	↗	0	↗	1	↘	0	↘	-1	↗	0	↗	1

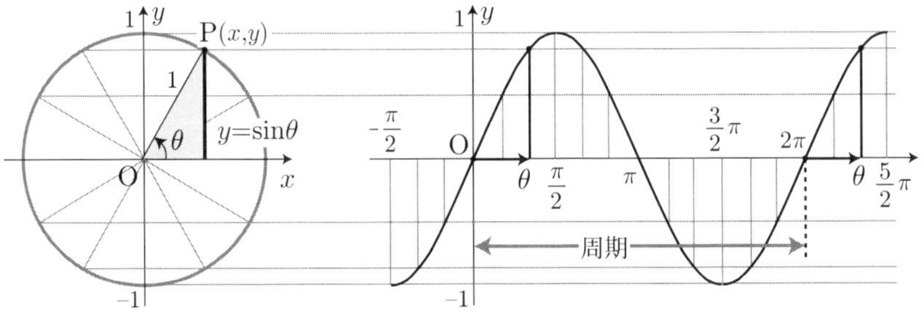

図 17.3　$\boldsymbol{y = \sin\theta}$ 曲線（正弦曲線）

■ $\boldsymbol{y = \cos\theta}$ **のグラフ**　図 17.4 に $\cos\theta$ の定義を示す．$\angle\mathrm{AOP} = \theta$ のまま，図 17.4 の座標軸を 90° 回転させると，角 θ の関数として，下の図 17.5 に示すように

$$y = \cos\theta \tag{17.3}$$

のグラフを描くことができる．関数 $y = \cos\theta$ も**周期 $\boldsymbol{2\pi}$ の周期関数**である．なお $y = \cos\theta$ のグラフは，$y = \sin\theta$ のグラフを θ 方向に $-\dfrac{\pi}{2}$ だけ平行移動したものである $\left(\cos\theta = \sin\left(\theta + \dfrac{\pi}{2}\right)\right)$.

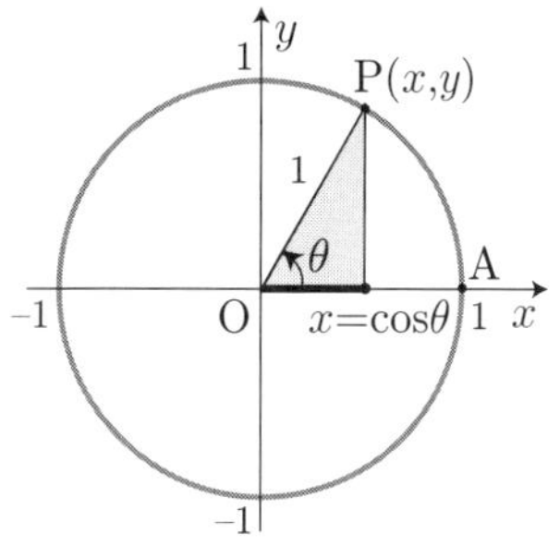

図 17.4　$\boldsymbol{x = \cos\theta}$

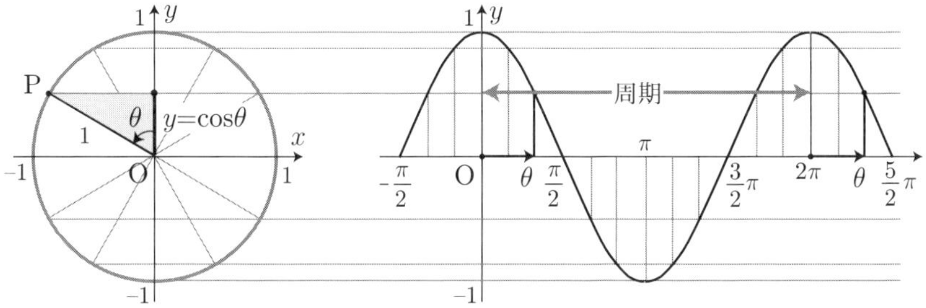

図 17.5　$\boldsymbol{y = \cos\theta}$ 曲線（余弦曲線）

■ $\boldsymbol{y = A\sin(\omega t + \phi)}$ **のグラフ**　ここでの変数は t である *.
次章で学ぶ**単振動**では，t は時間である．更に $\omega > 0$，$A > 0$ で，A は**振幅**，ω は**角振動数**，ϕ は**初期位相**を表す．

(1) $y = A\sin t$ のグラフは $y = \sin t$ のグラフを y 軸方向に A 倍したものである．
<例> $y = 2\sin t$ のグラフは $y = \sin t$ のグラフを y 軸方向に 2 倍したもの（図 17.6(a)）．

(2) $y = \sin\omega t$ のグラフは $y = \sin t$ のグラフを t 軸方向に $\dfrac{1}{\omega}$ 倍したものである．
<例> $y = \sin 2t$ のグラフは $y = \sin t$ のグラフを t 軸方向に $\dfrac{1}{2}$ 倍したもの（図 17.6(b)）．$\sin 2t$ の 1 周期分は $0 \leq 2t \leq 2\pi$ つまり $0 \leq t \leq \pi$ だから，$\sin 2t$ の周期は π.

(3) $y = \sin(t + \phi)$ のグラフは $y = \sin t$ のグラフを $+t$ 軸方向に $-\phi$ だけ移動したものである．

(4) 周期 T と角振動数 ω の関係
周期関数では t と $t + T$ は同じ値になるはずだから
$y = \sin(\omega(t + T) + \phi) = \sin(\omega t + \phi + \omega T) = \sin(\omega t + \phi)$
三角関数は周期 2π だから ωT が 2π であればこの条件を満たす．このことから

$$\omega T = 2\pi \quad \text{すなわち} \quad T = \frac{2\pi}{\omega} \tag{17.4}$$

* 通常，三角関数の位相を示す角 $\theta(= \omega t + \phi)$ は弧度法 (rad) で表す．

(a) y=2sin$t$ ⋯周期は 2π

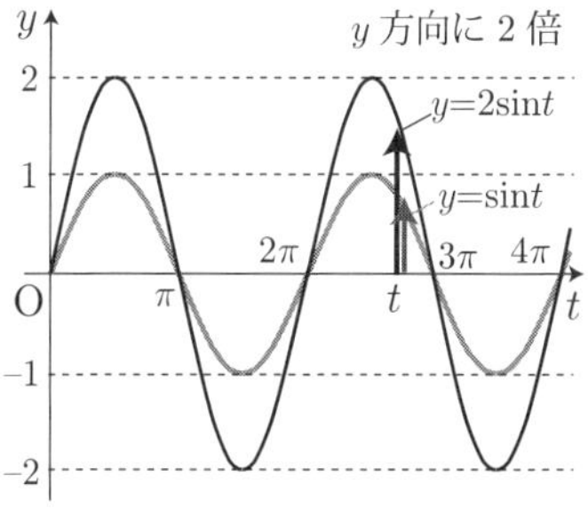

(b) y=sin2t ⋯周期は π

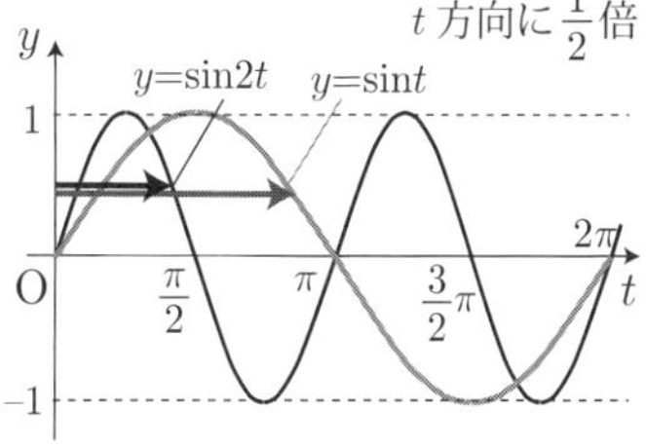

図 17.6　三角関数とグラフ

§ 17.2　三角関数の微積分

■三角関数の微積分（公式）　C は積分定数.

$$\frac{d}{d\theta}\sin\theta = \cos\theta \quad \longleftrightarrow \int \cos\theta d\theta = \sin\theta + C \tag{17.5}$$

$$\frac{d}{d\theta}\cos\theta = -\sin\theta \quad \longleftrightarrow \int \sin\theta d\theta = -\cos\theta + C \tag{17.6}$$

＊積分公式（積分定数 C 省略）

$$\int A\cos(\omega t+\phi)dt = \frac{1}{\omega}A\sin(\omega t+\phi)$$

$$\int A\sin(\omega t+\phi)dt = -\frac{1}{\omega}A\cos(\omega t+\phi)$$

単振動を表す式は $y = A\sin(\omega t + \phi)$ と表されるので，次の形で記憶してもよい＊.

$$\boldsymbol{\frac{d}{dt}A\sin(\omega t+\phi) = \omega A\cos(\omega t+\phi)} \tag{17.7}$$

$$\boldsymbol{\frac{d}{dt}A\cos(\omega t+\phi) = -\omega A\sin(\omega t+\phi)} \tag{17.8}$$

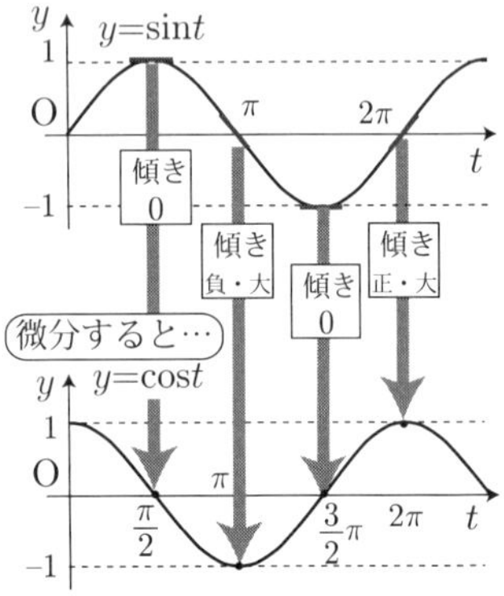

図 17.7　微分の意味 (1)

■三角関数の微分の意味　関数形をグラフに描くとき，接線の傾きが微分係数に相当する．図 17.7 は「$y = \sin t$ を t で微分すると $y = \cos t$ になる」ことを示している．すなわち

$\sin t$ の傾きが 0　　$\longrightarrow$ $\cos t$ が 0

$\sin t$ の傾きが負で大　$\longrightarrow$ $\cos t$ の値が最小値 -1

$\sin t$ の傾きが正で大　$\longrightarrow$ $\cos t$ の値が最大値 $+1$

と対応している.

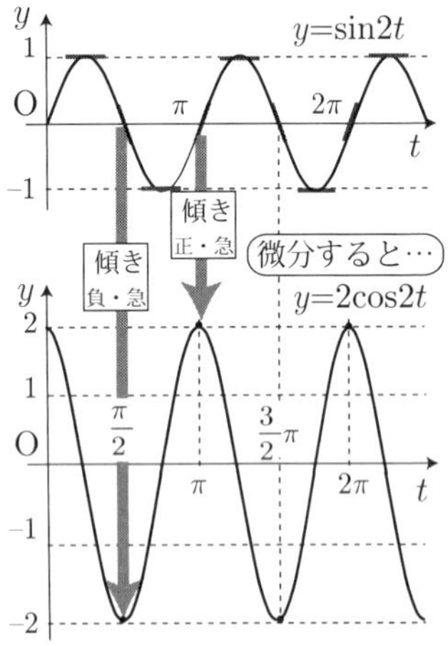

図 17.8　微分の意味 (2)

図 17.8 は「$y = \sin 2t$ を t で微分すると $y = 2\cos 2t$ となる」ことの説明図である．$y = \sin 2t$ の周期は π で，$y = \sin t$ の周期 2π の 1/2 である．周期が 1/2 になったので変化率（＝傾き）が 2 倍になり，そのために微分後の振幅も 2 倍になる．一般に $y = \sin\omega t$ の周期 $2\pi/\omega$ は $y = \sin t$ の周期 2π の $1/\omega$ なので，変化率は ω 倍となる．その結果，微分すると振幅も ω 倍となる.

問題 17.1（三角関数の微分）　次の計算をせよ＊＊．答えは π を含んでよい.

(1) $\dfrac{d}{dt}[3\sin 2\pi t]$　(2) $\dfrac{d}{dt}[0.5\sin 5t]$　(1) $\dfrac{d}{dt}\cos\left(\dfrac{1}{2}t + \dfrac{\pi}{6}\right)$

＊＊注意：

$3\sin 2\pi t \neq (3\sin 2\pi)\times t$

$\dfrac{d}{dt}[3\sin 2\pi t] \neq 3\sin 2\pi$

例題 17.1（正弦関数のグラフ）
(1) 関数 $y = 0.5\sin t$ のグラフをかけ．
(2) 関数 $y = \sin 0.5t$ のグラフをかけ．

(解) 注意：$0.5\sin t \neq \sin 0.5t$

(1) $-1 \leq \sin t \leq 1$ なので $-0.5 \leq 0.5\sin t \leq 0.5$.
$y = 0.5\sin t$ の周期は 2π なので，答は図 17.9 中の (1).

(2) $-1 \leq \sin 0.5t \leq 1$.
$y = \sin 0.5t$ の 1 周期分は $0 \leq 0.5t \leq 2\pi$ つまり $0 \leq t \leq 4\pi$ だから $\sin 0.5t$ の周期は 4π．答は図 17.9 中の (2). ■

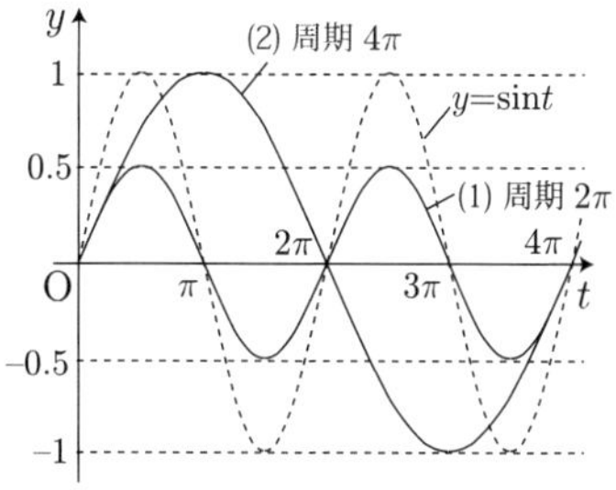

図 17.9

問題 17.2（グラフと関数形） 図 17.10 は $y = A\sin\omega t = A\sin\left(2\pi\dfrac{t}{T}\right)$ のグラフである．図から定数 A，ω，T を求めよ．

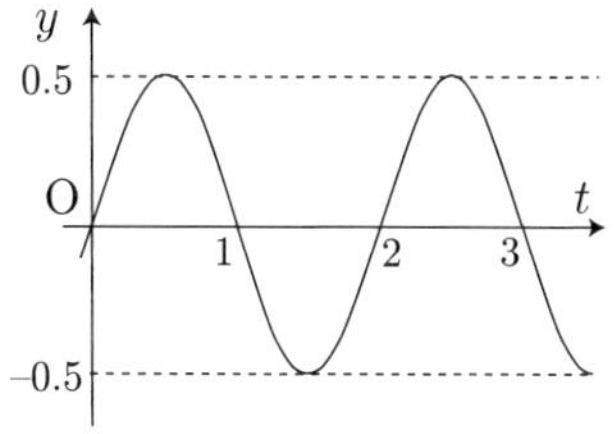

図 17.10

例題 17.2（微分方程式の解） 関数 $x = A\sin(\omega t + \phi)$ は，微分方程式 $\dfrac{d^2x}{dt^2} = -\omega^2 x$ の解であることを示せ（A，ω，ϕ は定数）．

(解) $x = A\sin(\omega t + \phi)$ において $\theta = \omega t + \phi$ とおくと $x = A\sin\theta$

$$\theta = \omega t + \phi \longrightarrow \frac{d\theta}{dt} = \omega, \qquad x = A\sin\theta \longrightarrow \frac{dx}{d\theta} = A\cos\theta$$

ここで合成関数の微分公式を使うと *

$$\frac{dx}{dt} = \frac{d\theta}{dt}\cdot\frac{dx}{d\theta} = \omega A\cos\theta = \omega A\cos(\omega t + \phi)$$

同様に $\theta = \omega t + \phi$ とおいて合成関数の微分公式を使うと

$$\frac{d}{dt}\cos(\omega t + \phi) = \frac{d\theta}{dt}\cdot\frac{d}{d\theta}\cos\theta = \omega(-\sin\theta) = -\omega\sin(\omega t + \phi)$$

よって

$$\frac{d^2x}{dt^2} = \frac{d}{dt}\left(\frac{dx}{dt}\right) = \frac{d}{dt}[\omega A\cos(\omega t + \phi)]$$
$$= -\omega^2 A\sin(\omega t + \phi) = -\omega^2 x$$

すなわち $x = A\sin(\omega t + \phi)$ は，$\dfrac{d^2x}{dt^2} = -\omega^2 x$ を満たすので，その解である（証終）. ■

* 合成関数の微分公式
$$\frac{dx}{dt} = \frac{d\theta}{dt}\cdot\frac{dx}{d\theta}$$

問題 17.3（微分方程式の解） 次の形の関数は，単振動の運動方程式 $\dfrac{d^2x}{dt^2} = -\omega^2 x$ の解であることを示せ（B，C，ω，ϕ は定数）

(1) $x = B\sin\omega t$

(2) $x = C\cos\omega t$

(3) $x = B\sin\omega t + C\cos\omega t$

18　単振動

つり合いの位置からの変位に比例した復元力がはたらくとき，その物体の運動は単振動となる．振動運動の中でも単振動は最も基本的なものである．前章で学んだ三角関数の知識をもとに，単振動の運動方程式を微分方程式として解く技法を中心に学習する．

§ 18.1　ばね振り子と単振動

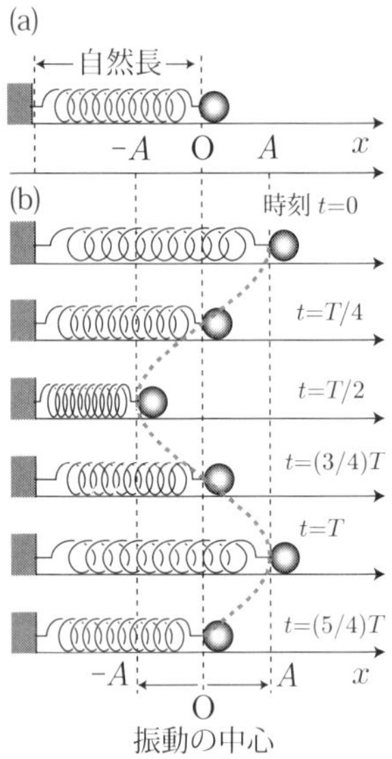

図 18.1　水平ばね振り子

■水平ばね振り子と単振動　図 18.1 に示すような**水平ばね振り子**で，ばねを自然の長さより A [m] だけ引き伸ばして放すと，変位 x [m] は時間 t [s] の関数として

$$x = A\cos\omega t = A\sin\left(\omega t + \frac{\pi}{2}\right)$$

の形で表される．このように，変位が時間 t の関数として

$$変位：x = A\sin(\omega t + \phi) \tag{18.1}$$

の形で表されるとき，これを**単振動**とよぶ．A は単振動の**振幅**，ω [rad/s] は**角振動数**，ϕ[rad] は**初期位相**である．

単振動は周期的運動で，その**周期**は $T = \dfrac{2\pi}{\omega}$ [s]，**振動数**（単位時間当たりの振動回数）は $f = \dfrac{1}{T} = \dfrac{\omega}{2\pi}$ [Hz] である．振動数の単位はヘルツ（記号 Hz）で，1Hz とは 1 秒間に 1 回の割合で振動するときの振動数である．

■単振動の速度・加速度　前章で学んだ三角関数の微分法を使って

$$変位：x = A\sin(\omega t + \phi) \tag{18.2}$$

を詳しく調べよう．変位 x を時間 t で微分したのが速度 v で，v を時間 t で微分したのが加速度 a であるから（§4.1 参照）

$$速度：v = \frac{dx}{dt} = A\omega\cos(\omega t + \phi) \tag{18.3}$$

$$加速度：a = \frac{dv}{dt} = -A\omega^2\sin(\omega t + \phi) \tag{18.4}$$

を得る．図 18.2 のグラフは $\phi = 0$ の場合の変位 x，速度 v，加速度 a を時間 t の関数として示したものである．これらのことから

速さの最大値は（$x = 0$ のときで）$v_0 = A\omega$

加速度 $|a|$ の最大値は（$x = \pm A$ で）$a_m = A\omega^2$

であることがわかる．式 (18.2) と式 (18.4) から，加速度 a と位置 x との間には

$$加速度：a = -\omega^2 x \tag{18.5}$$

の関係があることが導かれる．

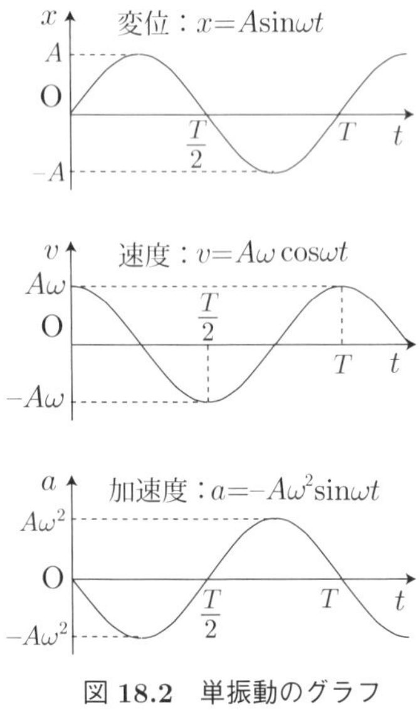

図 18.2　単振動のグラフ

■ばね振り子の運動方程式とその解　図 18.3 のように，ばねの自然の長さの位置を原点 O とした x 座標を取る．変位 x のときばねの先につけたおもりには点 O にもどろうとする**復元力（弾性力）**がはたらく．変位 x のとき受ける力は $F = -kx$（フックの法則）である．質量 m のおもりの運動方程式は *

$$m\frac{d^2x}{dt^2} = -kx \quad \text{つまり} \quad \frac{d^2x}{dt^2} = -\frac{k}{m}x = -\omega^2 x \tag{18.6}$$

となる．ただし $\omega = \sqrt{\dfrac{k}{m}}$ である．

例題 17.2 で示したように，微分方程式 $\dfrac{d^2x}{dt^2} = -\omega^2 x$ の解は $x = A\sin(\omega t + \phi)$ で与えられる．したがって

$$\text{ばね振り子の周期}：T = \frac{2\pi}{\omega} = \boldsymbol{2\pi\sqrt{\frac{m}{k}}} \tag{18.7}$$

となる．振幅 A と初期位相 ϕ は積分定数で別の条件から決まる **.

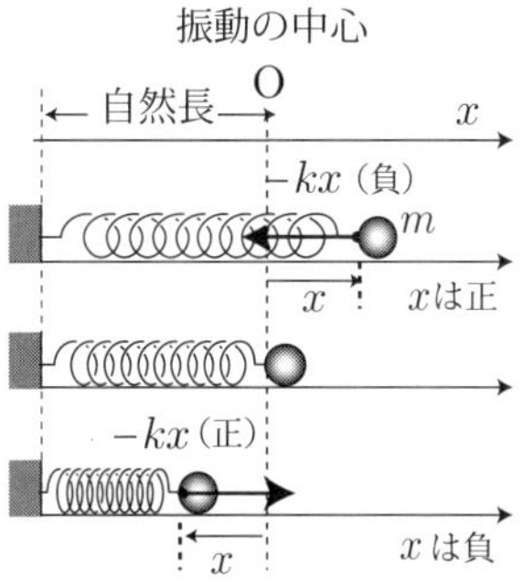

図 18.3　水平ばね振り子

* 速度 $v = \dfrac{dx}{dt}$
加速度 $a = \dfrac{dv}{dt} = \dfrac{d^2x}{dt^2}$

** A と ϕ を一意的に決めるためには，別に初期条件（$t = 0$ での速度・加速度の値）が必要である．

例題 18.1（水平ばね振り子）　図 18.4(a) に示すように，なめらかな水平面上でばね定数 20N/m のばねの一端を固定し，他端には 0.20kg のおもりをつけてばね振り子にした．ばねを自然の長さの位置 O から 0.50m 伸ばして静かに放して単振動させるとき

(1) 周期はいくらか．
(2) 速さが最大になる場所はどこか．その値はいくらか．
(3) 加速度の大きさが最大になる位置はどこか．最大値はいくらか．

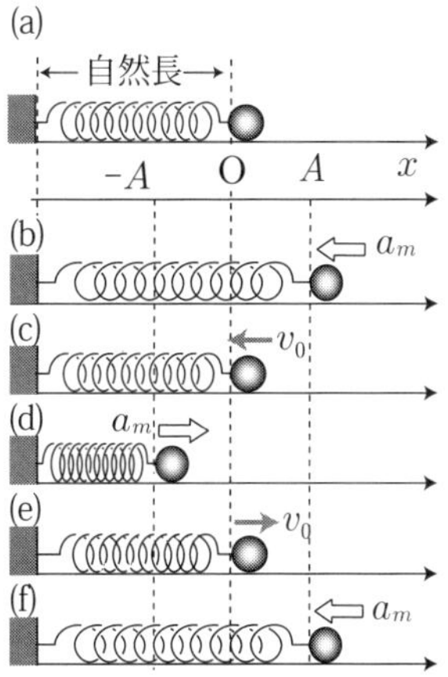

図 18.4

（解） $m = 0.20$kg，$k = 20$N/m とおく．おもりは振幅 $A = 0.50$ m，角振動数 $\omega = \sqrt{k/m} = 10$ rad/s の単振動をする．

(1) 周期は $T = 2\pi/\omega = \mathbf{0.2\pi} \fallingdotseq \mathbf{0.628\ s}$

(2) 図 (c)(e) のように，速さが最大になるのは点 O.
速さの最大値は $v_0 = A\omega = \mathbf{5.0\ m/s}$

(3) 図 (b)(d)(f) のように，加速度の大きさが最大となるのは両端.
加速度の最大値は $a_m = A\omega^2 = \mathbf{50\ m/s^2}$
（別解） 力が大きいところで加速度が大きい．復元力（弾性力）が最大なのは両端で，そのときの力の大きさは $F = kx = kA$，加速度は $a_m = F/m = kA/m = \mathbf{50\ m/s^2}$ ■

問題 18.1（水平ばね振り子）　一端を壁に固定したばねの他端に質量 2.0kg おもりをつけたら，周期 4.0 秒で振動運動をした．このばね振り子のばね定数 k は何 N/m か．

■鉛直ばね振り子

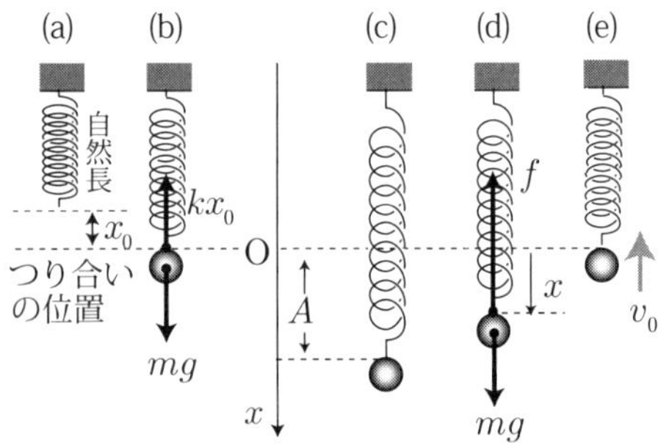

図 18.5　鉛直ばね振り子

例題 18.2（鉛直ばね振り子）　図 18.5 に示すように，ばね定数 k のばねに，質量 m のおもりをつけて鉛直につるす．つり合いの位置（図 (b)）を原点 O として，下向きに x 軸をとる．おもりを図 (c) の位置まで A だけ引き下げて静かに放したところ，おもりは単振動をした．重力加速度を g とする．

(1) つり合いの位置にあるとき，ばねの伸び x_0 はいくらか．

(2) おもりの座標が図 (d) の x のとき，おもりがばねから受ける力 f と重力 mg の合力 F が x に比例することを示せ．

(3) 単振動の周期 T を求めよ．

(4) 速さの最大値 v_0 を求めよ．

（解）(1) つり合いの条件 $mg = kx_0$ より $x_0 = \boldsymbol{\dfrac{mg}{k}}$

(2) 合力 $F = mg - f = mg - k(x_0 + x) = \boldsymbol{-kx}$

(3) 運動方程式は $m\dfrac{d^2x}{dt^2} = -kx$ つまり $\dfrac{d^2x}{dt^2} = -\dfrac{k}{m}x = -\omega^2 x$ となる．ただし $\omega = \sqrt{\dfrac{k}{m}}$ である．この微分方程式の解は $x = A\sin(\omega t + \phi)$ で，周期は $T = \dfrac{2\pi}{\omega} = \boldsymbol{2\pi\sqrt{\dfrac{m}{k}}}$

(4) 速さの最大値は $v_0 = A\omega = \boldsymbol{A\sqrt{\dfrac{k}{m}}}$（図 (e) 参照）　■

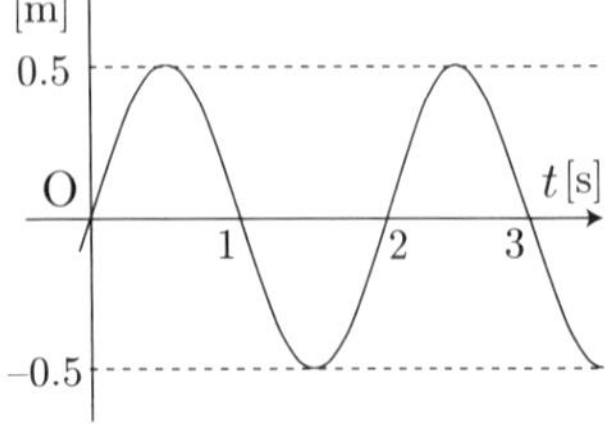

図 18.6

問題 18.2（単振動とグラフ）　質量 $m = 2.0$kg の物体をつけたばね振り子がある．図 18.6 は単振動をするこの物体の変位 x[m] と時刻 t[s] の関係を表したグラフである．

(1) この単振動を $x = A\sin\omega t = A\sin 2\pi\dfrac{t}{T}$ と表すとき，振幅 A，周期 T，角振動数 ω はいくらか．

(2) 時刻 $t = 0.50$s での変位 x，速度 v，加速度 a，物体にはたらく力 F を求めよ．

(3) 時刻 $t = 1.0$s での変位 x，速度 v，加速度 a，物体にはたらく力 F を求めよ．

(4) ばね定数 k を求めよ．

§ 18.2 単振動とエネルギー

■弾性エネルギー 自然の長さからの伸び x の状態で**ばねの弾性力による位置エネルギー（弾性エネルギー）**は *

$$\textbf{弾性エネルギー：} \quad \boldsymbol{U = \frac{1}{2}kx^2} \tag{18.8}$$

である（§12.1 既出）.

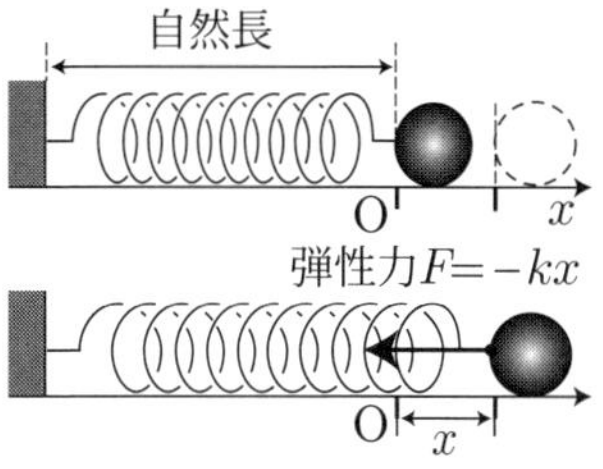

図 18.7 弾性エネルギー

* ばね定数 k のばねを自然長から x だけ伸ばしたとき弾性エネルギー $\frac{1}{2}kx^2$ が蓄えられると考えてよい.

> **例題 18.3（単振動とエネルギー）** 一端を固定されたばねに結ばれた質量 m の物体が単振動をしている．つり合いの位置 O からの変位 x が，時刻 t の関数として $x = A\sin\omega t$ と与えられている．振幅 A，角振動数 ω は定数である．
>
> (1) 速度 v は，時刻 t の関数としてどう表されるか．速度の最大値 v_0 はいくらか．
>
> (2) 加速度 a は，時刻 t の関数としてどう表されるか．加速度の最大値 a_m はいくらか．
>
> (3) 物体にはたらく力 F を m，ω，x を使って（変位 x の関数として）表せ．
>
> (4) 物体にはたらくばねの弾性力を $F = -kx$ と書くとき，ばね定数 k を m，ω を使って表せ．
>
> (5) この物体の力学的エネルギー E は運動エネルギー $\frac{1}{2}mv^2$ と弾性エネルギー $\frac{1}{2}kx^2$ との和である．E は時刻 t によらず一定であることを示し，一定値 E の値を m，ω，A を使って表せ．

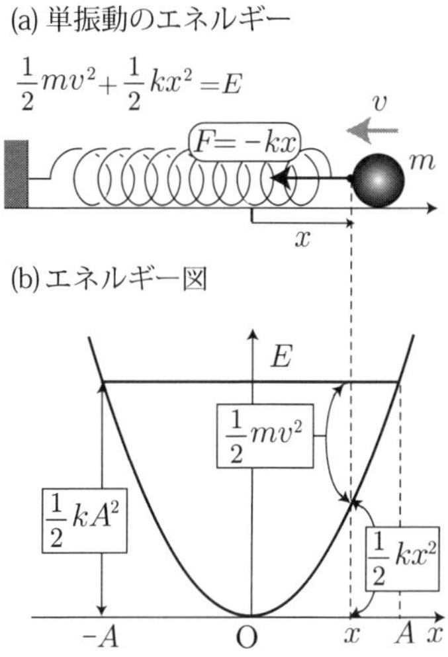

図 18.8 単振動とエネルギー

（解） 図 18.8 参照.

(1) 速度 $v = \boldsymbol{A\omega\cos\omega t}$，速度の最大値 $v_0 = \boldsymbol{A\omega}$

(2) 加速度 $a = \boldsymbol{-A\omega^2\sin\omega t}$，加速度の最大値 $a_m = \boldsymbol{A\omega^2}$

(3) 物体にはたらく力 $F = ma = -m\omega^2 A\sin\omega t = \boldsymbol{-m\omega^2 x}$

(4) $F = -kx$ と $F = -m\omega^2 x$ を比較して，ばね定数 $k = \boldsymbol{m\omega^2}$

(5) 力学的エネルギー **

$$\begin{aligned} E &= \frac{1}{2}mv^2 + \frac{1}{2}kx^2 \\ &= \frac{1}{2}m(A\omega\cos\omega t)^2 + \frac{1}{2}(m\omega^2)(A\sin\omega t)^2 \\ &= \frac{1}{2}mA^2\omega^2(\cos^2\omega t + \sin^2\omega t) \\ &= \frac{1}{2}mA^2\omega^2 \end{aligned}$$

したがって E の値はつねに一定で $E = \boldsymbol{\frac{1}{2}mA^2\omega^2}$ ***. ■

** $\sin^2\omega t + \cos^2\omega t = 1$

*** $k = m\omega^2$ だから，この値は $x = \pm A$ での弾性エネルギー $\frac{1}{2}kA^2$ に等しい.

19 振動運動

この章の前半では，振幅が小さいときに単振動として扱える単振り子などを学ぶ．角度 θ が小さいときに $\sin\theta \fallingdotseq \theta$ とする近似は，よく出てくるので使えるようにしたい．近似を使うことで，複雑な問題が簡単な法則に従っていることが明らかにされる．後半の減衰振動・強制振動の運動方程式の解法は，数学の学習進度によっては少し難しく感じるかもしれない．

§ 19.1 単振り子

■**単振り子**　図 19.1 に示すように，天井の点 C から糸をつり下げ，糸の先におもりをつけて，点 C を含む鉛直面内で振動運動させる．これを**単振り子**とよぶ．糸の長さを l，おもりの質量を m とし，重力加速度を g とする．おもりにはたらく力は，重力 mg と糸の張力 S の 2 力である．糸が鉛直線と角 θ をなすとき，復元力として振り子運動を起すのは，張力 S と重力 mg の合力（すなわち重力の運動方向成分）$F = mg\sin\theta$ である．

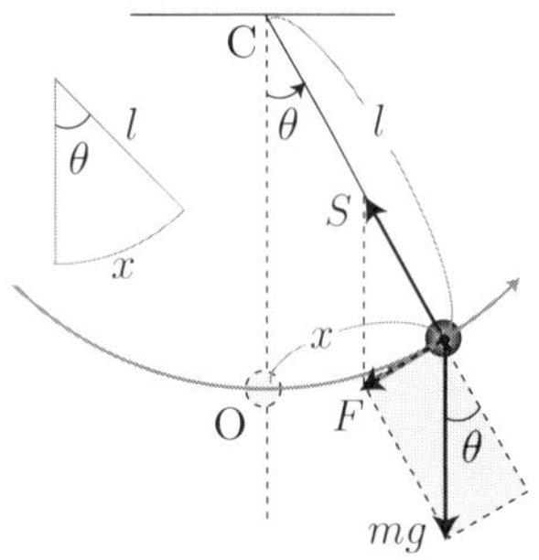

図 19.1　単振り子

■**運動方程式とその解**　おもりの最下点 O から円周に沿った右向きを正にして変位を x，加速度を a とする．力の向きが変位 x と逆向きであることを考慮して，接線方向の運動方程式を立てると *

$$ma = -mg\sin\theta \tag{19.1}$$

* 速度 $v = \dfrac{dx}{dt}$
加速度 $a = \dfrac{dv}{dt} = \dfrac{d^2x}{dt^2}$

角度に弧度法を使えば $x = l\theta$ の関係がある（図 19.1 の挿入図参照）．角 θ が小さいときは $\sin\theta \fallingdotseq \theta = x/l$ と近似できるので **，復元力の大きさは $mg\sin\theta \fallingdotseq mg\dfrac{x}{l}$ と表せる．したがって運動方程式は

** 表 19.1 近似 $\sin\theta \fallingdotseq \theta$ の確認

θ（度）	θ [rad]	$\sin\theta/\theta$ の値
0°	0	1.0000
10°	$\pi/18$	0.9949
20°	$\pi/9$	0.9798
30°	$\pi/6$	0.9549
45°	$\pi/4$	0.9003

（注）上の表より $\theta = 30°$ のとき誤差約 5%の範囲内で $\sin\theta \fallingdotseq \theta$ と置ける．

$$ma = -\frac{mg}{l}x \quad つまり \quad \frac{d^2x}{dt^2} = -\frac{g}{l}x \tag{19.2}$$

となる．これは復元力を $-Kx$ と書くときに $K = mg/l$ とすることに相当し，$\omega = \sqrt{g/l}$ とおけば，式 (18.6) と同じになる．したがって，その解は単振動の式 $x = A\sin(\omega t + \phi)$ で表すことができる．このことから

$$\textbf{単振り子の周期}：T = \frac{2\pi}{\omega} = \boldsymbol{2\pi\sqrt{\frac{l}{g}}} \tag{19.3}$$

が得られる．

単振り子の周期 T はおもりの質量や振幅によらない．このことを**振り子の等時性**とよぶ．図 19.2 に $g = 9.8\mathrm{m/s^2}$ で計算した周期 T [s] を単振り子の糸の長さ l [m] の関数として示す．

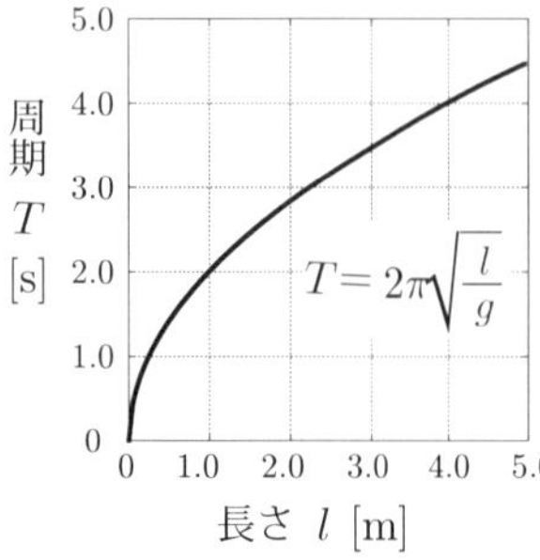

図 19.2　単振り子の糸の長さ l と周期 T の関係

■**微小振動**　変位 x が長さ l に比べて小さいときは $\dfrac{x}{\sqrt{l^2+x^2}} \fallingdotseq \dfrac{x}{l}$ とできる．簡単な近似をすることで，単振動に帰結する問題を扱う．

例題 19.1（強く張られた糸につけた小球の振動）　図 19.3(a) に示すように，なめらかな水平面上で，長さ $2l$ の糸の中央に質量 m の小球をつけて，糸の両側を固定してある．糸と垂直方向に小球を少し移動させてから放した．図のように x 軸をとり，糸は強く張られていてその張力 S は一定とする．

(1) 図 19.3(b) に示す角が θ のとき，復元力の大きさ F はいくらか．

(2) 微小振動をさせるとき $(|x| \ll l)$，小球の運動方程式を x を使って表し，単振動となることを示し，その周期を求めよ．

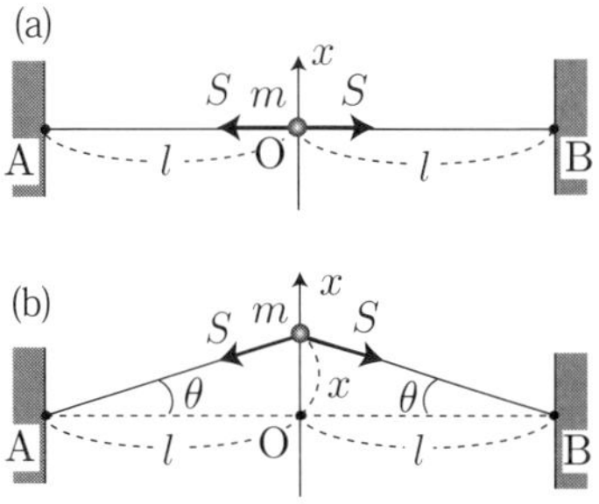

図 19.3

（解）(1) 復元力の大きさは $F = \boldsymbol{2S\sin\theta}$

(2) 運動方程式は $m\dfrac{d^2x}{dt^2} = -2S\sin\theta$

図から $\sin\theta = \dfrac{x}{\sqrt{l^2+x^2}} \fallingdotseq \dfrac{x}{l}$ だから x を使った運動方程式は

$$\boldsymbol{m\frac{d^2x}{dt^2} = -\frac{2S}{l}x} \quad これから \quad \frac{d^2x}{dt^2} = -\frac{2S}{ml}x = -\omega^2 x$$

ここで $\omega = \sqrt{\dfrac{2S}{ml}}$ とおいた．この微分方程式の解は単振動で，$x = A\sin(\omega t+\phi)$ の形となり，周期は $T = \dfrac{2\pi}{\omega} = \boldsymbol{2\pi\sqrt{\dfrac{ml}{2S}}}$

■

問題 19.1（秒打ち振り子）　周期が 2.0 秒の単振り子の糸の長さはいくらか．$g = 9.8\mathrm{m/s^2}$ とする．

問題 19.2（ガリレオの発見）　ガリレオ・ガリレイはピサの大聖堂の内でロープにつり下げられたランプの揺れを見て振り子の等時性を発見したと伝えられる *．ロープの長さを 34m，重力加速度を $g = 9.8\mathrm{m/s^2}$ として，ランプの振動の周期を求めよ．電卓を使ってよい．

* そのときガリレオは自分の脈拍で周期を測定したとされる．成人の脈拍は 1 回あたり 0.7s〜1.2s くらいである．ロープが長く周期が長いので，脈拍でも測定できたと思われる．

問題 19.3（単振動の周期）　長さ l で周期 T の単振り子がある．周期を $T/2$ にするには，単振り子の長さをいくらにすればよいか．

§ 19.2　減衰振動と強制振動

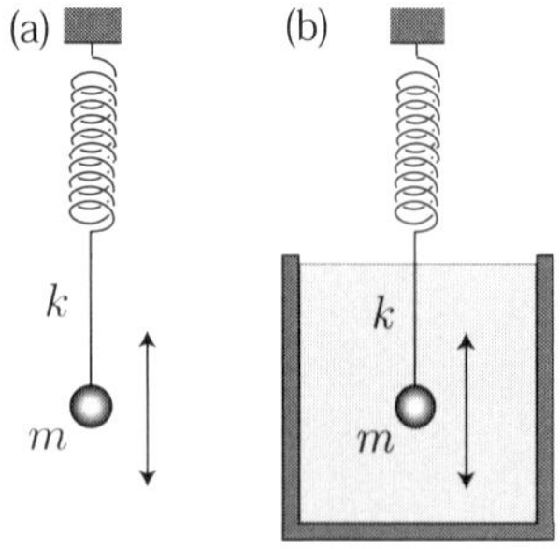

図 19.4　(a)　鉛直単振り子
(b)　減衰振動

■抵抗力を受けるばね振り子　図 19.4 に示すように，液体中におもりを入れてばね振り子を振動させると，次第に力学的エネルギーを失い，振幅は減少していく．これはおもりが抵抗力を受けるからである．抵抗力が速度 v に比例するとして，その抵抗力を $-2m\gamma v$（定数 $\gamma > 0$）とおき，つり合いの位置からの変位を x とすると運動方程式は

$$m\frac{d^2x}{dt^2} = -kx - 2m\gamma v \tag{19.4}$$

となる．もしも抵抗力がない場合 ($\gamma = 0$) は，この運動は角速度 $\omega_0 = \sqrt{k/m}$ の単振動である．$v = dx/dt$ を使って整理すると

$$\frac{d^2x}{dt^2} + 2\gamma\frac{dx}{dt} + \omega_0^2 x = 0 \tag{19.5}$$

となる．変数 x は時間 t の関数で，式 (19.5) はこの関数形 $x(t)$ を定めるための微分方程式である．

■微分方程式の解法　式 (19.5) の形は定係数の **2 階線形微分方程式**とよばれ，いくつかの解法がある．ここでは解を指数関数部分 $e^{-\gamma t}$ と y（t の関数）の積であると仮定して

$$x = ye^{-\gamma t} \tag{19.6}$$

とおく．式 (19.6) を式 (19.5) に代入すると $y(t)$ が満たすべき式として

$$\frac{d^2y}{dt^2} + (\omega_0^2 - \gamma^2)y = 0 \tag{19.7}$$

を得る．式中の $\omega_0^2 - \gamma^2$ の符号に応じて，この方程式の解は次に示すように分けられる．

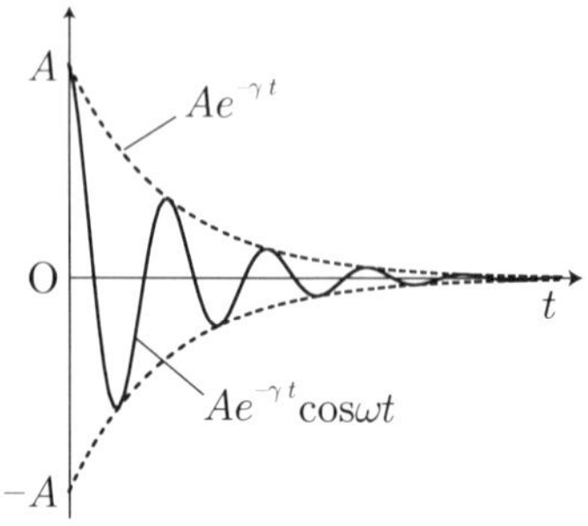

図 19.5　減衰振動

■ $\gamma < \omega_0$ の場合（減衰振動）　抵抗力が弱く $\gamma < \omega_0$ の場合には，$\omega = \sqrt{\omega_0^2 - \gamma^2}$ とおくことができる．このとき式 (19.7) は $\dfrac{d^2y}{dt^2} = -\omega^2 y$ となるので，その解は単振動の $y = A\sin(\omega t + \phi)$ である．式 (19.5) の解はこの振動する部分 $y(t)$ と指数関数で減少する部分 $e^{-\gamma t}$ の積だから

$$x = y(t)\,e^{-\gamma t} = Ae^{-\gamma t}\sin(\omega t + \phi) \tag{19.8}$$

となる．ここで A と ϕ は積分定数で，初期条件から決まる．図 19.5 に $\phi = \pi/2$ すなわち $x = Ae^{-\gamma t}\cos\omega t$ の関数形を示す ($A > 0$).

■ $\gamma = \omega_0$ の場合（臨界減衰）　$\gamma = \omega_0$ の場合には，式 (19.7) は $\dfrac{d^2y}{dt^2} = 0$ となるので，その解は $y = At + B$ である．したがって式 (19.5) の解は

$$x = (At + B)e^{-\gamma t} \tag{19.9}$$

となる．図 19.6(b) に示すように，おもりは振動しなくなり，急速につり合いの状態 $(x = 0)$ へと収束する．

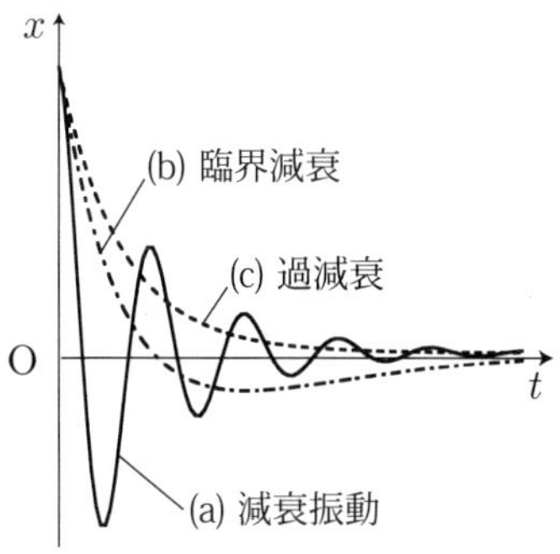

図 19.6　**(a)** 減衰振動
(b) 臨界減衰
(c) 過減衰

■ $\gamma > \omega_0$ の場合（過減衰）　$\gamma > \omega_0$ の場合には，式 (19.5) の解は最終的に

$$x = e^{-\gamma t}\left[A\exp(\sqrt{\gamma^2 - \omega_0^2}\; t) + B\exp(-\sqrt{\gamma^2 - \omega_0^2}\; t)\right] \tag{19.10}$$

となる．この場合には抵抗力の力の方が復元力よりも強く，図 19.6(c) に示すように，おもりは振動せずに，つり合いの状態 $(x = 0)$ へともどる．

■強制振動と共振　減衰振動を行う物体に，さらに外部から角振動数 Ω の周期的な力 $F = mf_0 \cos \Omega t$ の力を加えた場合の運動を考える．このときの運動方程式は

$$\frac{d^2x}{dt^2} + 2\gamma\frac{dx}{dt} + \omega_0^2 x = f_0 \cos \Omega t \tag{19.11}$$

となる．この解として

$$x = D\cos(\Omega t - \delta) \qquad (D \text{ は振幅，} \delta \text{ は位相定数}) \tag{19.12}$$

を代入してみると

$$D = \frac{f_0}{\sqrt{(\Omega^2 - \omega^2) + 4\gamma^2\Omega^2}}, \qquad \tan\delta = \frac{2\gamma\Omega}{\Omega^2 - \omega^2} \tag{19.13}$$

ならば式 (19.11) の解となることがわかる．この解は任意定数を含まないので**特殊解**とよばれる．一般解はこの解に減衰振動（あるいは過減衰など）を重ねたものである．減衰振動は時間がたつと消えるので，定常的に残るのは式 (19.12) の**強制振動**である．

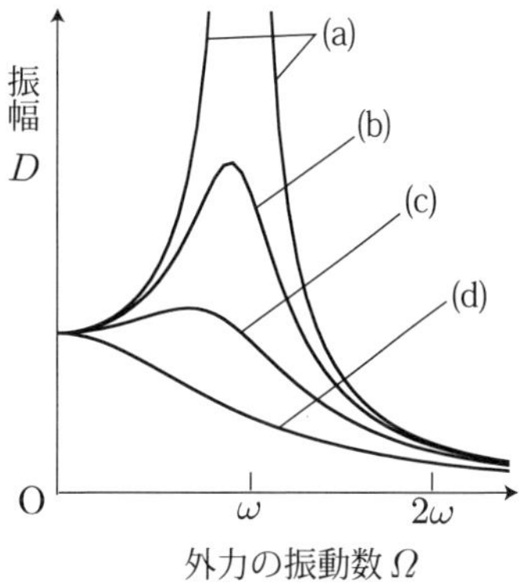

図 19.7　外力の角振動数 Ω と振幅 D の関係

図 19.7 は外力の角振動数 Ω を変化させたときの振幅 D の変化を表す．γ は抵抗力の強さを表し ω_0 は振動の強さを表し，(a) $\gamma = 0$, (b) $\gamma = 0.25\omega_0$，(c) $\gamma = 0.5\omega_0$ (d) $\gamma = \omega_0$ である．図 19.7(a)(b) は外力の角振動数 Ω がばねの角振動数 ω_0 に近いとき $(\Omega \sim \omega_0)$，振幅 D が大きくなることを示している．この現象は**共振（共鳴）**とよばれ，抵抗力が小さいときに顕著である．ブランコに乗った子供が，ブランコのもつ周期に同調させてこぐことで運動を続けるのも強制運動の一例である．

20 等速円運動

円周上を一定の速さで進む運動を等速円運動と呼ぶ．力がはたらかなければ物体は等速直進するはずだから，等速であっても円運動を続けるのは物体に一定の力が絶えず中心向きにはたらいているからである．この章では円運動している物体の運動方程式が $m\dfrac{v^2}{r} = F$（質量 × 向心加速度 = 向心力）と表されることを学び，代表的な円運動に適用する．

§ 20.1　等速円運動

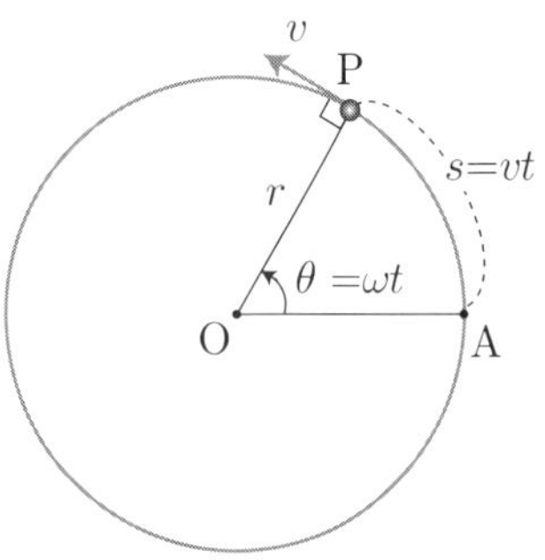

図 20.1　等速円運動

* 回/s を Hz（ヘルツ）で表す場合もある．

■周期・回転数・角速度　図 20.1 に示すように，物体が半径 r [m] の円周上を一定の速さ v [m/s] で動いているとき，このような運動を**等速円運動**とよぶ．物体が円を 1 周する時間（**周期**）T [s] は

$$T = \frac{2\pi r}{v} \qquad （周期\ T）= \frac{（円周の長さ\ 2\pi r）}{（速さ\ v）} \tag{20.1}$$

である．単位時間あたりの**回転数**は $f = 1/T$ [回/s] である *．

点 A を出発した物体が時間 t [s] 後に点 P に達したとすると，その間に進んだ距離 s (= 弧 AP) は $s = vt \cdots$①．このとき，$\angle \mathrm{POA} = \theta$ は時間 t に比例するので，$\theta = \omega t \cdots$② とおくことができる．一方，弧の関係式から $s = r\theta \cdots$③ なので，① ~ ③ から

$$v = r\omega \tag{20.2}$$

が導かれる．**角速度** ω の単位は rad/s である．

■向心加速度（幾何学的考察）　等速円運動は一定の速さで運動するにもかかわらず加速度をもっている．その加速度はつねに円の中心方向を向くので**向心加速度**とよばれ

$$向心加速度の大きさ：\ a = \frac{v^2}{r} = r\omega^2 \tag{20.3}$$

である．これを証明するために，図 20.2(a) に時刻 t の位置 P での速度ベクトル $\boldsymbol{v}$ と，それから時間 Δt 後の位置 P′ と速度ベクトル $\boldsymbol{v}'$ を描いた．物体が P から P′ へと進むとき，$\angle \mathrm{POP'} = \Delta\theta\ (= \omega\Delta t)$ とすると，速度の大きさ v は変わらないが，向きは $\Delta\theta$ だけ変わる．速度の変化を見るために，図 (b) に速度ベクトル $\boldsymbol{v}$ と $\boldsymbol{v}'$ を，始点が一致するように平行移動して描いた．経過時間 Δt を短くすると $\Delta\theta$ も小さくなるが，速さは一定 ($v = |\boldsymbol{v}| = |\boldsymbol{v}'|$) なので，速度の変化 $\Delta\boldsymbol{v} = \boldsymbol{v}' - \boldsymbol{v}$ は円の中心 O を向く方向に近づく．したがって，点 P における加速度 $\boldsymbol{a} = \dfrac{\Delta\boldsymbol{v}}{\Delta t}$ は中心を向く．一方図 (c) に示すように，$|\Delta\boldsymbol{v}| \approx v\Delta\theta = v\omega\Delta t$ となるので，加速度 $\boldsymbol{a}$ の大きさは

$$a = \frac{\Delta v}{\Delta t} = \frac{v\omega\Delta t}{\Delta t} = v\omega \tag{20.4}$$

となる．この式に $v = r\omega$ を代入すると式 (20.3) を得る．

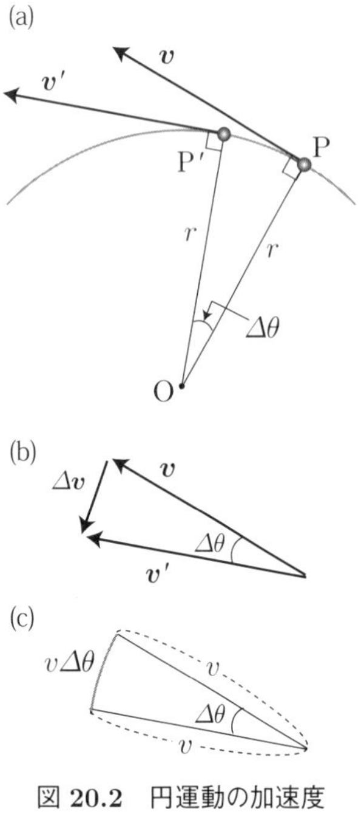

図 20.2　円運動の加速度

■円運動の速度・加速度（ベクトルと三角関数を使った記述）

図 20.3 に示すように，半径 r の円周上を運動する点 P の位置 $\boldsymbol{r} = (x, y)$ が時刻 t の関数として

$$x = r\cos\omega t\ , \qquad y = r\sin\omega t \qquad (r = \text{一定},\ \omega = \text{一定}) \quad (20.5)$$

と表されている．位置 (x, y) を時間 t で微分して，等速円運動の速度 $\boldsymbol{v} = (v_x, v_y)$ の成分はそれぞれ

$$v_x = \frac{dx}{dt} = -\omega r\sin\omega t\ , \qquad v_y = \frac{dy}{dt} = \omega r\cos\omega t \quad (20.6)$$

と得られる．この 2 つの式から時刻 t を消去すると *

$$v^2 = v_x^2 + v_y^2 = (\omega r)^2 \qquad \therefore\ v = r\omega \quad (20.7)$$

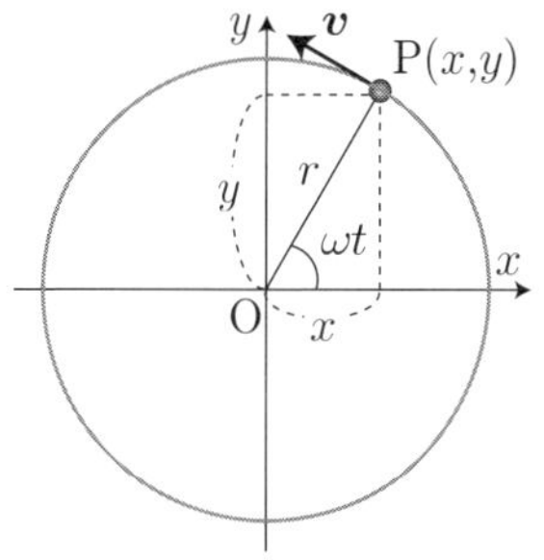

図 20.3　等速円運動

* $\sin^2\omega t + \cos^2\omega t = 1$ を使用．

さらに速度の各成分を時間 t で微分して，等速円運動の加速度 $\boldsymbol{a} = (a_x, a_y)$ の成分はそれぞれ

$$a_x = \frac{dv_x}{dt} = -\omega^2 r\cos\omega t = -\omega^2 x \quad (20.8)$$

$$a_y = \frac{dv_y}{dt} = -\omega^2 r\sin\omega t = -\omega^2 y \quad (20.9)$$

と得られる．この式は $\boldsymbol{a} = -\omega^2\boldsymbol{r}$ を意味し，$\boldsymbol{r} = \overrightarrow{\mathrm{OP}}$ だから，図 20.4(a) のように，加速度が中心 O を向く**向心加速度**であることを示している．加速度の大きさは時刻 t を消去して

$$a = \sqrt{a_x^2 + a_y^2} = r\omega^2 = \frac{v^2}{r} \quad (20.10)$$

となる．

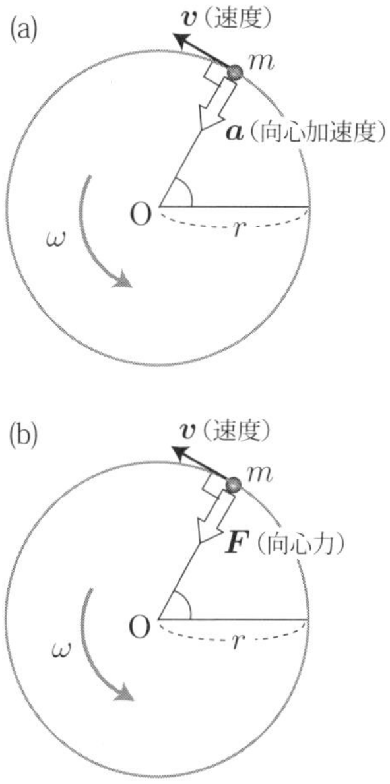

図 20.4　向心加速度・向心力

■円運動の運動方程式　運動の法則 ($m\boldsymbol{a} = \boldsymbol{F}$) によると，力のはたらく方向は，物体に生じた加速度の方向に等しい．つまり，図 20.4(b) に示すように，加速度は円の中心を向くから，等速円運動をしている物体には円の中心に向かう力（**向心力**）がはたらいている．このとき，半径 r [m]，速さ v [m/s] で等速円運動をする質量 m [kg] の物体の運動方程式は

$$m\frac{v^2}{r} = F \quad (20.11)$$

$$(\text{質量 } m) \times \left(\text{ 向心加速度 } \frac{v^2}{r}\right) = (\text{向心力 } F)$$

と表される．ここで F [N] は向心力の大きさである．

何が向心力となって円運動が行われているかは問題ごとに異なる．具体的な向心力としては例えば糸の張力，摩擦力，万有引力，重力などがある．

§ 20.2 等速円運動の例

■等速円運動をする物体にはたらく力　力がはたらかないと物体は直進するから，円運動を行っている物体には外部から何らかの力が加えられている．その合力の向きは円の中心を向き，円運動が継続されている．

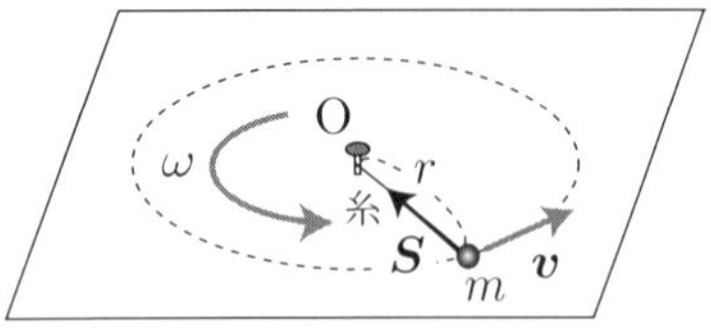

図 20.5

例題 20.1（糸の張力による等速円運動）　図 20.5 に示すように，なめらかな水平面上で，長さ 0.40m の糸の一端に質量 0.020kg の小物体をつけ，糸の他端を中心として毎秒 5 回の割合で等速円運動をさせる．このとき

(1) 円運動の周期 T はいくらか．角速度 ω はいくらか．

(2) 小球の速さ v，加速度の大きさ a はいくらか

(3) 糸の張力 S はいくらか．

(4) この状態で突然糸が切れたら小物体はどの方向に進むか．

（解）糸の張力が向心力となって円運動をしている．

(1) 回転数 $f = 5$ 回/s だから，周期 $T = \dfrac{1}{f} = \dfrac{\mathbf{1}}{\mathbf{5}} = \mathbf{0.20\ s}$

角速度 $\omega = \dfrac{2\pi}{T} = \boldsymbol{10\pi} \fallingdotseq \mathbf{31.4\ rad/s}$

(2) 半径 $r = 0.40$m だから，小球の速さ $v = r\omega = \boldsymbol{4\pi} \fallingdotseq \mathbf{12.6\ m/s}$

加速度の大きさ $a = \dfrac{v^2}{r} = \boldsymbol{40\pi^2} \fallingdotseq \mathbf{395\ m/s^2}$

(3) 小物体の質量 $m = 0.020$kg だから

糸の張力は $S = ma = \boldsymbol{0.80\pi^2} \fallingdotseq \mathbf{7.90\ N}$

(4) 図中の $\boldsymbol{v}$ の矢印の方向（円の接線方向）　■

問題 20.1（等速円運動の周期と角速度）　物体が半径 r の等速円運動をしていて，その周期を T とする．

(1) 速さ v はいくらか．

(2) 角速度 ω はいくらか．

(3) この 2 式より T を消去して，v と ω の関係式を導け．

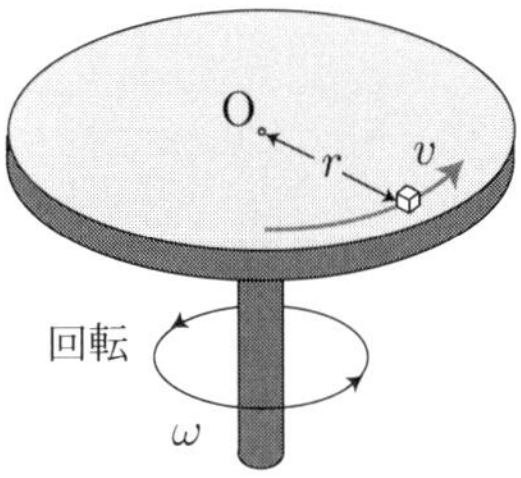

図 20.6

問題 20.2（摩擦力による円運動）　図 20.6 に示すように，質量 $m = 0.40$kg の小物体を円板の中心 O から距離 $r = 0.50$m の位置に置く．円板の上面は粗く水平である．円板を角速度 $\omega = 6.0$rad/s で回転させると，小物体は円板と一緒に回転した．

(1) 回転の周期 T はいくらか．回転数 f はいくらか．

(2) 小物体の速さ v はいくらか．速度はどの向きか．

(3) 加速度の大きさ a はいくらか．加速度はどの向きか．

(4) 円運動をしている小物体にはたらく向心力は何か．その向心力の大きさはいくらか．

例題 20.2（円すい振り子） 図 20.7 に示すように，長さ l の糸の上端を固定し，下端に質量 m の小球をつけて水平面内で等速円運動をさせる．糸が鉛直線となす角を θ とするとき，周期 T を求めよ．

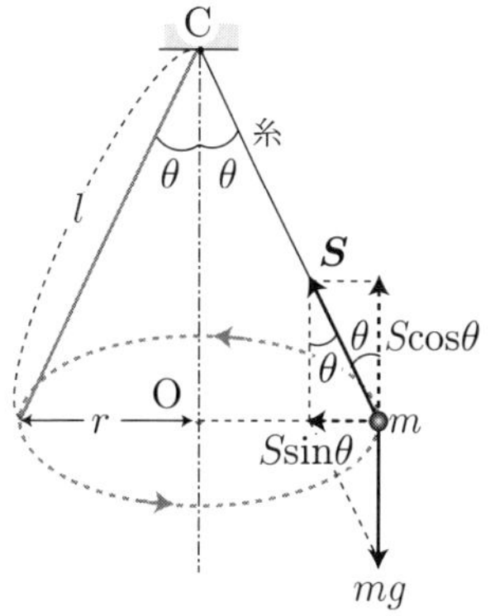

図 20.7

（解） 小球には重力 mg と糸の張力 S がはたらいている．
鉛直方向には力がつり合うから $S\cos\theta - mg = 0 \quad \therefore S = \dfrac{mg}{\cos\theta} \cdots ①$
円運動の向心力は糸の張力の水平成分 $S\sin\theta$ である．
円運動の半径を r，速さを v として円運動の方程式を立てると

$$m\frac{v^2}{r} = S\sin\theta \cdots ②$$

① と ② から $v^2 = \dfrac{rS}{m}\sin\theta = \dfrac{gr\sin\theta}{\cos\theta} \qquad \therefore v = \sqrt{\dfrac{gr\sin\theta}{\cos\theta}}$

円運動の半径は $r = l\sin\theta$ だから $v = \sqrt{\dfrac{gl\sin^2\theta}{\cos\theta}} = \sin\theta\sqrt{\dfrac{gl}{\cos\theta}}$
したがって

$$\text{周期 } T = \frac{2\pi r}{v} = \frac{2\pi l\sin\theta}{\sin\theta\sqrt{gl/\cos\theta}} = \boldsymbol{2\pi\sqrt{\frac{l\cos\theta}{g}}}$$

■

例題 20.3（カーブを曲がる自動車の最高速度） 図 20.8 に示すように，平坦な道路を走行中の自動車が，半径 40m のカーブを曲がろうとしている．自動車がうまくカーブを曲がることができる最高速度を求めよ．自動車の質量を 2000kg，タイヤと道路との間の静止摩擦係数を 0.50，重力加速度を 9.8m/s^2 とする．

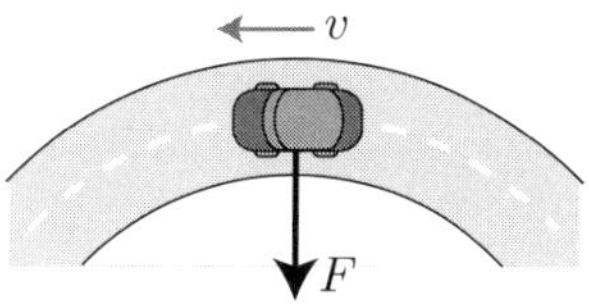

図 20.8

（解） $m = 2000\text{kg}$，$r = 40\text{m}$，$g = 9.8\text{m/s}^2$ とおく．
この場合，自動車を円軌道上にとどめておくための向心力はタイヤの静止摩擦力 F である．したがって

$$F = m\frac{v^2}{r} \cdots ①$$

自動車がこのカーブを回ることができる最高速度 v は，自動車が外側に横滑りする直前の速さに相当する．そのとき，摩擦力は最大摩擦力となる．このときの垂直抗力 N は重力 mg に等しいので

$$F = \mu N = \mu mg \cdots ②$$

①と②を等しいとおいて，$m\dfrac{v^2}{r} = \mu mg$ となるから

$$\text{最高速度 } v = \sqrt{r\mu g} = \sqrt{40 \times 0.50 \times 9.8} = \mathbf{14\ m/s}$$

【注】最高速度は自動車の質量 m に無関係であることに注意． ■

21 万有引力

「太陽と惑星の間には，その質量の積に比例し距離の 2 乗に反比例する引力がはたらいている」と仮定してニュートンは惑星の運動を説明した．ここでは円運動近似で惑星や人工衛星の問題を扱う．

§ 21.1 惑星の運動・万有引力の法則

■ケプラーの法則　太陽のまわりを回る惑星には，水星・金星・地球・火星・木星・土星・天王星・海王星がある．ケプラーは当時知られていた惑星の運動に関するデータを整理して，次の 3 つの法則にまとめて発表した（1609 年，1619 年）．

第 1 法則（楕円軌道の法則） 惑星の軌道は，太陽を焦点の 1 つとする楕円である *．

第 2 法則（面積速度一定の法則） 惑星と太陽を結ぶ線分が一定時間に通過する面積（面積速度）は一定である．

第 3 法則（調和の法則） 惑星の半長軸を a，周期を T とすれば，T^2/a^3 の値はすべての惑星に共通の値となる．

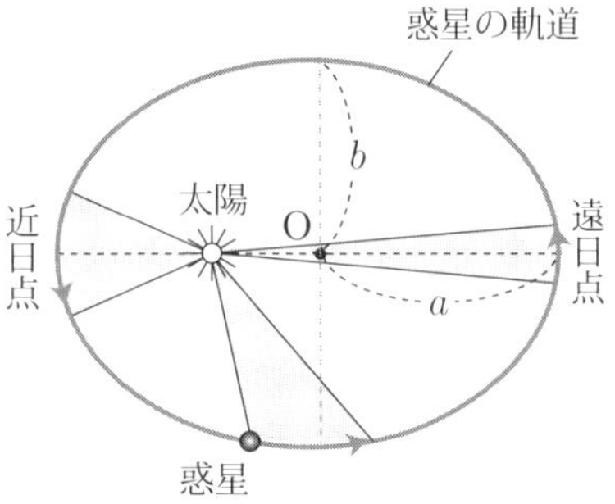

図 21.1　楕円軌道の法則と面積速度一定の法則

* 図 21.1 は楕円であることを強調して描いている．実際は火星で 0.4%程度円からずれているに過ぎない．

■解説　図 21.1 に描くように，惑星の軌道は楕円となる（第 1 法則）．惑星は太陽に近いところで速く遠いところで遅いので，太陽と惑星を結ぶ直線が等しい時間に通過する面積（図 21.1 の灰色部分）は等しい（第 2 法則）．これはのちに説明する**角運動量保存の法則**が成立していることを示す．表 21.1 に各惑星のデータをまとめた．公転周期の単位を年，軌道半径の単位を天文単位とすると，$\dfrac{T^2}{a^3}$ はすべての惑星でほぼ 1 になる．図 21.2 に示すように a と T のデータを**両対数グラフ**にプロットすると（傾き 3/2 の）直線上に並ぶ．

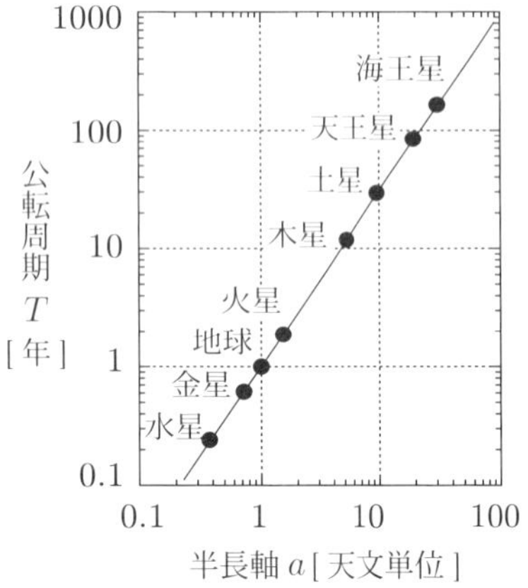

図 21.2　ケプラーの第 3 法則

表 21.1 惑星のデータ

惑　星	周期 T（年）	半長軸 a	a/b	T^2/a^3
水　星	0.241	0.387	1.022	1.001
金　星	0.615	0.723	1.000	1.000
地　球	1.000	1.000	1.000	1.000
火　星	1.881	1.524	1.004	1.000
木　星	11.862	5.203	1.001	0.999
土　星	29.458	9.555	1.002	0.995
天王星	84.022	19.218	1.001	0.995
海王星	164.774	30.110	1.000	0.995

（注）「半長軸」は地球の軌道の半長軸 1.496×10^{11} m を 1 とする天文単位で表示してある．

■万有引力の法則 ニュートンは，図 21.3 に示すように距離 r だけ離れた質量 m と M の物体の間には

$$\text{万有引力}: F = G\frac{mM}{r^2} \tag{21.1}$$

がはたらくとして，ケプラーの法則を説明した（1687 年）．G は**万有引力定数**とよばれ，$G = 6.67 \times 10^{-11}\ \mathrm{N{\cdot}m^2/kg^2}$ という値をとる．

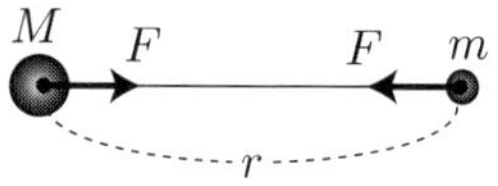

図 21.3 万有引力の法則

■惑星の運動（円運動近似） 前ページに示したように，惑星の軌道は楕円であるが，長半軸と短半軸の比 a/b はほとんど 1.0 であるから，ここでは等速円運動として扱う．

> **例題 21.1（ケプラーの第 3 法則の導出）** 図 21.4 のように，惑星（質量 m）が太陽（質量 M）を中心として，周期 T，半径 r の等速円運動をしている．万有引力定数を G として，次の問いに答えよ．ただし π はそのままでよい．
>
> (1) 円運動している惑星の周期 T を，半径 r，速さ v を使って表せ．
>
> (2) 惑星と太陽の間にはたらく万有引力が向心力となって，速さ v の等速円運動が起こっているとして，惑星の運動の方程式を立てよ．
>
> (3) T^2/r^3 の値をすべての惑星に共通な定数 G と M を使って表すことで，この値が各惑星の速さ v にも半径 r にも質量 m にも無関係な一定値であることを示せ．

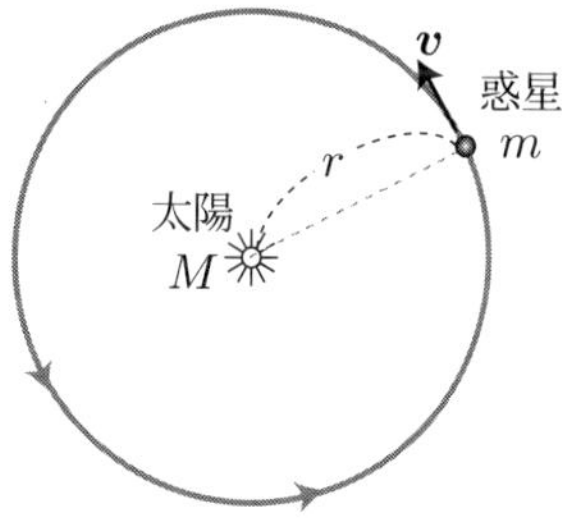

図 21.4 太陽を回る惑星

（解） (1) 周期 $T = \boldsymbol{\frac{2\pi r}{v}} \cdots$ ①

(2) 太陽と惑星との間にはたらく万有引力は $G\frac{Mm}{r^2}$

この力が向心力となって，惑星は円運動をしている．

「質量×向心加速度 $\left(m \times \frac{v^2}{r}\right)$ ＝向心力」だから

運動方程式は $\boldsymbol{m\frac{v^2}{r} = G\frac{mM}{r^2}} \cdots$ ②

(3) ② より $v^2 = \frac{GM}{r}$

① で得た T と組み合わせて $T^2 = \frac{4\pi^2 r^2}{v^2} = \frac{4\pi^2 r^3}{GM}$

$$\therefore\ \frac{T^2}{r^3} = \boldsymbol{\frac{4\pi^2}{GM}}\ (= \text{一定値})$$

■

問題 21.1（ケプラーの法則の応用） 万有引力による運動なので，地球を回る月と人工衛星にもケプラーの法則と同様の関係が成り立つ．静止衛星の公転周期を T_1=1 日，軌道半径を r_1，月の公転周期を T_2 = 27 日，軌道半径を r_2 として，比 r_2/r_1 の値を求めよ．

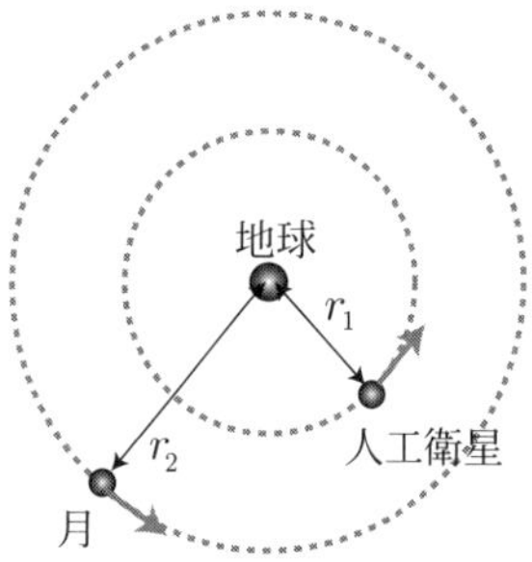

図 21.5

§ 21.2　惑星・人工衛星の運動（円運動近似）

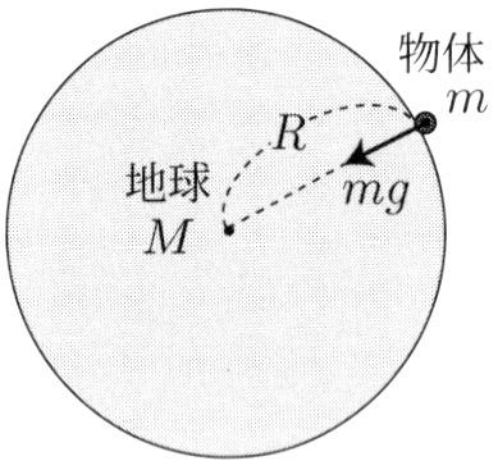

図 21.6　地表での重力と万有引力 $mg = G\dfrac{mM}{R^2}$

■重力と万有引力　図 21.6 に示すように，地球上にある質量 m の物体は，地球の中心方向に万有引力を受ける．地球の自転を無視すれば，地球上での重力はこの万有引力に等しい．つまり地球の質量を M，半径を R とすれば，

$$mg = G\frac{mM}{R^2}\ （重力=万有引力）より\ \boldsymbol{g = \frac{GM}{R^2}} \qquad (21.2)$$

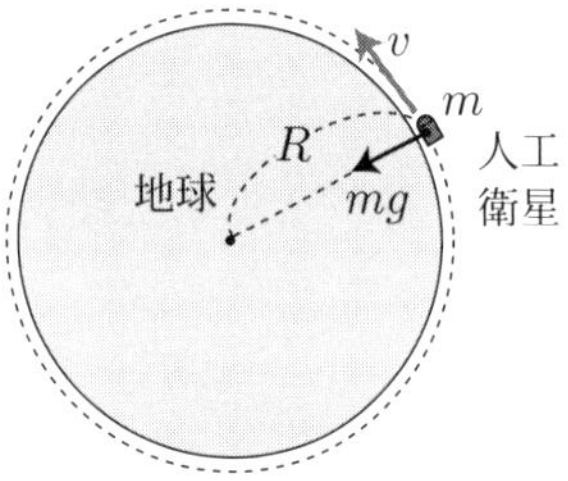

図 21.7　地表すれすれに回る人工衛星

例題 21.2（第 1 宇宙速度）　図 21.7 に示すように，半径 R の地球の表面すれすれに回る質量 m の人工衛星がある．人工衛星の速さを v として，地表での重力加速度を g とするとき

(1) 円運動の周期 T を v と R を使って表せ．

(2) 円運動の向心力となっているのは何か．その大きさはいくらか．

(3) 運動方程式をかけ．次に，速さ v と周期 T を g と R で表せ．

(4) 速さ v と周期 T を計算せよ．ただし $g = 9.8\text{m/s}^2$，$R = 6.4 \times 10^6\text{m}$ とする．

(解)　(1) 半径 R，速さ v の等速円運動だから周期 $T = \boldsymbol{\dfrac{2\pi R}{v}} \cdots ①$

(2) 向心力となっているのは**地表での重力**　大きさは $\boldsymbol{mg}$

(3)「質量×向心加速度 $\left(m \times \dfrac{v^2}{r}\right)$ =向心力」だから

運動方程式は $\boldsymbol{m\dfrac{v^2}{R} = mg} \cdots ②$　② より $v^2 = gR$

ゆえに　速さ $v = \boldsymbol{\sqrt{gR}}$

① で得た T と組み合わせて $T^2 = \dfrac{4\pi^2R^2}{v^2} = \dfrac{4\pi^2R^2}{gR} = (2\pi)^2\dfrac{R}{g}$

$\therefore$ 周期 $T = \boldsymbol{2\pi\sqrt{\dfrac{R}{g}}}$

(4) 速さ $v = \sqrt{gR} = \sqrt{9.8 \times 6.4 \times 10^6} = \sqrt{2 \times 7^2 \times 8^2 \times 10^4}$

$= \boldsymbol{56\sqrt{2} \times 10^2 \fallingdotseq 7.92 \times 10^3\ \text{m/s}}$ *

周期 $T = 2\pi\sqrt{\dfrac{R}{g}} = 2\pi\sqrt{\dfrac{6.4 \times 10^6}{9.8}} = 2\pi\sqrt{\dfrac{8^2 \times 10^6}{2 \times 7^2}}$

$= \sqrt{2}\pi \times \dfrac{8}{7} \times 10^3 \fallingdotseq$ **5.08×10^3 s ≒85 分 =1 時間 25 分** **

■

* この速さを**第 1 宇宙速度**という．

** 1961 年，初の有人衛星「ボストーク 1 号」(ソ連) が地球を 1 周した時の飛行時間は 1 時間 48 分である．

■万有引力の位置エネルギー　万有引力も保存力であり，位置エネルギーをもっている．無限遠方 $(r = \infty)$ を原点にとると，**万有引力の位置エネルギーは**

$$U(r) = \int_{\infty}^{r} G\frac{mM}{r^2}dr = -G\frac{mM}{r} \tag{21.3}$$

で与えられる．質量 m の惑星（または人工衛星）が万有引力だけを受けて運動するとき，力学的エネルギーは保存され

$$\frac{1}{2}mv^2 - G\frac{mM}{r} = E \ (= 一定) \tag{21.4}$$

が成り立つ．図 21.8 にエネルギー図を示す．

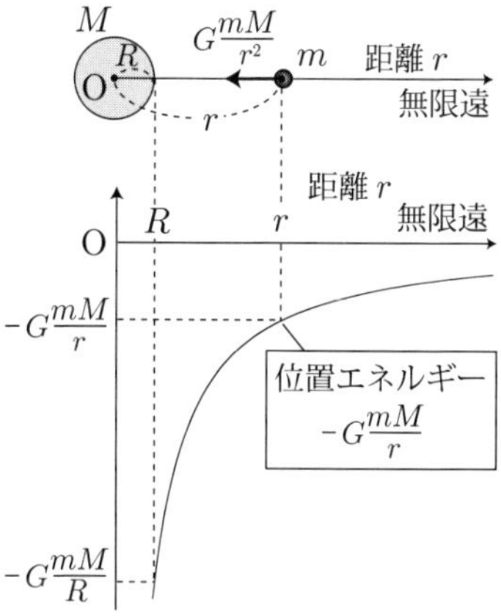

図 21.8　万有引力による位置エネルギー
$$\boldsymbol{U = -G\frac{mM}{r}}$$

> **例題 21.3（第 2 宇宙速度）**
> (1) 地表での重力加速度 g を，地球の半径 R，質量 M および万有引力定数 G を使って表せ．
> (2) 地球から打ち上げた人工衛星が，地球の引力圏から脱出して無限遠方まで行ってしまう最小の打ち上げ速度 v_0 はいくらか．ただし $R = 6.4 \times 10^6$m，$g = 9.8$m/s^2 とする．

（解） (1)「地表での重力＝地表での万有引力」として

$$mg = G\frac{mM}{R^2} \quad ゆえに \ g = \boldsymbol{\frac{GM}{R^2}}$$

(2) 地上 $(r = R)$ から打ち上げた時の速さを v_0，地球の中心から r の位置での速さを v とすると，それぞれの位置エネルギーはそれぞれ $-G\frac{mM}{R}$ と $-G\frac{mM}{r}$ だから，力学的エネルギー保存の法則より

$$\frac{1}{2}mv_0^2 - G\frac{mM}{R} = \frac{1}{2}mv^2 - G\frac{mM}{r} = E$$

遠方まで行く条件は $E \geqq 0$．$GM = gR^2$ を使って整理すると

$$v_0 = \sqrt{\frac{2GM}{R}} = \sqrt{2gR} = \sqrt{2 \times 9.8 \times 6.4 \times 10^6}$$
$$= 2 \times 7 \times 8 \times 10^2 = \mathbf{1.12 \times 10^4 \ m/s} \ ^*$$

■

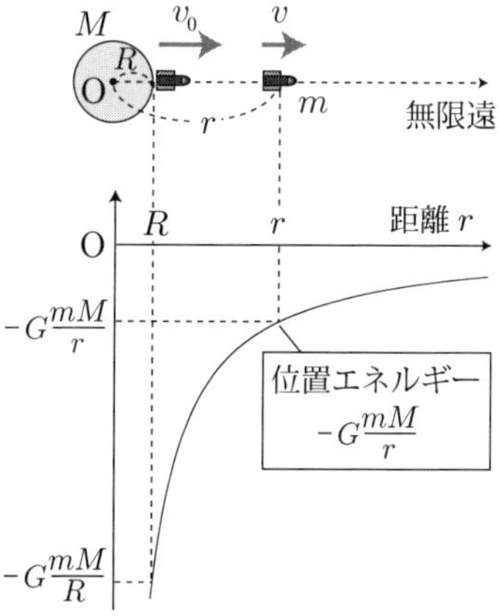

図 21.9　地上から打ち上げられたロケットのエネルギー

* この速さを**第 2 宇宙速度**という．ただし太陽の引力圏を離れて無限遠方に行くわけではない．

22　円運動・見かけの力

円運動ならば等速でなくても，円運動の方程式（質量×向心加速度＝向心力）が成立する．本章の前半では，力学的エネルギー保存の法則と円運動の方程式を組み合わせて解ける問題を扱う．後半では，慣性力すなわち見かけの力について扱う．カーブを曲がる車内で感じる遠心力は日常耳にする身近な概念でもある．

§ 22.1　速さが変化する円運動

■鉛直面内の円運動　図 22.1 に示すように，単振り子のおもりを持ち上げて静かに放すと，振り子運動をする（§19.1 参照）．おもりは鉛直面内の円軌道上を運動するが，速さは刻々と変化するので，等速円運動ではない．しかしこの場合でも，円運動の方程式（質量×向心加速度＝向心力）が成立する．

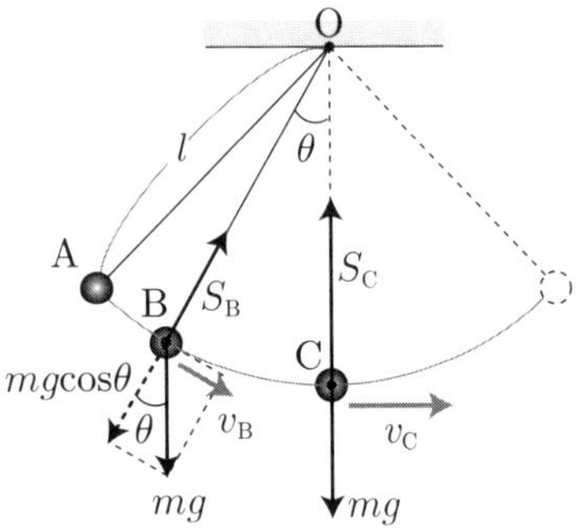

図 22.1　速さが変化する円運動

図 22.1 における糸の長さを l，おもりの質量を m，重力加速度を g とする．点 B，C における速さを v_B，v_C，糸の張力を S_B，S_C とすると，円の中心方向における運動方程式は次のように表される．

点 B：$m\dfrac{v_B^2}{l} = S_B - mg\cos\theta$

点 C：$m\dfrac{v_C^2}{l} = S_C - mg$

例題 22.1（振り子の糸の張力）　図 22.2(a) のように，長さ l の振り子がある．糸がたるまないように支点 O と同じ高さの点 A まで持ち上げて，質量 m のおもりを静かに放す．点 B は最下点で，点 C は糸が鉛直と 60° をなす位置である．重力加速度を g として，空気抵抗は無視する．

(1) 点 B と点 C を通るときの小球の速さ v_B と v_C はいくらか．

(2) 点 B と点 C を通るとき糸の張力 S_B と S_C を求めよ．

(a)

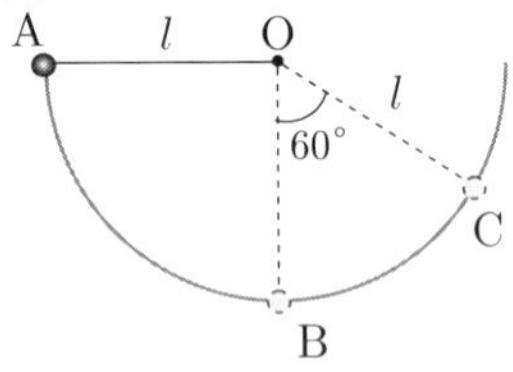

(b)

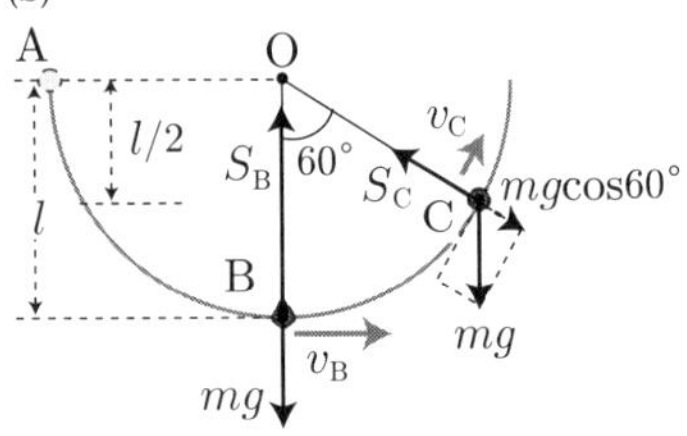

図 22.2

(解)　力学的エネルギー保存の法則から v_B と v_C が求まる．

(1) 点 A と点 B の高度差は l だから $v_B = \boldsymbol{\sqrt{2gl}}$

点 A と点 C の高度差は $l/2$ だから $v_C = \boldsymbol{\sqrt{gl}}$

(2) 点 B における円運動の方程式は $m\dfrac{v_B^2}{l} = S_B - mg$

$$\therefore\ S_B = mg + m\frac{v_B^2}{l} = mg + m\frac{2gl}{l} = \boldsymbol{3mg}$$

点 C における円運動の方程式は $m\dfrac{v_C^2}{l} = S_C - mg\cos 60^\circ$

$$\therefore\ S_C = mg\cos 60^\circ + m\frac{v_C^2}{l} = \frac{1}{2}mg + m\frac{gl}{l} = \boldsymbol{\frac{3}{2}mg}$$ ■

■円曲面に沿った運動 円曲面に沿って運動するとき，物体は面から抗力を受けて円運動をしている．垂直抗力が 0 のとき，物体は面から離れる．

例題 22.2（円曲面にそった運動） 図 22.3(a) のように，質量 m の小球が半径 r の半円筒の内面の最下点 A を速さ v で通過し，その後半円筒の内面を滑り上り，最上点 B に到達した．重力加速度を g として，摩擦はないとする．

(1) 点 B における小球の速さ v_B はいくらか．

(2) 点 B に到達するためには v はある値以上であることが必要である．その最小値 v_0 を求めよ．

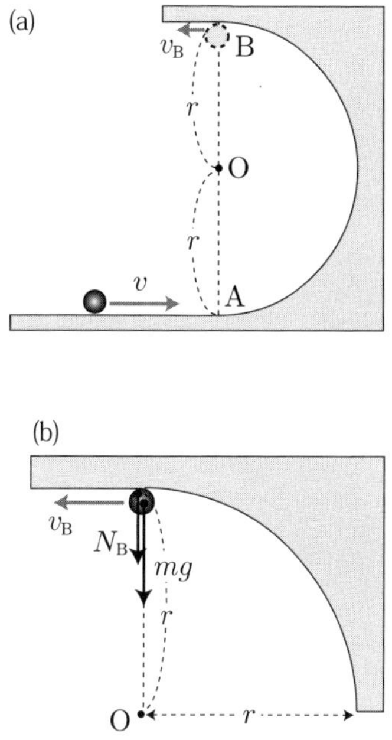

図 22.3

（解） 力学的エネルギー保存の法則が成り立つ．

(1) $\frac{1}{2}mv^2 = \frac{1}{2}mv_B^2 + mg \times 2r$ から $v_B = \boldsymbol{\sqrt{v^2 - 4gr}}$

(2) 点 B における垂直抗力を N_B とすると，図 (b) に示すように $mg + N_B$ が向心力となって 半径 r，速さ v_B の円運動が起こっている．したがって円運動の方程式は $m\frac{v_B^2}{r} = N_B + mg$

点 B における垂直抗力は $N_B = m\frac{v_B^2}{r} - mg = m\frac{v^2}{r} - 5mg$

小球が半円筒面を離れずに点 B に達する条件は $N_B \geqq 0$

したがって点 B に到達する v_0 の条件は $0 = m\frac{v_0^2}{r} - 5mg$

これから点 B に到達する最小値は $v_0 = \boldsymbol{\sqrt{5gr}}$

■

問題 22.1（円曲面から離れる位置） 図 22.4 のように，質量 m の小球が半径 r の半円筒の内面の最下点 A を速さ v で通過し，その後半円筒の内面を滑り上り，点 C に到達した．点 C は円の中心 O を含む水平面とのなす角が 30° の位置にある．重力加速度を g として，摩擦はないとする．

(1) 点 C における小球の速さ v_C はいくらか．

(2) 点 C での垂直抗力 N_C として，おもりの円運動の方程式を「$m\frac{v_C^2}{r} =$ 向心力」の形で示せ．

(3) 点 C で小球は円曲面から離れたとき，最下点 A を通過した速さ v_0 はいくらか．

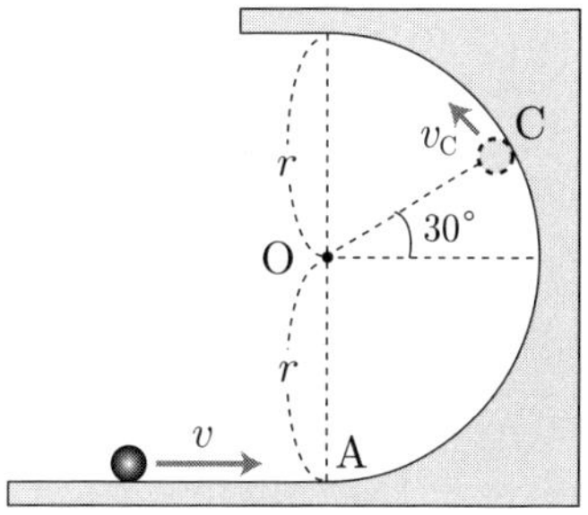

図 22.4

§ 22.2　慣性力・遠心力

■慣性系と非慣性系　物体の運動を記述するためには座標系を定める必要がある．その座標系で定められた加速度 $\boldsymbol{a}$ に対して

$$\text{運動方程式}\quad m\boldsymbol{a} = \boldsymbol{F} \tag{22.1}$$

が成り立つというのがニュートン力学である．この関係式が成り立つ座標系を**慣性系**，成り立たない系を**非慣性系**という．加速している電車内に固定された座標系は非慣性系である．

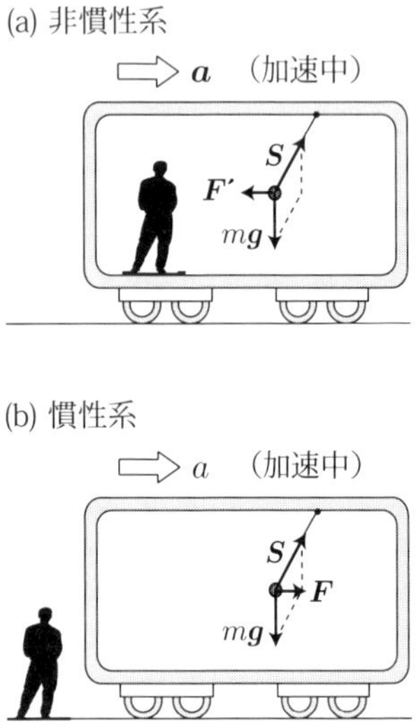

(a) 非慣性系と (b) 慣性系
図 22.5

■直線運動の慣性力　図 22.5(a) に示すように，加速する電車内では，おもりをつり下げる糸が傾く．このとき車内の人にはおもりに重力 $m\boldsymbol{g}$ と糸の張力 $\boldsymbol{S}$ 以外にもう 1 つの力 $\boldsymbol{F'}$ が後ろ向きにはたらき力がつり合っているように見える．$\boldsymbol{F'}$ を**慣性力**また**見かけの力**とよぶ．この問題を地上で静止している人の立場で考えると，図 (b) のように重力 $m\boldsymbol{g}$ と張力 $\boldsymbol{S}$ の合力 $\boldsymbol{F}$ によっておもりは加速度 $\boldsymbol{a}$ の運動をしている．このとき運動方程式は $m\boldsymbol{a} = \boldsymbol{F}$ である．図 (a) と (b) を比較すると

$$\text{慣性力は加速度と反対向きで，大きさは}\quad F' = ma \tag{22.2}$$

であることがわかる．「慣性力（見かけの力）」は，車内の物体の運動を観測者自身も加速系座標に立って記述するときに現れる．

第 3 法則（作用・反作用の法則）によれば，物体に力を及ぼすのは他の物体である．実際，重力 $m\boldsymbol{g}$ は地球，糸の張力 $\boldsymbol{S}$ は天井の点から力を及ぼされている．他方，慣性力 $\boldsymbol{F'}$ を及ぼす物体は見当たらない．作用・反作用の法則を満たさないので，$\boldsymbol{F'}$ は「見かけの力」とよばれる．

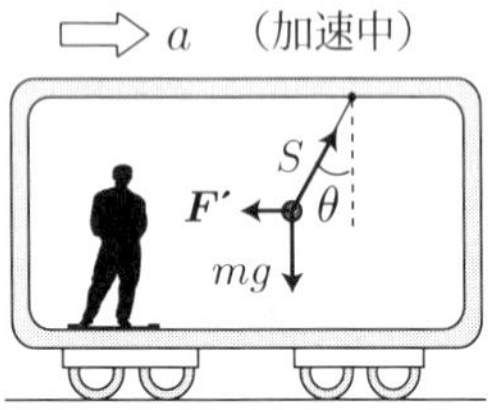

図 22.6

例題 22.3（加速される電車内の慣性力）　図 22.6 に示すように，直線上で一定の加速度で加速される電車内で天井から質量 m のおもりを糸でつり下げたら，鉛直方向と角 θ をなしてつり合った．重力加速度を g とする．このとき

(1) 糸の張力の大きさ S はいくらか．

(2) 慣性力の大きさ F' はいくらか．電車の加速度 a はいくらか．

(解)　非慣性系では，張力 S と重力 mg と慣性力 $F'(= ma)$ がつり合っているとして扱ってよい．

(1) 鉛直方向のつり合いから　$S\cos\theta = mg$.　∴ 張力 $S = \dfrac{\boldsymbol{mg}}{\boldsymbol{\cos\theta}}$

(2) 水平方向のつり合いから　慣性力 $F' = S\sin\theta = \boldsymbol{mg\tan\theta}$

慣性力 $F' = ma$ だから，電車の加速度 $a = \boldsymbol{g\tan\theta}$

■

■遠心力 図 22.7(a) に示すように，回転台の中心にばねの一端を固定し，他端に物体をつけて等速円運動をさせる．台上に乗って，物体とともに等速円運動をする観測者には，円の中心と反対方向に力 F' がはたらいてばねを伸ばし，そのばねの弾性力 kx とつり合っているように見える．この力 F' を**遠心力**とよぶ ($kx = F'$).

一方，台の外で，地上に静止する観測者には物体にはばねの弾性力がはたらき，物体はそれを向心力として等速円運動をしているように見える (図 (b))．このとき，円運動の半径を r，角速度を ω とすると，円運動の方程式は $mr\omega^2 = kx$ となる．

円運動の速さが $v = r\omega$ であることも使うと

$$\text{遠心力の大きさ：}\quad F' = mr\omega^2 = \frac{mv^2}{r} \qquad (22.3)$$

であることがわかる．つまり，円運動の方程式（質量×向心加速度＝実際にはたらく力の合力）も遠心力を考えた力のつり合いの式（遠心力＝実際にはたらく力の合力）も，量的な関係としては同じことを表している．

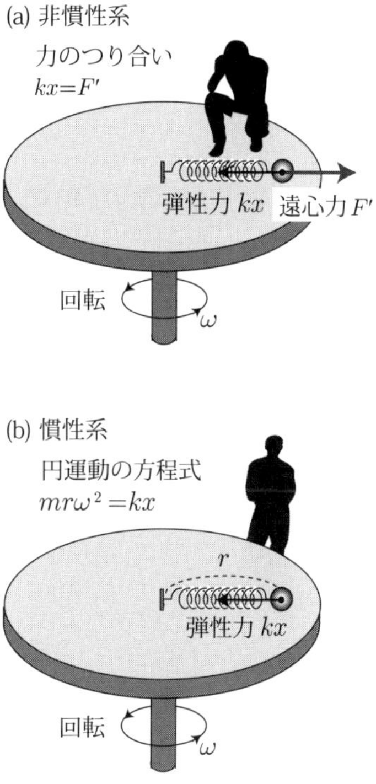

図 22.7 向心力と遠心力

例題 22.4（遠心力と等速円運動） 滑らかな回転台上の中心に自然長 0.40m のばねの一端を固定し，他端に物体をつけた．図 22.8 に示すように，回転台を回して，台上の物体を等速円運動させる．このとき，ばねが伸びて，ばねの長さは 0.50m の状態になった．物体の質量を 0.40kg とし，ばね定数を 32N/m とする．

(1) 遠心力 F' は何 N か．

(2) 回転の角速度 ω はいくらか．回転の周期 T はいくらか．

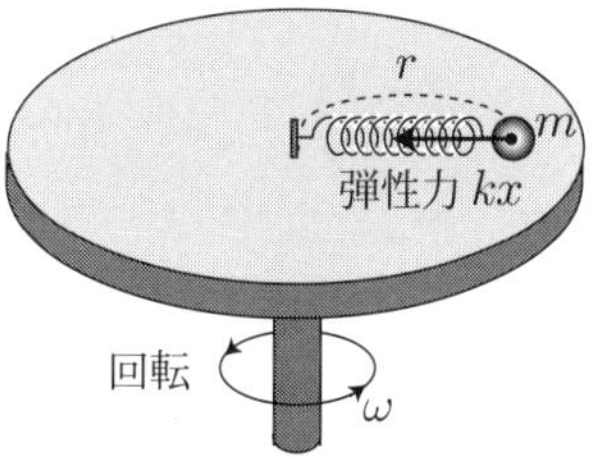

図 22.8

(解) 半径 $r = 0.50$m，物体の $m = 0.40$kg とおく．

(1) ばね定数 $k = 32$N/m のばねが $x = 0.50 - 0.40 = 0.10$m 伸びたのだから，ばねの弾性力は $F = kx = 32 \times 0.10 = 3.2$N．この弾性力とがつり合っているのだから遠心力 $F' = F = \mathbf{3.2\ N}$

(2) 遠心力は $F' = mr\omega^2$ と表されるから

角速度 $\omega = \sqrt{\dfrac{F'}{mr}} = \sqrt{\dfrac{3.2}{0.40 \times 0.50}} = \mathbf{4.0\ rad/s}$

回転の周期は $T = \dfrac{2\pi}{\omega} = \dfrac{2\pi}{4.0} = \mathbf{0.50\pi} \fallingdotseq \mathbf{1.57\ s}$

■

23 回転運動と角運動量

ここでは円運動（$r=$ 一定）とは限定せず，回転運動の方程式を導く．ベクトルの外積という新しい道具を使って，角運動量や力のモーメントをベクトルで扱うことに最初は戸惑うかもしれないが，回転の向きも同じ式の中で扱えるので，回転運動の式が簡潔に記述できる．

§ 23.1　角運動量

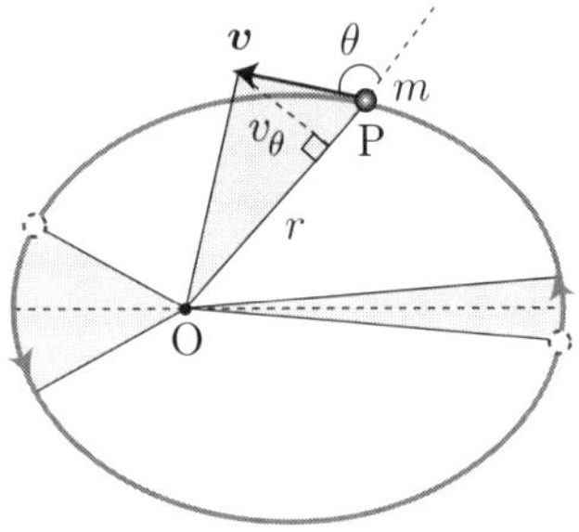

図 23.1　角運動量と面積速度
面積速度 $(r \times v\sin\theta)/2$ に相当する部分を図中に表示してある．

■**回転運動と角運動量**　図 23.1 に示すように質量 m の小物体が点 O のまわりを回っている．速度ベクトルを $\boldsymbol{v}$ とすると運動量 $\boldsymbol{p}=m\boldsymbol{v}$ は運動の勢いを表す物理量である．点 P の位置にあるときの速度ベクトル $\boldsymbol{v}$ の $\overrightarrow{\mathrm{OP}}$ と垂直方向の成分は $v_\theta = v\sin\theta$ である．明らかに，v_θ が大きいほど回転は速く，r が大きいほど大きな回転となり，質量 m が大きいほど運動の勢いは強くなる．そこで，回転運動の勢いを表す**角運動量**の大きさ L を

$$\textbf{角運動量の大きさ}\ L = r \times p_\theta = r \times mv_\theta = mrv\sin\theta \qquad (23.1)$$

と定義する．以下で示すように，角運動量は**ベクトル積**表示の方が，記述が簡潔になる．

■**ベクトルの外積（ベクトル積）**　図 23.2 に示すように，2 つのベクトル $\boldsymbol{a}$ と $\boldsymbol{b}$ が角 θ $(0 \leqq \theta \leqq \pi)$ をなすとき，ベクトルの**外積（ベクトル積）**$\boldsymbol{a}\times\boldsymbol{b}$ を，次の性質をもつ ベクトル として定義する．

大きさ：$ab\sin\theta$（図で $\boldsymbol{a}$ と $\boldsymbol{b}$ のつくる平行四辺形の面積 S）
方向：$\boldsymbol{a}$ と $\boldsymbol{b}$ の両方に垂直で
向き：$\boldsymbol{a}$ から $\boldsymbol{b}$ の向きに**右ねじを回したときに右ねじの進む向き**

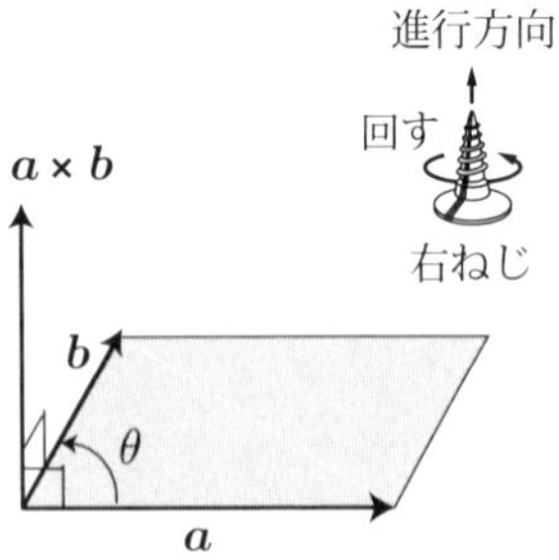

図 23.2　ベクトルの外積（ベクトル積）$\boldsymbol{a}\times\boldsymbol{b}$

■**ベクトル積の性質**

$$\boldsymbol{a}\times\boldsymbol{a} = \boldsymbol{0} \qquad (23.2)$$

$$\boldsymbol{a}\times\boldsymbol{b} = -\boldsymbol{b}\times\boldsymbol{a} \qquad (23.3)$$

$$\text{分配則}：\boldsymbol{a}\times(\boldsymbol{b}+\boldsymbol{c}) = \boldsymbol{a}\times\boldsymbol{b}+\boldsymbol{a}\times\boldsymbol{c} \qquad (23.4)$$

式 (23.2) は自分自身との外積は 0 であること，式 (23.3) はベクトルの外積では交換の法則が成り立たないことを表している．

■基本ベクトル間の外積　図 23.3 に示すように，基本ベクトル $\boldsymbol{i}$，$\boldsymbol{j}$，$\boldsymbol{k}$ は x，y，z 方向の大きさが 1 のベクトルである (§10.1)．基本ベクトル $\boldsymbol{i}$，$\boldsymbol{j}$，$\boldsymbol{k}$ に関しては，

$$\boldsymbol{i}\times\boldsymbol{i}=\boldsymbol{j}\times\boldsymbol{j}=\boldsymbol{k}\times\boldsymbol{k}=\boldsymbol{0} \tag{23.5}$$

$$\boldsymbol{i}\times\boldsymbol{j}=\boldsymbol{k},\quad \boldsymbol{j}\times\boldsymbol{k}=\boldsymbol{i},\quad \boldsymbol{k}\times\boldsymbol{i}=\boldsymbol{j} \tag{23.6}$$

が成り立つ．

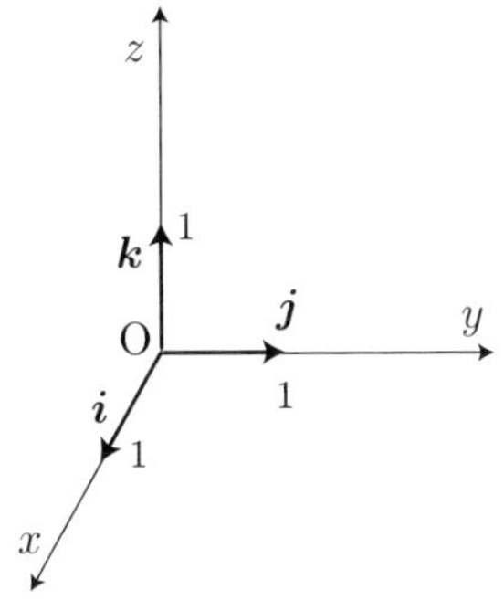

図 23.3　基本ベクトル

■ベクトル積の成分表示　2 つのベクトル $\boldsymbol{a}=(a_x,a_y,a_z)$ と $\boldsymbol{b}=(b_x,b_y,b_z)$ に対して，$\boldsymbol{a}\times\boldsymbol{b}$ を成分を用いて表せば *

$$\boldsymbol{a}\times\boldsymbol{b}=(a_yb_z-a_zb_y)\boldsymbol{i}+(a_zb_x-a_xb_z)\boldsymbol{j}+(a_xb_y-a_yb_x)\boldsymbol{k} \tag{23.7}$$

を得る．これは，**行列式**を使って形式的に次のように表すこともできる．

$$\boldsymbol{a}\times\boldsymbol{b}=\begin{vmatrix}\boldsymbol{i} & \boldsymbol{j} & \boldsymbol{k}\\ a_x & a_y & a_z\\ b_x & b_y & b_z\end{vmatrix} \tag{23.8}$$

* 成分の規則性を理解する．例えば z 成分は

$(\boldsymbol{a}\times\boldsymbol{b})_z=a_xb_y-a_yb_x$

のように表される．

■角運動量のベクトル表示と回転運動の方程式　図 23.4(a) に示すように，物体の位置ベクトルを $\boldsymbol{r}$，運動量を $\boldsymbol{p}=m\boldsymbol{v}$ と表すとき，角運動量 $\boldsymbol{L}$ を

$$\boldsymbol{L}=\boldsymbol{r}\times\boldsymbol{p} \tag{23.9}$$

で定義する．角運動量 $\boldsymbol{L}$ の大きさは「回転運動の勢い」を表し，向きは回転の「軸（向き）」を表す．図 23.4(a) の平行四辺形の面積は角運動量の大きさ $(r\times p_\theta=r\times mv_\theta=mrv\sin\theta)$ を表している．

角運動量 $\boldsymbol{L}$ を時間 t で微分すると

$$\frac{d}{dt}\boldsymbol{L}=\frac{d}{dt}(\boldsymbol{r}\times\boldsymbol{p})=\frac{d\boldsymbol{r}}{dt}\times\boldsymbol{p}+\boldsymbol{r}\times\frac{d\boldsymbol{p}}{dt}=\boldsymbol{v}\times m\boldsymbol{v}+\boldsymbol{r}\times\boldsymbol{F}$$

となる．ただし，$\dfrac{d\boldsymbol{r}}{dt}=\boldsymbol{v}$ と $\dfrac{d\boldsymbol{p}}{dt}=\boldsymbol{F}$ を使っている．$\boldsymbol{F}$ は物体にはたらく力である．さらに $\boldsymbol{v}\times\boldsymbol{v}=\boldsymbol{0}$ を利用すれば

$$\frac{d}{dt}\boldsymbol{L}=\boldsymbol{r}\times\boldsymbol{F}=\boldsymbol{N} \tag{23.10}$$

が得られる．式 (23.10) の右辺に出てきた

$$\boldsymbol{N}=\boldsymbol{r}\times\boldsymbol{F} \tag{23.11}$$

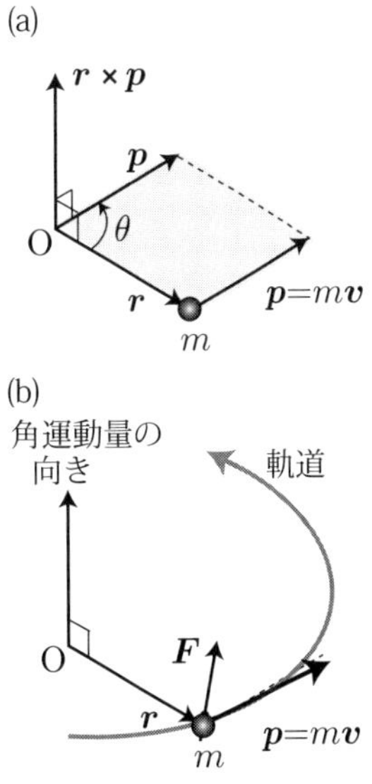

図 23.4　(a) 角運動量のベクトル表示 (b) 回転運動と力のモーメント

は力の回転作用を表し，**力のモーメント**とよばれる **．つまり「角運動量の時間変化率は加えられた力のモーメントに等しい」ことを意味している．これを**回転運動の法則**とよび，式 (23.10) を**回転運動の方程式**とよぶ．

** 力のモーメントについては剛体の力学のところで詳しく説明する (§25.1)．

§ 23.2　角運動量保存の法則

■中心力と角運動量保存の法則　図 23.5 に示すように，物体にはたらく力 $\boldsymbol{F}$ がつねに定点 O に向かう場合，この力を**中心力**とよぶ．物体が点 P にあるときの位置ベクトルを $\boldsymbol{r} = \overrightarrow{\mathrm{OP}}$ とすると，中心力 $\boldsymbol{F}$ はつねに $\boldsymbol{r}$ と平行であるから，力のモーメント $\boldsymbol{N} = \boldsymbol{r} \times \boldsymbol{F} = 0$ となる．したがって回転運動の方程式 (23.10) は

$$\frac{d}{dt}\boldsymbol{L} = 0 \text{より，角運動量 } \boldsymbol{L} = \text{一定} \tag{23.12}$$

となる．すなわち，中心力だけがはたらく運動では**角運動量保存の法則**が成立する．

万有引力は中心力だから，当然角運動量が保存される．「面積速度一定の法則」（ケプラーの第 2 法則）は角運動量保存の法則の別の表現である．

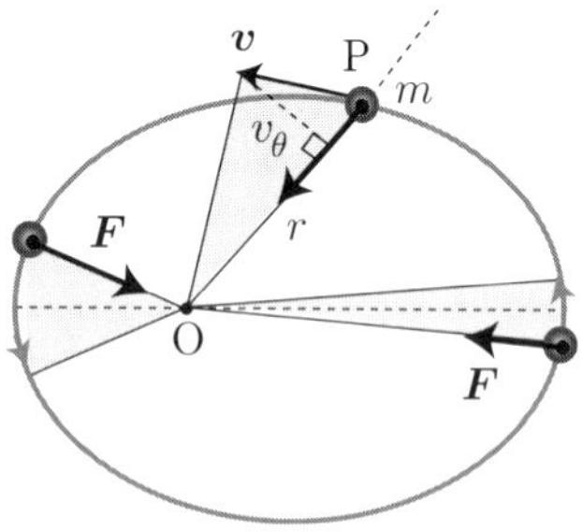

図 **23.5**　中心力と回転運動

■円運動と角運動量

> **例題 23.1（円運動）**　図 23.6 に示すように，x–y 平面内で半径 r の円周上を質量 m の小物体が運動している．
> (1) 速度が $\boldsymbol{v}$ のとき，角運動量の大きさ L と向きを求めよ．
> (2) 角速度 ω を使って L を表せ．

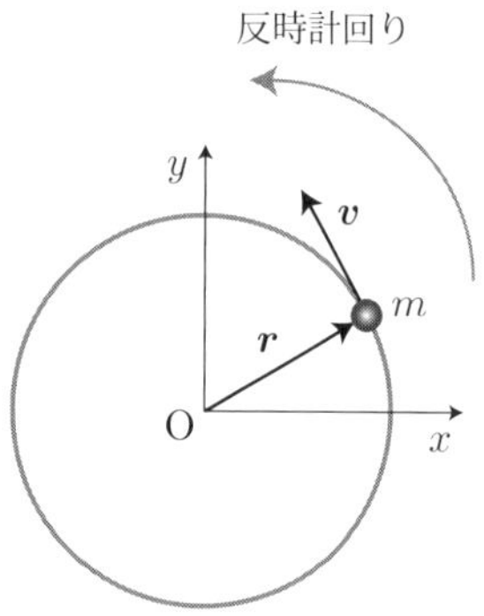

図 **23.6**　円運動と角運動量

（解）(1) 等速円運動では，$\boldsymbol{r}$ と $\boldsymbol{v}$ は垂直だから
角運動量の大きさ $L = r \times mv \sin 90° = \boldsymbol{mvr}$
回転の方向が反時計回りなので，角運動量の向きは **$+z$ 方向**（紙面の裏から表に向かう方向）
(2) 円運動では $v = r\omega$ だから $L = mvr = \boldsymbol{mr^2\omega}$

■

問題 23.1（等速円運動と角運動量）　半径 $r = 0.50\mathrm{m}$ の円周上を，質量 $m = 0.20\mathrm{kg}$ の小球が周期 $T = 0.40\mathrm{s}$ の等速円運動をしている．
(1) 小球の速さ v はいくらか．
(2) 回転の角速度 ω はいくらか．
(3) 角運動量 L はいくらか．

■角運動量保存の法則とエネルギーの原理

例題 23.2（角運動量保存の法則） 図 23.7 に示すように，水平な面内に円形の小穴が開いていて，この穴を通したひもの先に質量 m の小球がつけられ，等速円運動をしている．はじめ，半径 r_0，速さ v_0 だったが，ひもをゆっくり引き寄せると，半径 r $(r < r_0)$ の円運動になった．摩擦や空気抵抗はないものとする．

(1) 半径 r のときの小球の速さはいくらか．また，ひもの張力 F はいくらか．

(2) 半径を r_0 から r へと変化させたとき，小球の力学的エネルギーはいくら変化したか．

(3) ひもを引く力のした仕事を求め，それが力学的エネルギーの変化量に等しいことを示せ．

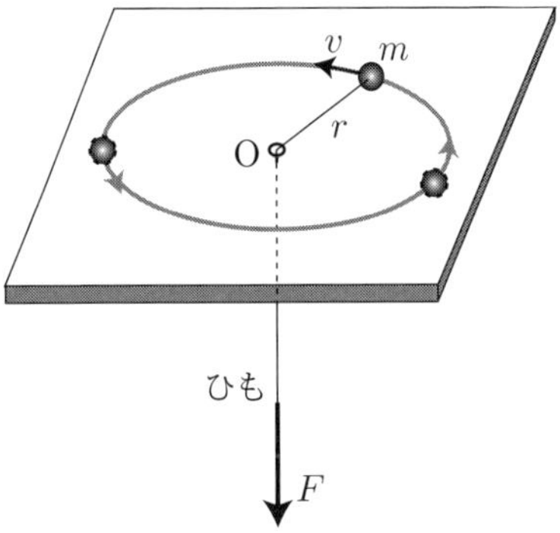

図 23.7

（解） ひもを引く力が向心力となって円運動をしている．この力は中心力だから，角運動量は保存される．

(1) 角運動量が保存されるから，$L = r_0 \times mv_0 = r \times mv$

ゆえに，小球の速さは $v = \boldsymbol{\left(\dfrac{r_0}{r}\right)v_0}$

ひもの張力は $F = \dfrac{mv^2}{r} = \boldsymbol{\dfrac{m(r_0v_0)^2}{r^3}}$

(2) 力学的エネルギーの変化は

$$\Delta E = \frac{1}{2}mv^2 - \frac{1}{2}mv_0^2 = \boldsymbol{\frac{1}{2}mv_0^2\left[\left(\frac{r_0}{r}\right)^2 - 1\right]} \ (>0)$$

(3) ひもを引く力のした仕事は（力の向きは r が小さくなる向きだから負の符号をつけて）

$$W = \int_{r_0}^{r}(-F)dr = \int_{r_0}^{r}\left(-\frac{mv^2}{r}\right)dr = \int_{r_0}^{r}\left(-\frac{mr_0^2v_0^2}{r^3}\right)dr$$

$$= mr_0^2v_0^2\int_{r_0}^{r}\left(-\frac{1}{r^3}\right)dr = mr_0^2v_0^2\left[\frac{1}{2r^2}\right]_{r_0}^{r}$$

$$= mr_0^2v_0^2\left(\frac{1}{2r^2} - \frac{1}{2r_0^2}\right) = \boldsymbol{\frac{1}{2}mv_0^2\left[\left(\frac{r_0}{r}\right)^2 - 1\right]} \ (>0)$$

$\therefore\ \Delta E = W$

（力学的エネルギーの変化量は外部からの仕事に等しい．） ■

24 問題演習（振動と円運動）

物体に復元力 $-kx$ がはたらくと単振動になる．物体が円運動をするのは中心方向に力がはたらき，向心加速度 $\dfrac{v^2}{r}$ が生じているからである．万有引力の大きさは $G\dfrac{mM}{r^2}$ で位置エネルギーは $-G\dfrac{mM}{r}$ である $\cdots$ もしも自分の知識があいまいだなぁと思ったら，もう一度本文を見直しておこう．

基本問題（振動）

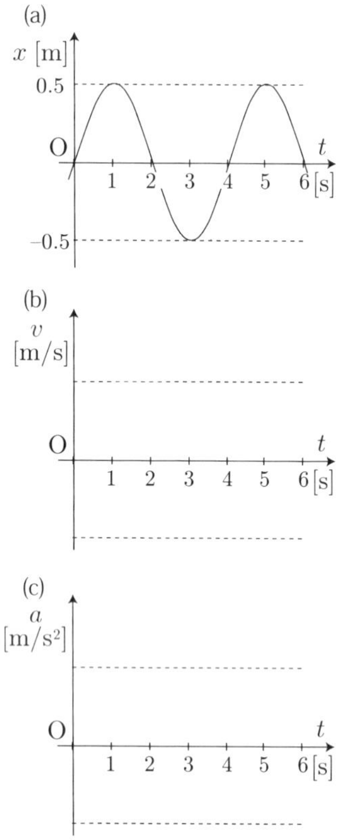

図 24.1

問題 24.1（単振動とグラフ） 図 24.1(a) は単振動をするこの物体の変位 x [m] と時刻 t [s] の関係を表したグラフである．

(1) この単振動を $x = A\sin\omega t = A\sin 2\pi\dfrac{t}{T}$ と表すとき，振幅 A，周期 T，角振動数 ω はいくらか．

(2) この振動の速度 v の最大値 v_0 はいくらか．速度 v [m/s] を時間 t を使って表し，その概略を図 (b) に書き込め．

(3) この振動の加速度 a の最大値 a_m はいくらか．加速度 a [m/s^2] を時間 t を使って表し，その概略を図 (c) に書き込め．

問題 24.2（単振動の式） 単振動をする物体があり，時刻 t [s] における変位 x [m] が次式で与えられている．

$x = 2.0\sin 0.5\pi t$

(1) この単振動の振幅 A，角振動数 ω，周期 T はそれぞれいくらか．

(2) 時刻 t における速度 v [m/s] を表す式を求めよ．速さの最大値 v_0 と速さが最大になる時刻 t（$0 \leqq t < T$）を求めよ．

(3) 時刻 t における加速度 a [m/s^2] を表す式を求めよ．また加速度の大きさの最大値 a_m とその時刻 t（$0 \leqq t < T$）を求めよ．

(4) $t = 0.5$s のとき，物体の速度 v，加速度 a はそれぞれいくらか．

問題 24.3（ばね振り子の周期） ばね定数 32N/m のばねに質量 2.0kg の小球をつけたばね振り子の周期を求めよ．

問題 24.4（単振り子の周期） 長さが 0.80m の糸に質量 2.0kg の小球をつけた単振り子の周期を求めよ．重力加速度を 9.8m/s^2 とする．

問題 24.5（連結ばねの単振動） 図 24.2 のように，なめらかな水平面上に置かれた質量 m の小球に，ばね定数が k_1 と k_2 のつる巻きばねを連結し，どちらのばねも自然長の長さで他端を固定した．小球を面に沿って少し右に動かしてから放すと，単振動をした．単振動の周期を求めよ．

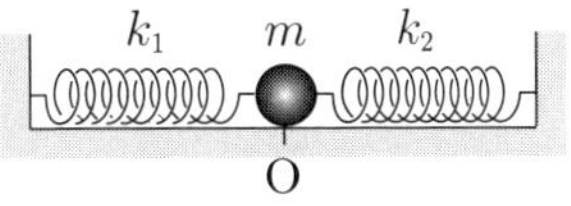

図 24.2

基本問題（円運動）

問題 24.6（等速円運動の速度・加速度） 次の空欄を埋めよ．

図 24.3 に示すように，半径 r の円周上を運動する点 P の位置 $\boldsymbol{r} = (x, y)$ が時刻 t の関数として

$$x = r\cos\omega t \qquad y = r\sin\omega t$$

と表されている（$r =$ 一定，$\omega =$ 一定）．

(A) この式から，等速円運動の速度 $\boldsymbol{v} = (v_x, v_y)$ の成分はそれぞれ

$$v_x = \frac{dx}{dt} = \boxed{\text{①}} \qquad v_y = \frac{dy}{dt} = \boxed{\text{②}}$$

と得られる．① と ② の式を使い，時刻 t を消去すると，

$$v^2 = v_x^2 + v_y^2 = \boxed{\text{③}} \quad \text{よって} \quad v = \boxed{\text{④}}$$

(B) この式から等速円運動の加速度 $\boldsymbol{a} = (a_x, a_y)$ の成分はそれぞれ

$$a_x = \frac{dv_x}{dt} = \boxed{\text{⑤}} = \boxed{\text{⑥}}$$

$$a_y = \frac{dv_y}{dt} = \boxed{\text{⑦}} = \boxed{\text{⑧}}$$

と得られる．ただし ⑤ と ⑦ は ω と t を使い，⑥ と ⑧ は x と y を使って表した．⑥ と ⑧ は $\boldsymbol{a} = -\omega^2\boldsymbol{r}$ を意味し，$\boldsymbol{r} = \overrightarrow{\mathrm{OP}}$ だから加速度が中心 O を向く**向心加速度**であることがわかる．加速度の大きさは ⑤ と ⑦ の式を使い，時刻 t を消去すると

$$a = \sqrt{a_x^2 + a_y^2} = \boxed{\text{⑨}} = \boxed{\text{⑩}}$$

となる．ただし ⑨ は r と ω で，⑩は r と v で表した．

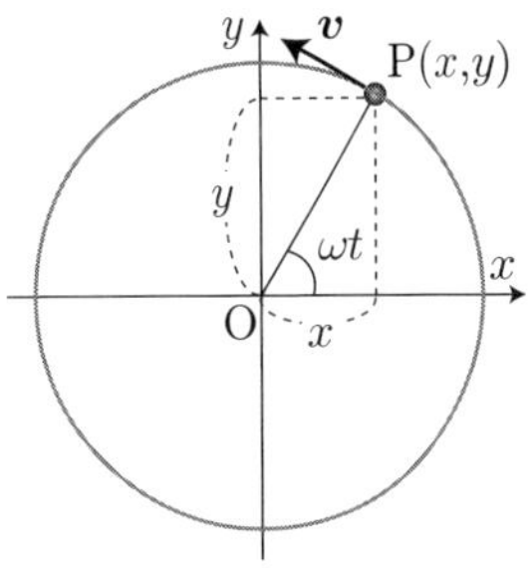

図 24.3

問題 24.7（等速円運動） 半径 0.40m の円軌道上を，10 秒間に 2 回転の割合で等速円運動をしている物体がある．この運動の周期 T，回転数 f，角速度 ω，速さ v と加速度の大きさ a を単位も付けて答えよ．

Coffee Break

リンゴとミカン

単振り子の周期 $T = 2\pi\sqrt{\dfrac{l}{g}}$ とばね振り子の周期 $T = 2\pi\sqrt{\dfrac{m}{k}}$ の記憶法．少し躊躇したが，あるとき女子学生に教えてもらった記憶法を書いておく．l/g（リンゴ）と m/k（ミカン）と語呂で覚えるのだそうだ．

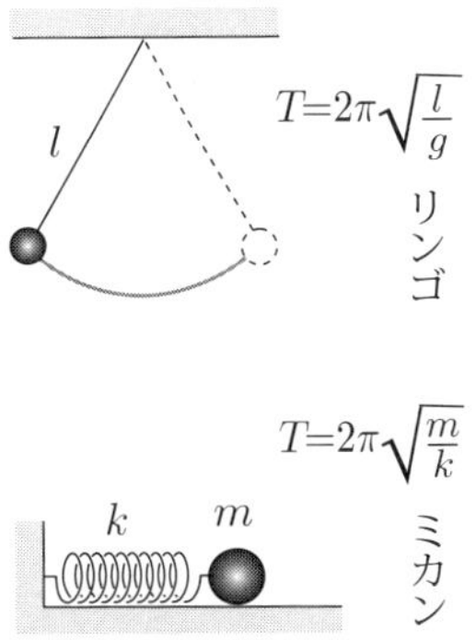

図 24.4

標準問題

問題 24.8（単振動） 周期 T の単振動をしている物体の最大の速さを v_0 とすると，単振動の振幅はいくらか．

問題 24.9（単振動する台の上の物体） 図 24.5 に示すように，水平な台の上に質量 m の物体をのせ，時刻 t での定点 O からの変位が $x = A\sin\omega t$ となるように台を上下運動をさせた $(A > 0,\ \omega > 0)$．重力加速度を g とする．物体が台から離れず運動するとき

(1) 物体の速度 v，加速度 a を時刻 t の関数として示せ．

(2) 物体の加速度を a，垂直抗力を N として，台上の物体についての運動方程式をかけ．次に時刻 t の関数として N を表せ．

(3) つねに物体が台から離れない条件を A，g，ω を使って表せ．

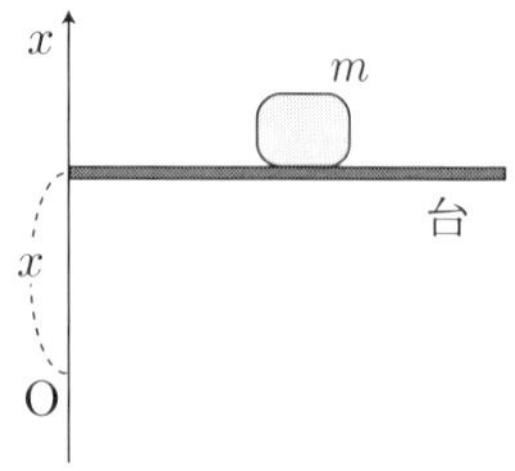

図 24.5

問題 24.10（斜面上のばね振り子） 図 24.6 に示すように，傾斜角 θ のなめらかな斜面上に，上端を固定されたばねがある．ばねの下端に質量 m のおもりをつけたら，ばねは l だけ伸びてつり合った．このつり合いの位置を原点 O とし，斜面に沿って下向きに x 軸をとる．おもりを点 O から斜面にそって下向きに更に $x = l$ まで引いて静かに放すと，おもりは単振動をした．重力加速度を g とする．

(1) このばねのばね定数 k を求めよ．

(2) おもりが点 O から距離 x にあるときの復元力 F を求めよ．

(3) 運動方程式を書き，その運動の周期を求めよ．

(4) おもりを放した時点を $t = 0$ として，時刻 t でのおもりの位置 x を求めよ．

(5) おもりが原点 O を通過するときの速さを求めよ．

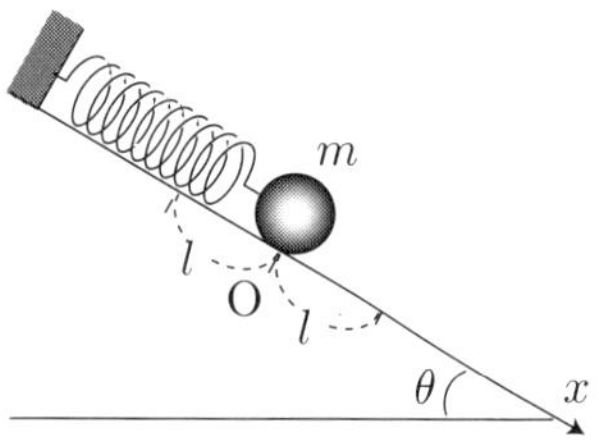

図 24.6

問題 24.11（カーブを曲がる電車） 図 24.7 に示すように，電車が安全にカーブを曲がるように，カーブでは外側のレールを高くしてある．半径 500m のカーブを電車が時速 72km(=20m/s) で通過するとき，線路の傾き θ をいくらにすればよいか．$\tan\theta$ の値で答えよ．ただし重力加速度を 9.8 m/s^2 とし，電車とレールの間の摩擦は無視する．

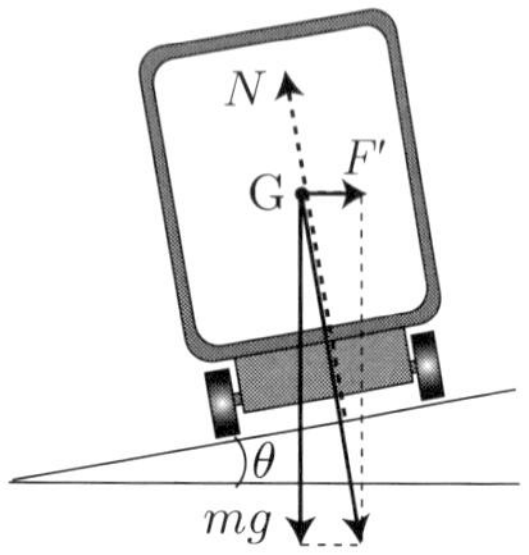

図 24.7

問題 24.12（**球形の内面上での運動**） 図 24.8 のように，点 C を中心とする半径 R の球形の内面をもつ容器で，内面上に質量 m の小球を置き静かに放すと，最下点 O を中心とする振動運動を行った．点 O を原点として，曲面に沿った x 軸を取り，小球の座標を x とする．重力加速度を g とし，摩擦は考えない．

(1) 復元力の大きさ F を求め，次に x 軸上を運動する小球の運動方程式をかけ．ただし図中の角 θ を使ってよい．

(2) 微小振動させるときの周期 T を求めよ．ただし $|\theta|$ が小さいとき成り立つ近似 $\sin\theta \fallingdotseq \theta = x/R$ を使ってよい．

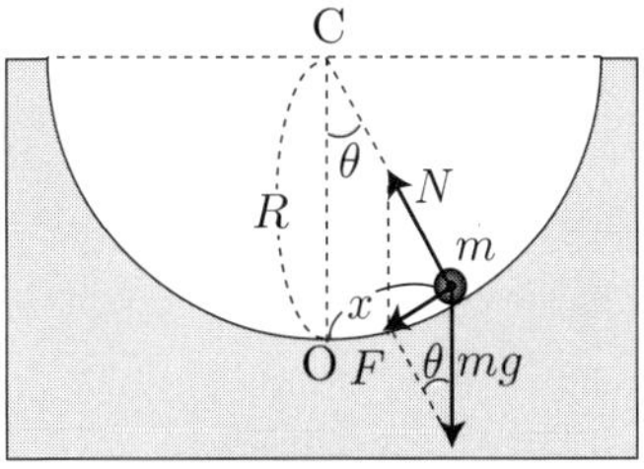

図 24.8

問題 24.13（**球面を離れる条件**） 図 24.9 に示すように，半径 R の半球を水平な床に伏せて固定し，最上点 A で質量 m の小物体を静かに放したら，小物体は球面の上を滑り下り，点 B の位置で半球から離れた．$\angle\mathrm{AOB} = \theta$ とおく．重力加速度を g とし摩擦や空気抵抗はないものとする．

(1) 小物体にはたらく重力 mg を，点 B で球面に垂直と平行に分解したとき，中心 O に向かう成分はいくらか．

(2) 点 B での速さを v_{B} として，円運動の方程式を立てよ．ただし点 B では垂直抗力 N が 0 になる．

(3) 最高点 A から h だけ降下したとして，点 B での速さ v_{B} を g と h で表せ．

(4) 図を参考にして，$\cos\theta$ の値を R と h で表せ．

(5) AB 間の高度差 h を R だけで表せ．

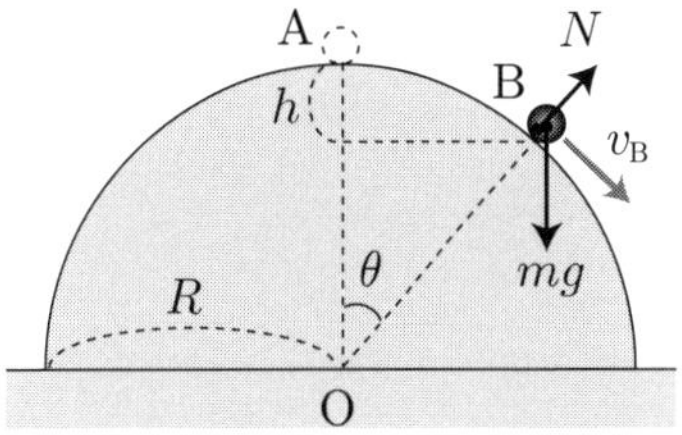

図 24.9

問題 24.14（**円運動と角運動量**） 図 24.10 に示すように，水平面内に円形の小穴 O があり，O を通した軽いひもの一端は面上にある小球 A につけ，ひもの他端には質量 m の小球 B と質量 $7m$ の砂袋 C をとりつけてぶら下げてある．はじめ，小球 A は O を中心として半径 r_0 の円運動をしていた．重力加速度を g とし，摩擦や空気抵抗はないものとする．答えはすべて m，r_0，g で表せ．

(1) はじめの状態で，等速円運動の角速度 ω_0 はいくらか．角運動量 L はいくらか．

(2) 砂袋 C の底に小穴をあけ，中の砂を少しずつこぼれ落ちるようにした．砂がすべて落ちつくした後の小球 A の円運動の半径 r と角速度 ω はいくらか．砂袋の袋自身の質量は無視する．

ヒント：円運動の向心力 $= mr\omega^2$，角運動量 $L = r \times mv = mr^2\omega$

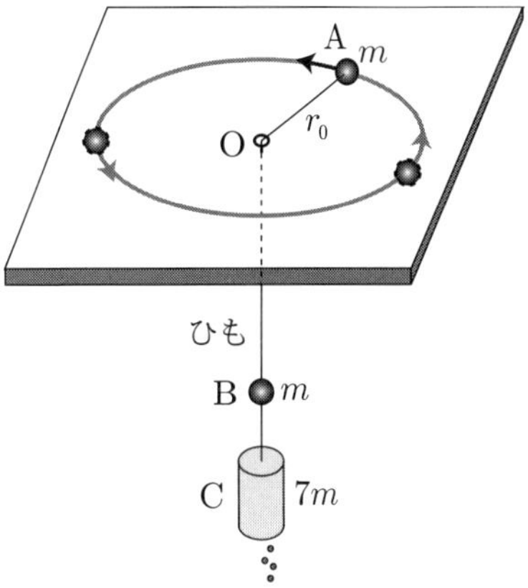

図 24.10

Coffee Break

138 億年の物語

宇宙の創始については，長い間宗教や哲学の問題であった．筆者も中学生の一時期「宇宙はいつどうしてできたのか？」「宇宙ができる前は何があったのか？」を真剣に考えた．しかし頭の中は空回りするだけで，情けないことに宿題や遊びに紛れて，1 週間もするとそんなことはすっかり忘れてしまった．高校教科書にその答えが書いてあるような時代が来るとは，正直のところ学生時代には想像もできなかった *．

アメリカの天文学者ハッブルは，遠くの星からの光を観測して，その光のドップラー効果（赤方偏移）から宇宙が膨張していることに気付いた．時間をさかのぼると，誕生時には，宇宙は小さいサイズであったはずである．現在では，宇宙は 138 億年前にビッグバンと呼ばれる爆発的膨張によって始まったと考えられている．ビックバン直後には宇宙は高いエネルギー状態にあった．断熱膨張したため，時間が経過するにつれて，宇宙の温度と密度は低下していった．そしてビックバンからおよそ 1 億年後，銀河系が姿を現した．

さらに時間が経過して 46 億年前に太陽系が生まれ，ティアとよばれる原始惑星との衝突によって，月と私達の住む地球が誕生した．地球上の原始生命の誕生は 37 億年前だが，生命の進化には時間がかかり，2 足歩行する人類が誕生したのはわずか 400 万年ほど前に過ぎない **．

ところで皆さんは宇宙が 138 億年前に生まれたと聞かされて，どのような感想を持っただろうか？　あまりに短いので，私は少なからず失望した．不謹慎かもしれないがお金に例えて，138 億円を日本人全体（1 億 2000 万人）で分けると 1 人あたり 110 円だし，世界の人口（70 億人）で分けると 1 人あたり 2 円にしかならない．

始まりがあれば終わりがある．Web で検索すると，原子力科学者会報に随時更新される「世界終末時計」があり，それによると世界の終末まであと 2 分 30 秒とあった．こちらの方が気がかりになった．

* 2010 年頃から出版社によっては高校教科書「物理」の最後に記述されている．

** このページの記述内容は将来の研究次第で，大きく書き換わる可能性がある．

第V部

剛体の力学

25 力のモーメント

力を加えても変形しない物体（固体）を「剛体」とよぶ．物体を点として扱うとき力のつり合いの条件は「外力の和が 0」であるが，物体を大きさを持つ剛体として扱うときには，それに加えて剛体が回転しない条件つまり「力のモーメントの和が 0」が必要となる．

§ 25.1 力のモーメント

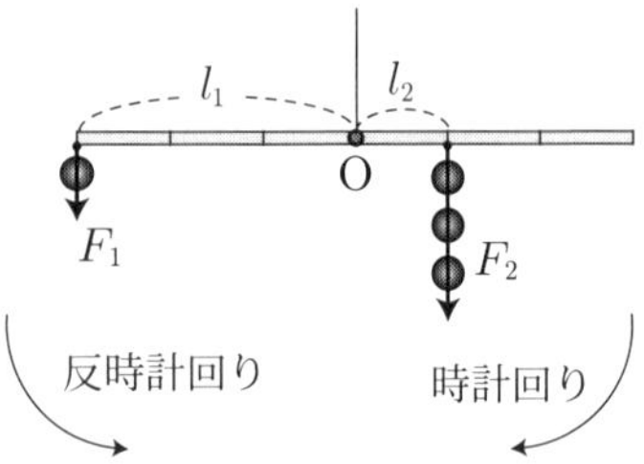

図 25.1 力のモーメントのつり合い $\boldsymbol{F_1 l_1 = F_2 l_2}$

■力のモーメント 図 25.1 のように，一様な棒をその中点 O で支え，両側におもりを下げて，つり合わせる．おもりの重さと位置を変えて調べると

$$\text{つり合いの条件は} \qquad F_1 l_1 = F_2 l_2 \tag{25.1}$$

である．これは反時計回り力の回転作用 $(F_1 l_1)$ と時計回りの力の回転作用 $(F_2 l_2)$ が等しいためである．この力の回転作用を**力のモーメント**とよぶ．力のモーメントの単位には，N·m，kgw·cm などが使われる．

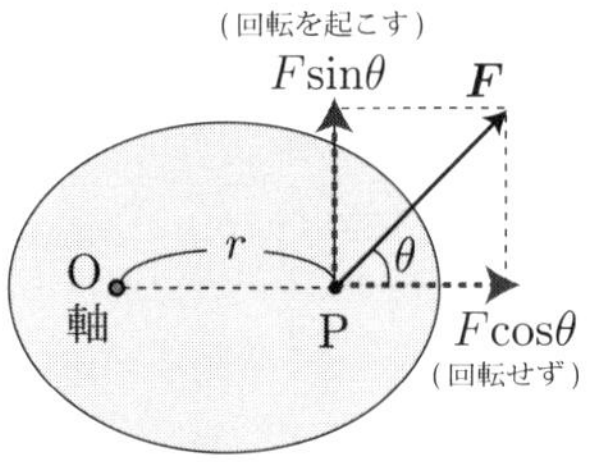

図 25.2 力のモーメントの定義 (1)

■力のモーメントの定義（その 1） 図 25.2 のように，固定軸 O をもつ剛体上の点 P に力 $\boldsymbol{F}$ がはたらくとき，$\overrightarrow{\mathrm{OP}}$ 方向の分力 $F\cos\theta$ は回転を起こさず，それと垂直な分力 $F\sin\theta$ が回転を起こす．また r が大きい方が回転作用が大きい．そのことから，力のモーメントを次式で定義する．

$$N = r \times F\sin\theta \tag{25.2}$$

(力のモーメント N) = (距離 r) × (回転を起こす力 $F\sin\theta$)

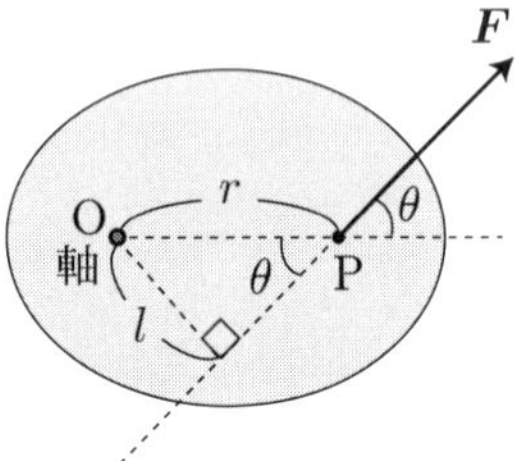

図 25.3 力のモーメントの定義 (2)

■力のモーメントの定義（その 2） 図 25.3 に示すように，軸 O から力 $\boldsymbol{F}$ の作用線に下した垂線の長さを l とすると，$l = r\sin\theta$ である．l を**腕の長さ**という．式 (25.2) は

$$N = Fl \tag{25.3}$$

(力のモーメント N) = (力の大きさ F) × (腕の長さ l)

と表せる．

■作用線の定理 図 25.3 からわかるように，腕の長さ l は力の作用線と軸 O の位置関係だけで決まる．そのため，力の作用線上で力を移動させても力のモーメント（力の効果）は変わらない．これを**作用線の定理**とよぶ．

■力のモーメントの定義（その 3）

図 25.4 に示すように，平面上の点 $\mathrm{P}(x, y)$ に力 $\boldsymbol{F} = (F_x, F_y)$ がはたらくとき，原点 O のまわりの力のモーメントは次のように考えて求められる．

(分力 F_y のモーメント) $= F_y \times$ (腕の長さ x) $\cdots$ (反時計回り)

(分力 F_x のモーメント) $= F_x \times$ (腕の長さ y) $\cdots$ (時計回り)

反時計回りを正として 2 つの力のモーメントを加算すると *

$$\text{力のモーメント}\quad N = xF_y - yF_x \tag{25.4}$$

となる（式 (23.11) 参照）．

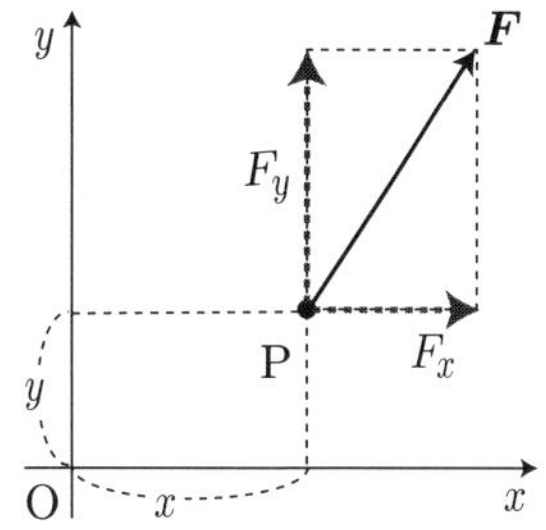

図 25.4　力のモーメントの定義 (3)

* 本書では，特に断りのないかぎり，反時計回りを正とする

> **例題 25.1**（力のモーメントの計算）　図 25.5(a) に示すように，軽い棒で，点 O から距離 $r = 0.30\mathrm{m}$ の点 P に力 $F = 4.0\mathrm{N}$ の力を，OP と角 30° をなす方向に加えた．点 O のまわりの力のモーメントはいくらか．

（解） 図 (b) に示すように，力 F を OP と垂直方向と鉛直方向に分けると OP に垂直な力 $F \sin 30°$ が回転効果をもつ．「力のモーメント＝作用点までの距離×回転を起こす力の成分」だから

力のモーメント $N = r \times F \sin 30°$

$= 0.30 \times 4.0 \times (1/2) = \mathbf{0.60\ N \cdot m}$

（別解） 図 (c) に示すように，点 O から力 F の作用線までの距離（腕の長さ）は $l = r \sin 30°$ である．「力のモーメント＝力の大きさ×腕の長さ」だから

力のモーメント $N = Fl = F \times (r \sin 30°) = \mathbf{0.60\ N \cdot m}$　■

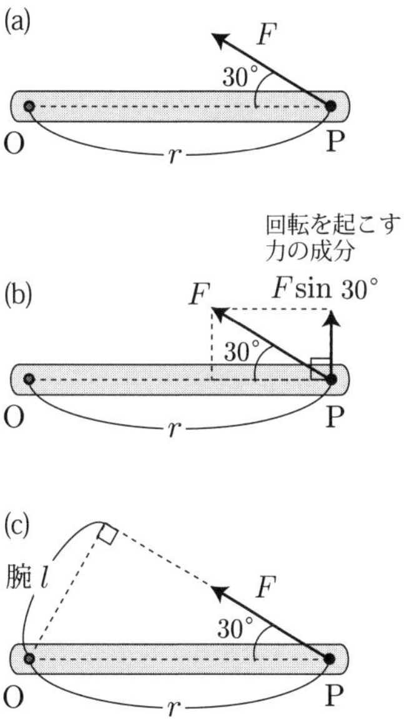

図 25.5

問題 25.1（力のモーメントの計算）　図 25.6 に示すように，スパナの点 O からの距離 $r = 0.15\mathrm{m}$ の点 P に $F = 40\mathrm{N}$ の力を加えるとき，点 O のまわりの力のモーメント N はいくらか．

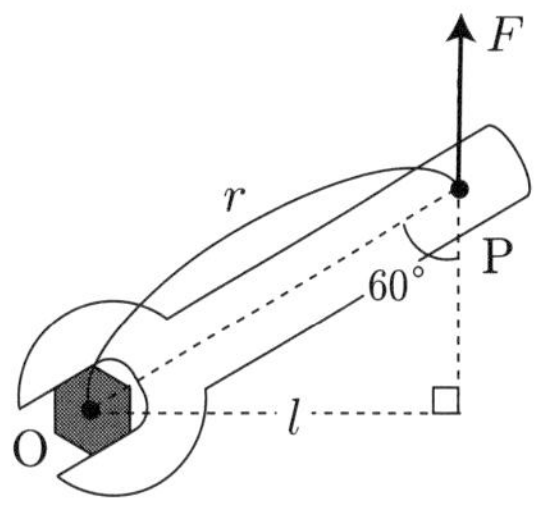

図 25.6

§ 25.2　固定軸をもつ剛体のつり合い

■固定軸をもつ剛体のつり合い　固定軸をもつ剛体は，軸のまわりに回転する自由度をもっている．したがって固定軸をもつ剛体のつり合い条件は，軸のまわりで回転しないこと，つまり**固定軸のまわりの力のモーメントの和が 0 になることである**．

■力のモーメントの単位　力のモーメントは「力×長さ」の次元であることをきちんと理解すること．力のモーメントの単位は N·m が標準であるが，単位が統一してあれば力のモーメントのつり合いの式中では，kgw·cm などでもよい．

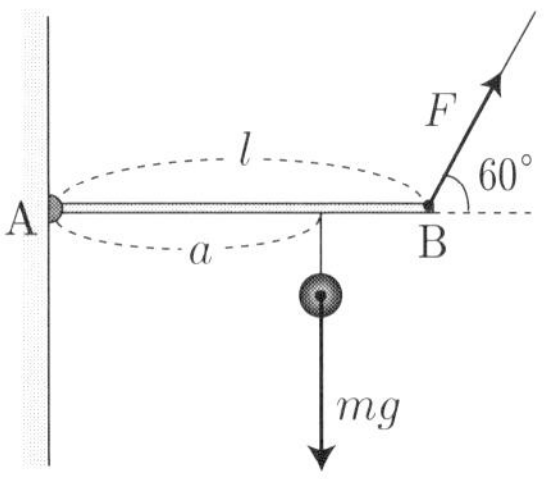

図 25.7

例題 25.2（固定端をもつ剛体のつり合い）　図 25.7 に示すように，長さ l の軽い棒 AB の端 A から距離 a のところにおもりをつけ，一端 A を壁にちょうつがいで固定し，他端 B を水平から 60° 上向き方向に力 F で引いた．おもりにはたらく重力は mg である．棒 AB を水平に保つためには，力 F の大きさをいくらにすればよいか．ただし棒は端 A のまわりで自由に回転できるものとする．

（解）　固定端 A のまわりで力のモーメントのつり合いを考える．各力ごとにモーメントを計算すると，

力 F のモーメントは $Fl\sin 60°$（反時計回り）

力 mg のモーメントは mga（時計回り）

よって力のモーメントのつり合いの式は

$$Fl\sin 60° - mga = 0$$

よって　$F = \dfrac{mga}{l\sin 60°} = \dfrac{mga}{l(\sqrt{3}/2)} = \dfrac{\boldsymbol{2a}}{\boldsymbol{\sqrt{3}l}}\boldsymbol{mg} = \dfrac{\boldsymbol{2\sqrt{3}a}}{\boldsymbol{3l}}\boldsymbol{mg}$　■

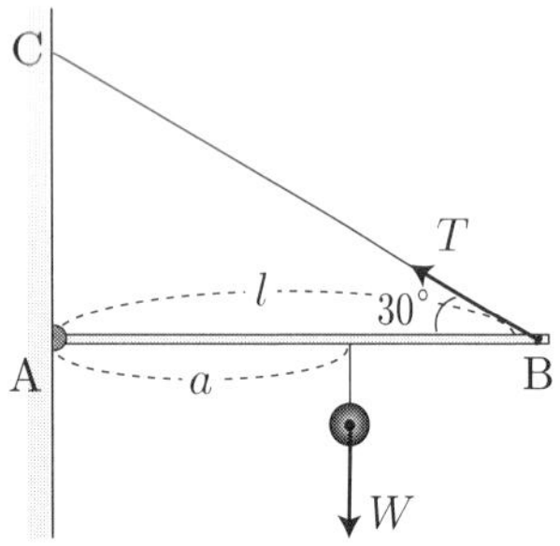

図 25.8

問題 25.2（固定端をもつ棒のつり合い）　図 25.8 に示すように，質量の無視できる長さ $l = 100$cm の棒 AB の一端 A をちょうつがいで壁に固定した．棒の端 A から $a = 60$cm のところに重さ $W = 4.0$kgw のおもりをつけ，他端 B につけた糸を壁上の点 C に結んで，棒 AB が水平になるようにした．糸が棒と角度 30° をなすとき，糸の張力 T は何 kgw か．

問題 25.3（固定端をもつ棒のつり合い） 図 25.9 に示すように，長さ l の軽い棒 AB 端の A から距離 a のところにおもりをつけ，端 A を天井にちょうつがいで固定し，他端 B を水平に力 F で引いた．おもりにはたらく重力は mg である．棒 AB が水平と角度 30° をなすとき，力 F の大きさはいくらか．ただし棒は端 A のまわりで自由に回転できるものとする．

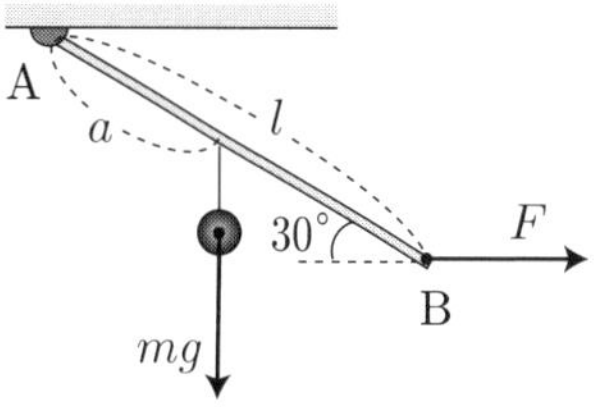

図 **25.9**

問題 25.4（固定端をもつ棒のつり合い） 図 25.10 に示すように，床上に固定されたちょうつがいを使って，長さ l の一様な棒 AB を，端 A のまわりで自由に回転できるようにした．他端 B を水平に力 F で引くと，棒 AB は水平と角度 60° をなした．棒の重心は中点 G にあり，棒にはたらく重力は mg である．力 F はいくらか．

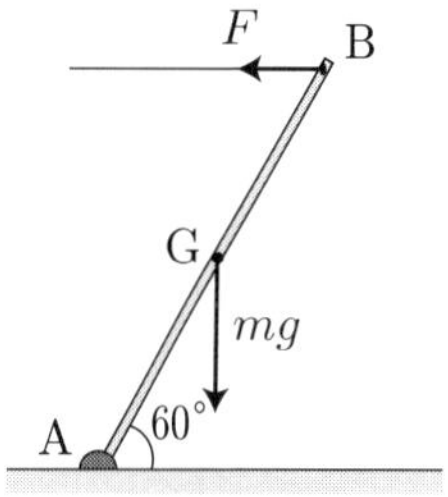

図 **25.10**

■**車輪にはたらく力と力のモーメント** 車輪の接線方向にはたらく力のモーメントは「腕の長さ＝半径」となることを利用して「力の大きさ×腕の長さ」で求める．

> **例題 25.3**（車輪にはたらく力のモーメントのつり合い） 図 25.11 に示すように，同軸の車輪に力がはたらきつり合っている．加えた力 F を求めよ．ただし $a = 10\text{cm}$, $b = 25\text{cm}$ とする．

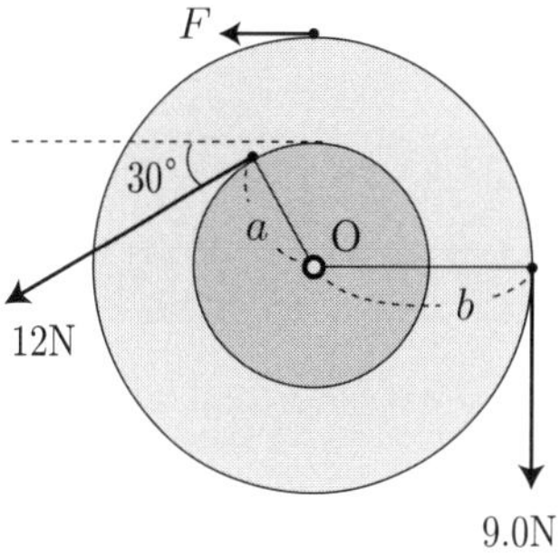

図 **25.11**

（解） 外力はすべて車輪の円周の接線方向にはたらいているから，「腕の長さ＝半径」と考えてよい．力のモーメントのつり合いの問題なので，力のモーメントの単位を（この問題では N・cm で）統一する．点 O を基準とした力のモーメントのつり合いの式は

$12 \times a + F \times b - 9.0 \times b = 0$

すなわち $12 \times 10 + F \times 25 - 9.0 \times 25 = 0$

これから $F = \mathbf{4.2\ N}$ ■

Coffee Break

ちょうつがい

図 25.12 のちょうつがいは，ドアなどが開閉できるようにとりつける金具で，身の回りでよく目にしている．力学の問題ではしばしば，剛体の一端を固定しつつ自由に回転できるようにする部品として使われる．

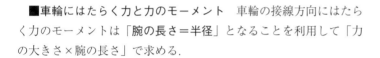

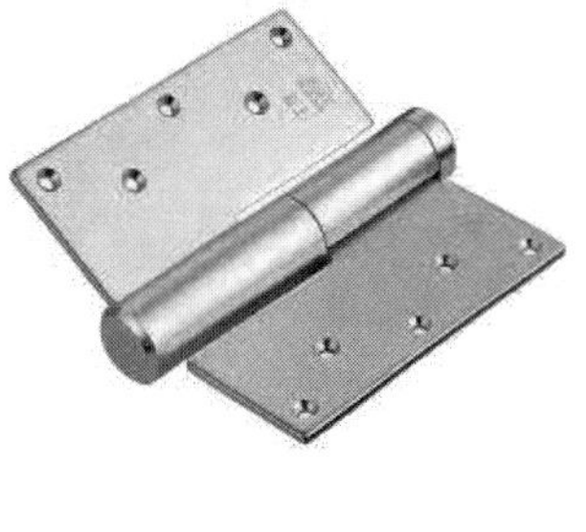

図 **25.12**

26 剛体のつり合い

剛体のつり合い条件は 2 つ．力のつり合いと力のモーメントのつり合いを混同しないこと．標準的な演習問題を解いて実力を養うことを目的とする．後半は剛体の安定性について考察する．

§ 26.1 剛体のつり合い

■剛体のつり合い条件　剛体のつり合い条件は次の 2 つである．

(1) 外力の和が 0 であること．

(2) 任意の点のまわりでの力のモーメントの和が 0 であること．

条件 (1) は**重心が移動しないための条件**で，(2) は剛体が**回転しないための条件**である．

力のモーメントの基準点は自由に選んでよい．複数の力がはたらく点や大きさのわからない力がはたらく点を力のモーメントの基準点に定めると，問題が簡単に解けることが多い *.

* 固定軸をもつ剛体の場合は，その固定軸を力のモーメントの基準とするとよい．

■剛体のつり合い（はたらく力が鉛直方向だけの場合）

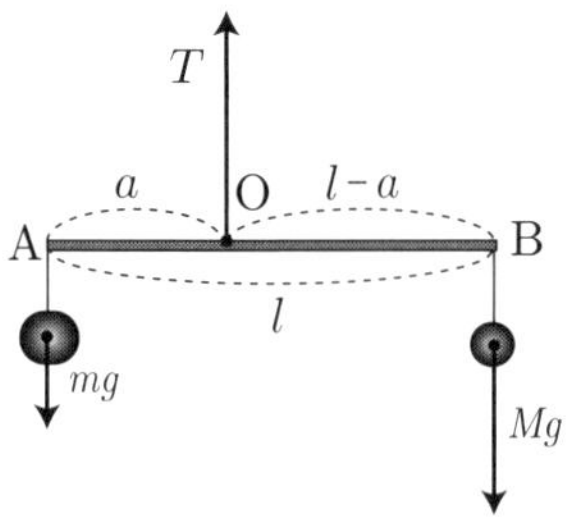

図 26.1

> **例題 26.1（棒にはたらく力のつり合い）**　図 26.1 に示すように，長さ $l = 3.0$m の軽い棒の両端 A と B に質量 $m = 3.0$kg と M [kg] の 2 つのおもりをつるして，点 A から $a = 1.2$m の点 O に糸をつけて支えたところ，棒は水平の状態で静止した．重力加速度 $g = 9.8\text{m/s}^2$ とする．
>
> (1) 質量 M はいくらか．
>
> (2) 糸の張力 T は何 N か．

（解）(1) 点 O を基準とした力のモーメントのつり合いを考えて

$$mg \cdot a - Mg \cdot (l - a) = 0$$

よって，$M = \dfrac{a}{l-a}m = \dfrac{1.2}{3.0-1.2} \times 3.0 = \mathbf{2.0\ kg}$

(2) 鉛直方向の力のつり合いから　$T - (M+m)g = 0$

よって，$T = (m+M)g = (3.0+2.0) \times 9.8 = \mathbf{49\ N}$　■

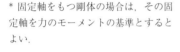

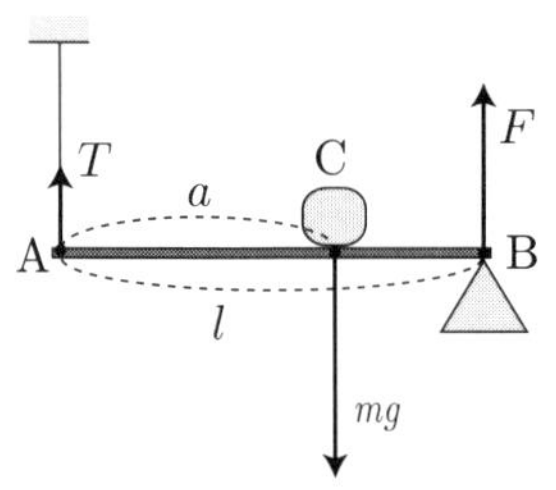

図 26.2

問題 26.1（棒にはたらく力のつり合い）　図 26.2 に示すように，長さ $l = 1.5$m の棒 AB の左端 A を糸でつるし，右端 B を支点で支える．左端 A から $a = 1.0$m の位置 C に，質量 $m = 3.0$kg の物体を置き，棒 AB を水平に保つとき，糸の張力 T と支点から受ける力 F はそれぞれ何 N か．棒 AB は軽く，重力加速度は $g = 9.8\text{m/s}^2$ とする．

■剛体のつり合い（はたらく力が水平方向と鉛直方向の場合）

例題 26.2（鉛直な壁に立てかけた棒）　図 26.3(a) に示すように，長さ l，重さ mg の一様な棒 AB をなめらかな鉛直壁に立てかけ，床の上に置いた下端 B に水平方向に力を加えた．この棒が壁となす角を θ とし，点 B で水平方向に加えた力を F，点 B での垂直抗力を R，点 A で鉛直壁から受ける垂直抗力を K とする．

(1) 水平方向，鉛直方向の力のつり合いの式をそれぞれ記せ．
(2) 点 B のまわりの力のモーメントのつり合いの式を記せ．
(3) F，R，K をそれぞれ mg と θ で表せ．

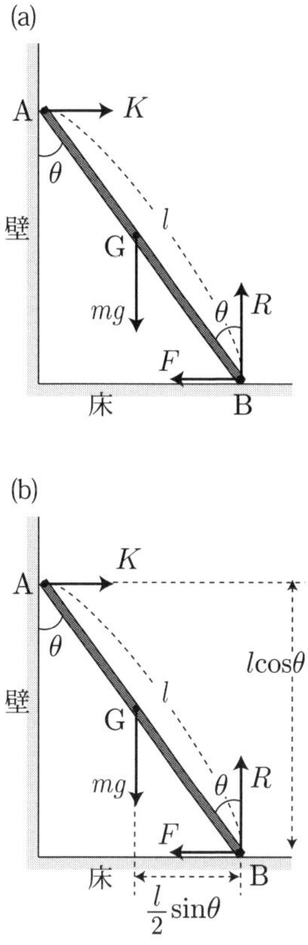

図 26.3

（解）(1) 外力のつり合い条件は

水平：$\boldsymbol{K - F = 0}$ $\cdots$ ①

鉛直：$\boldsymbol{R - mg = 0}$ $\cdots$ ②

(2) 点 B のまわりでの力のモーメントを考える（図 (b) 参照）．

力 F と力 R のモーメントは 0

（←作用線が点 B を通るから「腕の長さ」＝ 0）

力 mg のモーメントは $mg \times \dfrac{l}{2}\sin\theta$（←腕の長さ $\dfrac{l}{2}\sin\theta$）

力 K のモーメントは $-K \times l\cos\theta$（←腕の長さ $l\cos\theta$）

したがって力のモーメントのつり合いの式は

$$\boldsymbol{mg \times \frac{l}{2}\sin\theta - K \times l\cos\theta = 0} \cdots ③$$

(3) ① ～ ③ より，

$$R = \boldsymbol{mg}, \qquad F = K = \boldsymbol{\frac{mg\sin\theta}{2\cos\theta}} = \boldsymbol{\frac{1}{2}mg\tan\theta}$$

■

問題 26.2（二等辺三角形のつり合い）　図 26.4 に示すように，底辺 AB の長さが a の二等辺三角形の板があり，重力 Mg は AB の中点 M と頂点 C を結ぶ直線上で M からの距離 h にある重心 G にはたらいている．摩擦のある床の上にこの三角形の頂点 A を置き，頂点 B には糸をつけて水平方向に張力 T で引いて，AB が鉛直になる状態でつり合わせた．

(1) 図中に垂直抗力 N を書き込み，鉛直方向の力のつり合いの式を書け．
(2) 図中に静止摩擦力 F を書き込み，水平方向の力のつり合いの式を書け．
(3) 点 A のまわりの力のモーメントのつり合いの式を書け．
(4) 力の大きさ T，N，F を，与えられた量 a，h，Mg を使って求めよ．

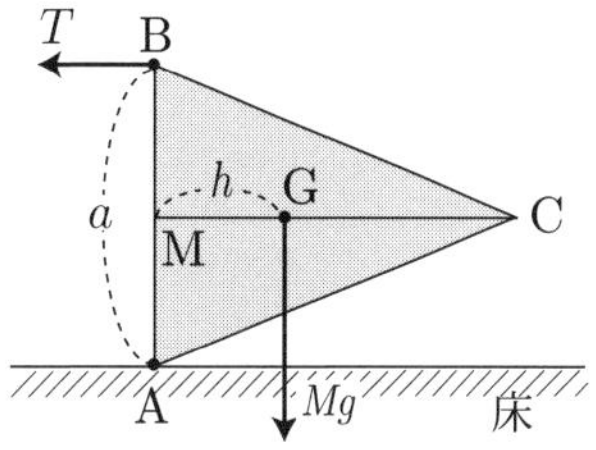

図 26.4

■剛体のつり合い（力を水平と鉛直に分解して考える問題）

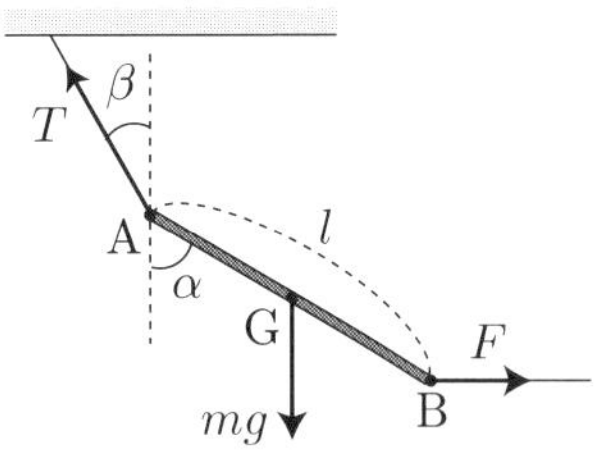

図 26.5

例題 26.3（糸でつるされた棒のつり合い）　長さ l の一様な棒 AB の一端 A に糸をつけて天井からつるし，他端 B を力 F で水平に引いたところ，図 26.5 に示すような状態でつり合った．棒と糸が鉛直線となす角をそれぞれ α，β とし，棒 AB にはたらく重力を mg とする．

(1) 水平方向，鉛直方向の力のつり合いの式をそれぞれ記せ．

(2) 点 A のまわりの力のモーメントのつり合いの式を記せ．

(3) α と β の間に成り立つ関係を求めよ．

（解） (1) 外力のつり合い条件は

水平：$\boldsymbol{F - T\sin\beta = 0}\cdots$①

鉛直：$\boldsymbol{T\cos\beta - mg = 0}\cdots$②

(2) 点 A のまわりでの力のモーメントを考えると（問題 25.3 参照）．

力 F のモーメントは　$F \times l\cos\alpha$（←腕の長さ $l\cos\alpha$）

力 mg のモーメントは $-mg \times \dfrac{l}{2}\sin\alpha$（←腕の長さ $\dfrac{l}{2}\sin\alpha$）

したがって力のモーメントのつり合いの式は

$$\boldsymbol{F \times l\cos\alpha - mg \times \frac{l}{2}\sin\alpha = 0}\cdots③$$

(3) ② より $T = \dfrac{mg}{\cos\beta}$　　① より $F = T\sin\beta$

したがって $F = T\sin\beta = mg\tan\beta\cdots$④

一方 ③ より $F = \dfrac{1}{2}mg\tan\alpha\cdots$⑤

④ と ⑤ を等しいとおくと，求める関係式は

$\boldsymbol{\tan\alpha = 2\tan\beta}$

■

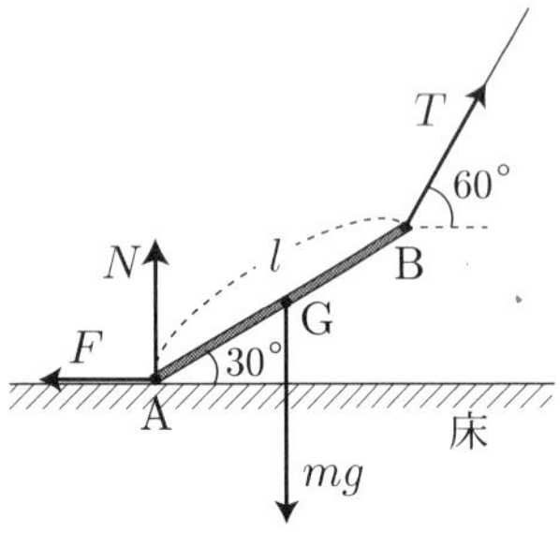

図 26.6

問題 26.3（棒にはたらく力のつり合い）　粗い床上で，質量 m で長さ l の一様な棒 AB の右端 B に糸をつけて引き上げたところ，図 26.6 に示すような状態で静止した．端 B での糸の張力を T，左端 A にはたらく垂直抗力と摩擦力をそれぞれ F と N とする．棒 AB には重心 G に重力 mg がはたらく．

(1) 水平方向，鉛直方向の力のつり合いの式をそれぞれ記せ．

(2) 点 A のまわりの力のモーメントのつり合いの式を記せ．

(3) T，F と N をそれぞれ mg を使って表せ．

§ 26.2 剛体の安定性

■**箱が傾く条件** 平面上に置かれた物体には，つり合いを保つために，垂直抗力や静止摩擦力が**現れる**．これらの力の作用点が物体の底面（**接地面**）にあるとき物体は安定だが，そうでないと物体は傾く．

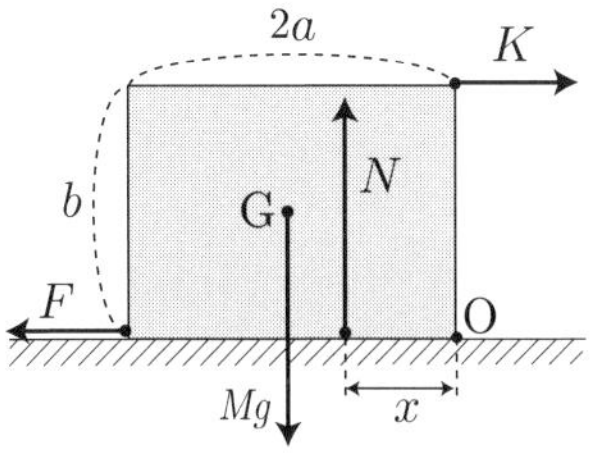

図 26.7

例題 26.4（箱が傾く条件） 図 26.7 に示すように，粗い水平面上に幅 $2a$，高さ b の一様な箱を置き，上端に糸を付けて，大きさ K の力で水平に引く．このとき箱には，重力 Mg の他に，垂直抗力と摩擦力もはたらいている．箱が滑らないものとして，次の問いに，a，b，Mg，K を使って答えよ．

(1) 摩擦力 F を求めよ．

(2) 垂直抗力 N を求めよ．

(3) 垂直抗力 N の作用点の位置（図中の x）を求めよ．

(4) K を大きくしていくと箱は傾く．箱が傾くときの K の最小値を求めよ．

（解）(1) 水平方向のつり合いから，摩擦力 $F = \boldsymbol{K}$

(2) 鉛直方向のつり合いから，垂直抗力 $N = \boldsymbol{Mg}$

(3) 図の点 O のまわりで力のモーメントのつり合い：

（時計回りのモーメント）＝（反時計回りのモーメント）

より $Kb + Nx = aMg \therefore x = \dfrac{\boldsymbol{aMg - bK}}{\boldsymbol{Mg}} = \boldsymbol{a} - \left(\dfrac{\boldsymbol{K}}{\boldsymbol{Mg}}\right)\boldsymbol{b}$

(4) 箱が傾く条件は $x = 0$ $\therefore K = \left(\dfrac{\boldsymbol{a}}{\boldsymbol{b}}\right)\boldsymbol{Mg}$

■

問題 26.4（斜面上で箱が傾く条件・滑る条件） 図 26.8 に示すように，底辺が a で高さが b の一様な箱が，傾斜角 θ の粗い斜面上に置かれている．斜面と箱の間の静止摩擦係数を μ とする．

(1) 箱が倒れないと仮定する．斜面を次第に傾けるとき，滑り出す直前の角を θ として，$\tan\theta$ の値を求めよ．

(2) 箱が滑り出さないと仮定する．斜面を次第に傾けるとき，箱が倒れる直前の角を θ として，$\tan\theta$ の値を求めよ．

(3) 箱が倒れる前に滑り出すための条件は何か．

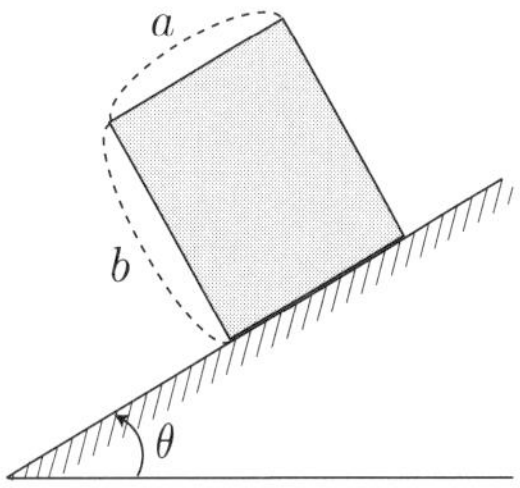

図 26.8

27 剛体にはたらく力：重心

前半では色々な場合について，剛体にはたらく 2 力の合力の求め方を学ぶ．重力は「剛体」の各断片に鉛直下向きにはたらく「平行な力」であるが，力学的にはその力の効果は重心 G に全質量が集中しているときの重力と同じである．したがって剛体の力学では「重心」は特別な意味を持ってくる．

§ 27.1 剛体にはたらく力の合成

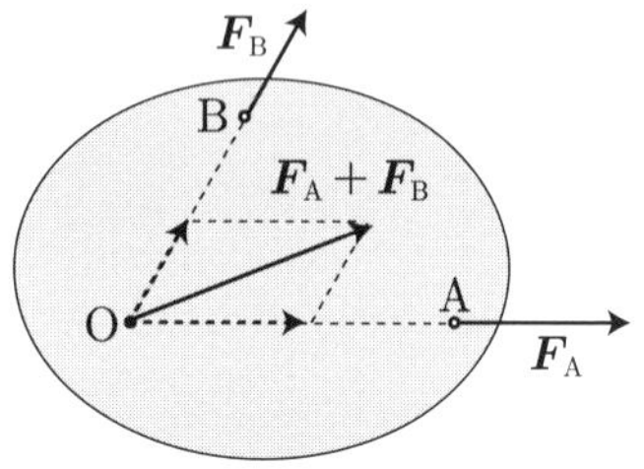

図 27.1　平行でない 2 力の合成

■平行でない 2 力の合成　力はベクトルだから，1 つの点 O に 2 つの力 $\boldsymbol{F}_{\mathrm{A}}$ と $\boldsymbol{F}_{\mathrm{B}}$ がはたらくときは，平行四辺形法によって，合力 $\boldsymbol{F}_{\mathrm{A}}+\boldsymbol{F}_{\mathrm{B}}$ を求めることができる (§1.2 参照).

図 27.1 に示すように，異なる点 A と点 B に $\boldsymbol{F}_{\mathrm{A}}$ と $\boldsymbol{F}_{\mathrm{B}}$ がはたらき，それが平行でない場合は，次のようにする．作用線の定理より，作用線上で力を移動させても力の効果は変わらないので，まず 2 力の作用線の交点 O まで 2 力を移動させる．移動させてから，その 2 力を平行四辺形の法則によって合成すると，合力 $\boldsymbol{F}_{\mathrm{A}}+\boldsymbol{F}_{\mathrm{B}}$ が得られる．

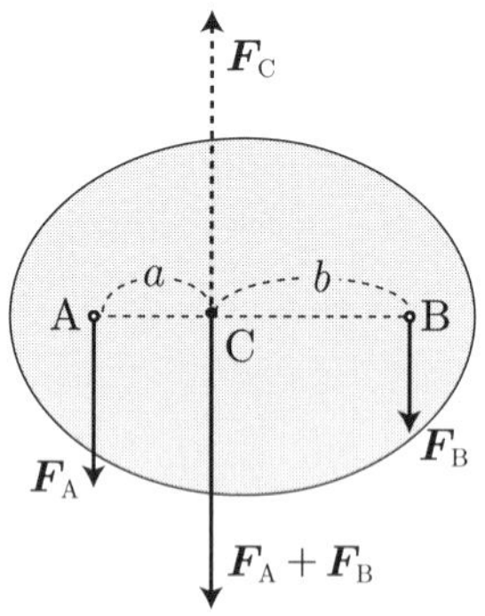

図 27.2　平行で同じ向きの 2 力の合成

■平行で同じ向きの 2 力の合成　図 27.2 に示すように，2 力 $\boldsymbol{F}_{\mathrm{A}}$ と $\boldsymbol{F}_{\mathrm{B}}$ が平行で同じ向きにはたらくときの合力 $\boldsymbol{F}_{\mathrm{A}}+\boldsymbol{F}_{\mathrm{B}}$ を求める．2 力とつり合う力を $\boldsymbol{F}_{\mathrm{C}}$ とすると，その力の大きさは $F_{\mathrm{C}}=F_{\mathrm{A}}+F_{\mathrm{B}}$ で力の作用点 C は図で条件 $a\times F_{\mathrm{A}}-b\times F_{\mathrm{B}}=0$ を満たす点 C である．合力 $\boldsymbol{F}_{\mathrm{A}}+\boldsymbol{F}_{\mathrm{B}}$ はこのようにして求めた $\boldsymbol{F}_{\mathrm{C}}$ とつり合う力（すなわち $-\boldsymbol{F}_{\mathrm{C}}$）である．合力 $\boldsymbol{F}_{\mathrm{A}}+\boldsymbol{F}_{\mathrm{B}}$ についてまとめると

(1) 向きは　$\cdots$ 元の 2 力と同じ向き
(2) 大きさは $\cdots$ 2 力の大きさの和 $F_{\mathrm{A}}+F_{\mathrm{B}}$
(3) 作用点は $\cdots$ $a\times F_{\mathrm{A}}-b\times F_{\mathrm{B}}=0$ を満たす図中の点 C

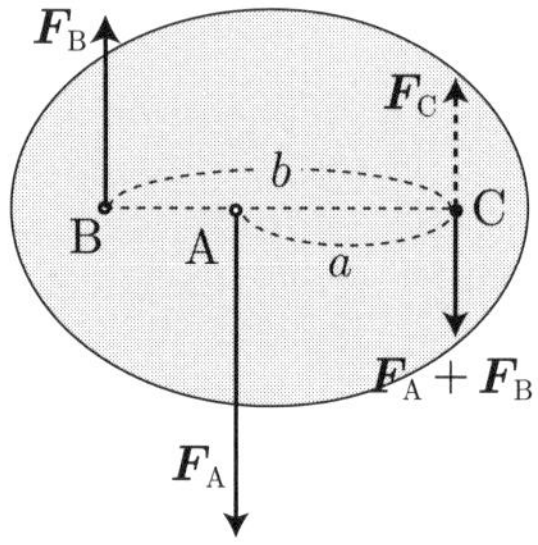

図 27.3　平行で反対向きの 2 力の合成

■向きが反対で大きさの異なる平行な 2 力の合成　図 27.3 に示すように $F_{\mathrm{A}}>F_{\mathrm{B}}$ として，2 力 $\boldsymbol{F}_{\mathrm{A}}$ と $\boldsymbol{F}_{\mathrm{B}}$ が平行で反対向きにはたらくときの合力 $\boldsymbol{F}_{\mathrm{A}}+\boldsymbol{F}_{\mathrm{B}}$ を考える．この 2 力とつり合う力 $\boldsymbol{F}_{\mathrm{C}}$ をまず求めると，$-\boldsymbol{F}_{\mathrm{C}}$ が合力 $\boldsymbol{F}_{\mathrm{A}}+\boldsymbol{F}_{\mathrm{B}}$ である．結果をまとめると

(1) 向きは　$\cdots$ 元の 2 力のうちの大きい方 (F_{A}) と同じ向き
(2) 大きさは $\cdots$ 2 力の大きさの差 $(F_{\mathrm{A}}-F_{\mathrm{B}})$ に等しい
(3) 作用点は $\cdots$ $a\times F_{\mathrm{A}}-b\times F_{\mathrm{B}}=0$ を満たす図中の点 C

■偶力 図 27.4 に示すように，点 A と点 B に，大きさが同じで，向きが反対の平行な 2 力がはたらくとき，この 2 力を 1 対のものと考えて，**偶力**とよぶ．偶力は 1 つの力に合成することができない．偶力は剛体を移動させるはたらきはないが，回転作用すなわち**偶力のモーメント**をもっている．偶力の作用線間の距離を l，2 力の大きさを F とすると

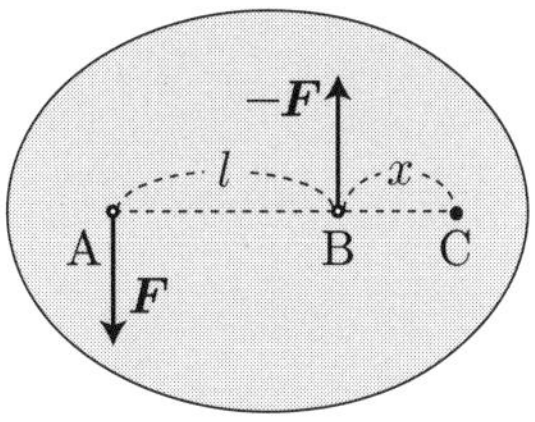

図 27.4 偶力のモーメント

$$\text{偶力のモーメント：}\quad N = Fl \tag{27.1}$$

である．基準点 C（図中の x）をどこにとって計算しても偶力のモーメントは同じになる．

■重心—その考え方 剛体を構成するすべての微小部分にはたらく重力はすべて平行力としてよく，これらを合成すると鉛直下向きの 1 つの力となる．この重力の合力の作用点 G をその物体の**重心**という．力学的には，剛体中の各部分にはたらく**すべての重力が重心に集まってはたらいている（全質量が重心に集中している）と考えて計算してよい**．

剛体を重心で支えると，回転せずにつり合う．そのため図 27.5 に示すように，剛体を点 A でつるしたとき，重心 G は鉛直に下がった糸の延長線 AB 上にある．別の点 C でつるしたとき，重心 G は糸の延長線 CD 上にある．したがって，直線 AB と直線 CD の交点が重心 G である．

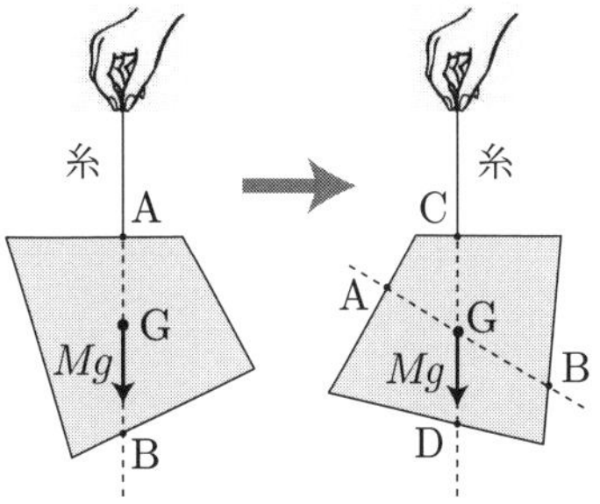

図 27.5 重心の求め方

重心を求めるには，**対称性**を利用するとよい．図 27.6 に示すように，一様な棒の重心は中点に，一様な円板や球の重心は中心にある．重心は必ずしも剛体の内部にあるとは限らない．

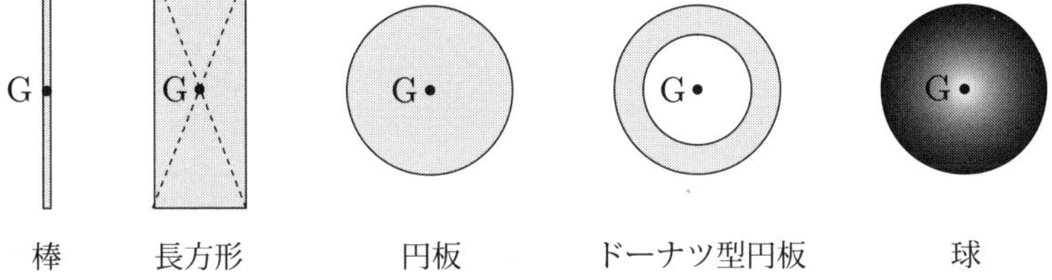

図 27.6 一様な剛体の重心 G

§ 27.2　重心の計算

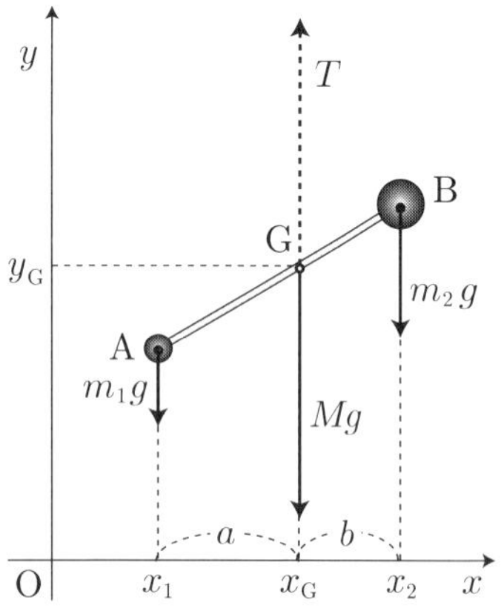

図 27.7　重心の求め方：条件は $\boldsymbol{m_1 g \times a = m_2 g \times b}$

■質点系の重心　図 27.7 に示すように座標を取り，点 A (x_1, y_1) と点 B (x_2, y_2) に質量 m_1，m_2 のおもりを置き，質量の無視できる棒で AB を結んだ「剛体」を考える．この剛体をつり合いを保ったまま持ち上げるためには上向きに $T = (m_1 + m_2)g$ の力を点 G (x_G, y_G) に加える必要がある．重力の合力は T と反対向きで，鉛直下向きに $Mg = (m_1 + m_2)g$ である．重心 G の x 座標 x_G は，点 G のまわりの力のモーメントのつり合いを考えると

$$m_1 g(x_G - x_1) = m_2 g(x_2 - x_G) \text{ より，} \quad x_G = \frac{m_1 x_1 + m_2 x_2}{m_1 + m_2}$$

を得る．y 座標についても同様の式を得る．

この考え方を拡張すれば，剛体（一般の質点系）の場合は全重力 $Mg = \sum_i m_i g$ が重心 G にはたらくものとして扱ってよく，G の座標 (x_G, y_G) は

$$x_G = \frac{1}{M}\sum_i m_i x_i, \quad y_G = \frac{1}{M}\sum_i m_i y_i \qquad (27.2)$$

で与えられる（§14.2 参照）．

> **例題 27.1（重心の計算）**　1 辺の長さが a の一様な正方形の板 A，B，C がある．この 3 枚の板を組み合わせて，図 27.8(a) に示すような形の板を作った．全体の重心 G と点 O との距離 x_G を求めよ．

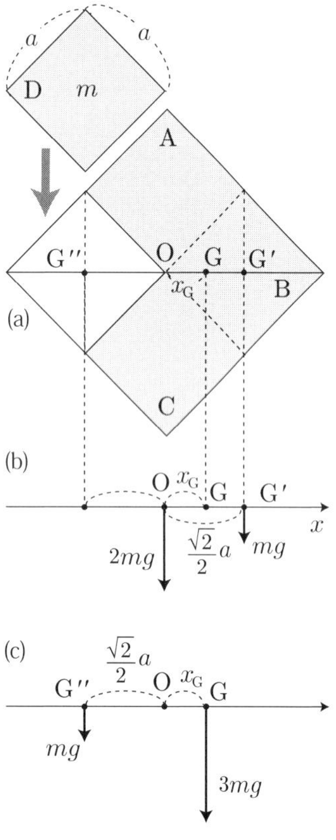

図 27.8

（解）　図 (b) のように x 座標をとり，直線上で考えるとわかりやすい．板 A，B，C の質量を m とする．板 A と板 C を 1 つの板と考えると，重力 $2mg$ は点 O にはたらく．板 B にはたらく重力 mg は点 O から $\dfrac{\sqrt{2}}{2}a$ の距離にある G′ にはたらく．3 つの板を質量 $M = 3m$ の 1 つの板と考えると，式 (27.2) が適用できて

$$x_G = \frac{2m \times 0 + m \times (\sqrt{2}/2)a}{M} = \frac{m \times (\sqrt{2}/2)a}{3m} = \frac{\sqrt{\mathbf{2}}}{\mathbf{6}}\boldsymbol{a}$$

（別解） 板 D を加えてできる 1 辺 $2a$ の正方形の板全体の重心は点 O である．したがって図 (c) のように，点 O のまわりで力のモーメントを考えると，点 G にはたらく重力 $3mg$ のモーメントと点 G″ にはたらく重力 mg のモーメントはつり合うので，その和は 0 になる．したがって

$$mg \times \frac{\sqrt{2}}{2}a - 3mg \times x_G = 0 \text{ より} \quad x_G = \frac{\sqrt{\mathbf{2}}}{\mathbf{6}}\boldsymbol{a}$$

■

■連続体の重心 連続体の重心を求める式は，離散系の和を連続体の積分に置き換えて次式のように得られる *.

$$x_G = \frac{1}{M}\sum_i m_i x_i \Longrightarrow x_G = \frac{1}{M}\sum_i x_i \Delta m_i \Longrightarrow x_G = \frac{1}{M}\int x dm$$

* 小部分の質量を $m_i \to \Delta m_i \to dm$, と置き換えてから，和 $\sum$ を積分 $\int$ に置換する．dm は Δm_i の中で変数を $x_i \to x$, $\Delta x \to dx$ と置き換えて得られる．

例題 27.2（三角形の重心） 底辺が $2a$，高さ h の 2 等辺三角形の一様な板（質量 M）の重心 G の位置を求めたい．

(1) まず面密度 σ を求めよ．ただし面密度は単位面積あたりの板の質量で，「全質量 ÷ 全面積」で定義される．

(2) 図 27.9 に示すように x–y 座標をとるとき，頂点 O から x のところに取った狭い幅 Δx の帯状部分の面積 ΔS とその質量 Δm を求めよ．

(3) 対称性から重心 G は x 軸上にある．G の座標 x_G を求めよ．ただし $x_G = \frac{1}{M}\int x dm$

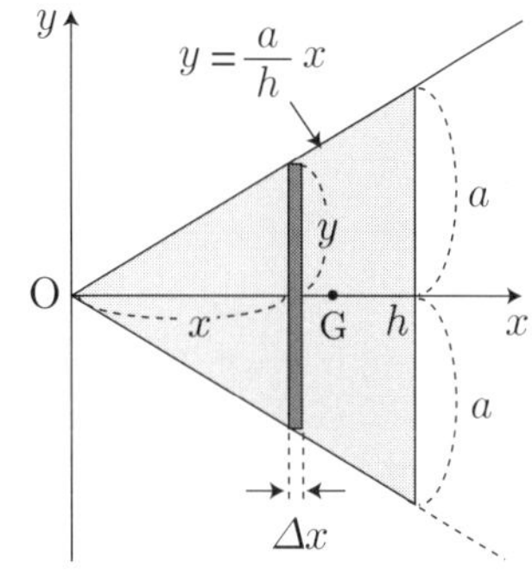

図 27.9 三角形の重心

（解） (1) 面密度 $\sigma = \boldsymbol{\frac{M}{ah}}$

(2) $\Delta S = 2y\Delta x = \boldsymbol{2\left(\frac{a}{h}x\right)\Delta x}$ $\qquad \Delta m = \sigma \Delta S = \boldsymbol{\left(\frac{2M}{h^2}x\right)\Delta x}$

(3) $$x_G = \frac{1}{M}\int x dm = \frac{1}{M}\int_0^h x\left(\frac{2M}{h^2}x\right)dx$$
$$= \frac{2}{h^2}\int_0^h x^2 dx = \frac{2}{h^2}\left[\frac{1}{3}x^3\right]_0^h = \boldsymbol{\frac{2}{3}h}$$ ■

例題 27.3（半球体の重心） 半径 R の一様な半球体の重心 G の位置を求めよ．

（解） 図 27.10(a) に示すように，球の中心 O を原点とし，その面に垂直に x 軸をとると，重心 G は x 軸上にある．この半球体は，x 軸に垂直な平面で狭い幅 Δx でスライスしてできる円板の集合体である．点 O から距離 x のところにある微小部分は，図 (b) に示すように半径が $y = \sqrt{R^2 - x^2}$ の薄い円板となる．この円板部分は

体積が $\Delta V = (\pi y^2)\Delta x = \pi(R^2 - x^2)\Delta x$

質量が $\Delta m = \rho \Delta V = \rho\pi(R^2 - x^2)\Delta x$

である．ただし ρ は密度で，半球体の質量を M とするとき

密度 $\rho =$ (質量 M)/(体積 $2\pi R^3/3$) $= 3M/(2\pi R^3)$

で与えられる．区分によってできた円板部分を質量 Δm_i で，座標が x_i にある質点とみなすと，半球体の重心はこれらの質点系の重心として求めることができる．重心Gの x 座標は

$$x_G = \frac{1}{M}\sum_i x_i \Delta m_i = \frac{\rho\pi}{M}\sum_i x_i(R^2 - x_i^2)\Delta x$$
$$= \frac{\rho\pi}{M}\int_0^R x(R^2 - x^2)dx = \frac{3}{2R^3}\left[\frac{1}{2}x^2R^2 - \frac{1}{4}x^4\right]_0^R = \boldsymbol{\frac{3}{8}R}$$ ■

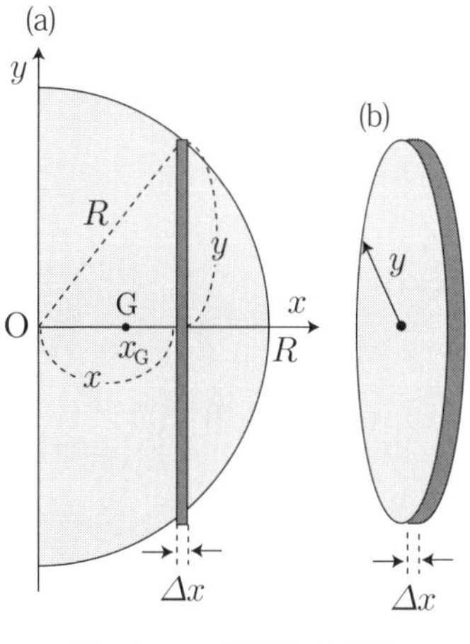

図 27.10 半球体の重心

28　固定軸をもつ剛体の回転運動(1)

ここでは固定軸を持つ剛体の運動の基本事項を中心に扱う．回転運動の方程式 (慣性モーメント I) × (角加速度β) = (力のモーメント N) をよく理解し，適用できるようにすること．慣性モーメントという新しい用語に戸惑うかもしれないが，数学的には目新しい事項はない．質量の直線運動と剛体の回転運動の対応に気がつくと，理解が速く進む．

§ 28.1　剛体の回転運動の表し方

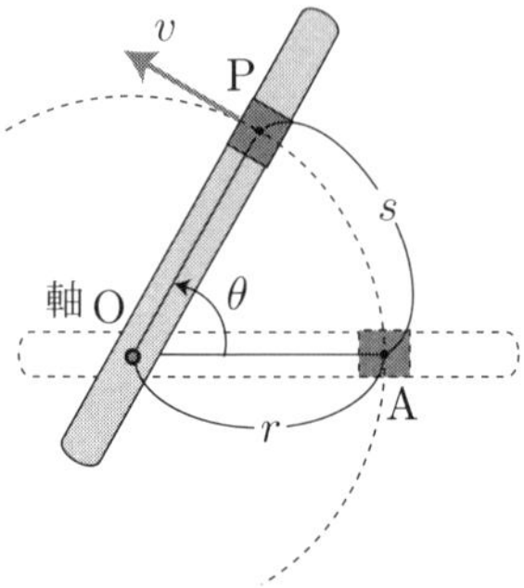

図 28.1　回転運動

■角速度と角加速度　図 28.1 に示すように，固定軸 O のまわりで剛体を回転させる場合を考える．軸 O から距離 r の点 P は，原点 O を中心として半径 r の円周上で円運動をする．このとき，剛体の位置は**回転角** $\angle AOP = \theta$ [rad] を指定すると決まる（§20.1 参照 ）．回転角 θ は固定軸を持つ剛体の運動のただ 1 つの運動変数で，時間 t の関数である．このとき

$$\textbf{角速度}は\ \omega = \frac{d\theta}{dt} \qquad \textbf{角加速度}は\ \beta = \frac{d\omega}{dt} = \frac{d^2\theta}{dt^2} \tag{28.1}$$

で定義される．一方，弧の長さを s とすると

$$速さは\ v = \frac{ds}{dt} \qquad 加速度は\ a = \frac{dv}{dt} = \frac{d^2 s}{dt^2} \tag{28.2}$$

である *．このとき $s = r\theta$ であるから，次の**回転角の関係式**が成り立つ．

$$弧の関係式：\quad s = r\theta \tag{28.3}$$

$$速さと角速度：\quad v = r\omega \tag{28.4}$$

$$加速度と角加速度：\quad a = r\beta \tag{28.5}$$

$s = r\theta$ の両辺を時間で微分するだけで，$v = r\omega$ と $a = r\beta$ が導かれるので，上の 3 式をセットにして記憶するとよい．

* 正確には接線方向の加速度である．円運動だから向心加速度もはたらくが，ここでは剛体の回転の変化を問題にするので，接線方向の加速度を a として議論する．

■等角加速度運動　角加速度は角速度の時間変化率である．剛体の回転運動では回転の角加速度 $\beta =$ 一定 の場合がよく出てくる．このときには

$$\omega = \omega_0 + \beta t \ \cdots ① \qquad \theta = \omega_0 t + \frac{1}{2}\beta t^2 \ \cdots ②$$

$$\omega^2 - \omega_0^2 = 2\beta\theta \ \cdots ③ \tag{28.6}$$

が成り立つ．これらを**等角加速度運動の 3 公式**とよぶ．導き方は直線運動での等加速度運動の 3 公式とまったく同様である (§3.1) **．

** 等加速度運動の 3 公式
$v = v_0 + at$
$x = v_0 t + \frac{1}{2}at^2$
$v^2 - v_0^2 = 2ax$

■剛体の回転エネルギー　図 28.2 に示すように，剛体を小さな部分の集合体と考える．固定軸のまわりで回転しているとき，軸 O からの距離 r_i の小部分の速度を v_i とすると，直感的に予想されるように，軸近くの部分の速度は遅く，遠いところは速い．しかし回転角 θ と角速度 ω はどの部分も共通である．このとき式 (28.4) から

$$v_i = r_i\omega \tag{28.7}$$

の関係が成り立つ．この部分の質量を m_i とすれば，運動エネルギーは $K_i = \dfrac{1}{2}m_iv_i^2 = \dfrac{1}{2}m_ir_i^2\omega^2$ である．回転する剛体の全運動エネルギー K は，小部分の運動エネルギーの和であるから

$$K = \sum \frac{1}{2}m_iv_i^2 = \sum \frac{1}{2}m_ir_i^2\omega^2 = \frac{1}{2}\left(\sum m_ir_i^2\right)\omega^2 \tag{28.8}$$

となる．上の計算で，ω^2 はすべての部分に共通なので，これを和からくくり出した．かっこの中の量を**慣性モーメント**と呼び，I で表すと

$$\textbf{慣性モーメント：}\quad I = \sum m_ir_i^2 \tag{28.9}$$

となる．慣性モーメントを使うと式 (28.8) は

$$\textbf{回転エネルギー：}\quad K = \frac{1}{2}I\omega^2 \tag{28.10}$$

と表される．

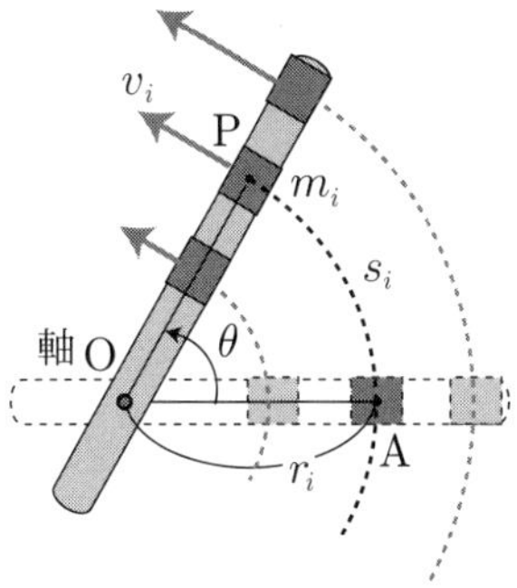

図 28.2　剛体の回転運動

■円輪（円環）の慣性モーメント　図 28.3 に示すような半径 R，質量 M の円輪（自転車のタイヤをイメージするとよい）の中心軸 O のまわりの慣性モーメントは，$r_i = R$ と $\sum m_i = M$ に注意すると

$$\text{円輪の慣性モーメント：}I = \left(\sum m_i\right) r_i^2 = MR^2 \tag{28.11}$$

となる．

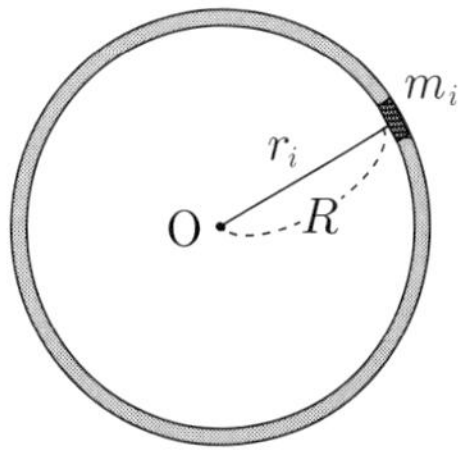

図 28.3　円輪（円環）の慣性モーメント

（例）半径 $R = 0.60\text{m}$，質量 $M = 2.0\text{kg}$ のタイヤ（円輪とみなす）が角速度 $\omega = 0.50\text{rad/s}$ での車軸（中心軸）のまわりに回転しているとき

タイヤの慣性モーメントは $I = MR^2 = 2.0 \times 0.60^2 = \mathbf{0.72\ kg{\cdot}m^2}$

回転エネルギーは $K = \dfrac{1}{2}I\omega^2 = \dfrac{1}{2} \times 0.72 \times 0.50^2 = \mathbf{0.090\ J}$

§ 28.2　剛体の回転運動の方程式

■剛体の回転運動の方程式　固定軸 O のまわりで，剛体が回転する場合を考えよう．回転させる力が外部からはたらかなければ，剛体全体は一定の角速度 ω で回転を続ける．回転させる力が外部からはたらくと，剛体全体の回転には角加速度 β が生じる．

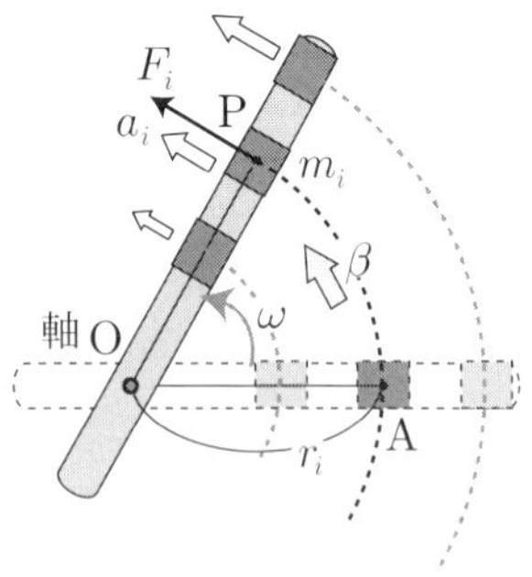

図 28.4　剛体にはたらく力のモーメントと角加速度

図 28.4 に示すように，軸から距離 r_i の質量 m_i の小部分に，力 F_i がはたらくと

$$\text{運動方程式}\quad m_i a_i = F_i \tag{28.12}$$

が成り立つ．ただし a_i は円軌道の接線方向の加速度である．ここで角加速度 β は剛体全体で共通なので i に無関係で，式 (28.5) から

$$a_i = r_i \beta \tag{28.13}$$

が成り立つ．この関係式を式 (28.12) に代入して両辺に r_i をかけると

$$m_i r_i^2 \beta = r_i \times F_i \tag{28.14}$$

が得られる．右辺の $r_i \times F_i$ は点 O のまわりの力のモーメント N_i である．

剛体全体を小部分 i の集合と考えて和を取ることにする．小部分間の力（内力）は打ち消されるので，ここでは外力だけを考えればよい．これらを加算すると

$$\left(\sum m_i r_i^2\right)\beta = \sum r_i \times F_i \tag{28.15}$$

が得られる．ここで 慣性モーメント $I = \sum m_i r_i^2$ と力のモーメントの和 $N = \sum r_i \times F_i$ を使うと

$$\textbf{回転運動の方程式：}\quad I\beta = N \tag{28.16}$$

（慣性モーメント）×（角加速度）＝（力のモーメント）

が導かれる．

■剛体の角運動量保存の法則　剛体の角運動量を $L = I\omega$ で定義すると式 (28.16) は *

$$\frac{dL}{dt} = \frac{d}{dt}(I\omega) = N \tag{28.17}$$

となり，回転運動の法則を剛体に拡張したものとなっている（§23.1，式 (23.10) 参照）．剛体に力のモーメントがはたらかない場合は $N = 0$ だから $\dfrac{d}{dt}(I\omega) = 0$ となり

$$\text{角運動量保存の法則}\quad L = I\omega = \text{一定} \tag{28.18}$$

が成り立つ（§23.2 参照）．剛体の場合には慣性モーメント I は一定であるから，$\omega =$ 一定 となり，剛体はいつまでも同じ角速度で回転を続ける **．

* $\beta = \dfrac{d\omega}{dt}$

式 (23.10) はベクトル表示だが，ここでは x-y 平面での運動だから，$L = L_z$，$N = N_z$ で表示している．

** 地球の自転は近似的にはこのような場合であると考えてよい．

■質点の直線運動と剛体の回転運動との比較 色々新しい概念が出てきたが，ここで質点の直線運動と剛体の回転運動を比較してみよう．下のように両者を表の形で対比してみると，形式的によく類似していることがわかる．

質点の直線運動	剛体の回転運動
位置 x	回転角 θ
速度 v $(= \frac{dx}{dt})$	角速度 ω $(= \frac{d\theta}{dt})$
加速度 a $(= \frac{dv}{dt})$	角加速度 β $(= \frac{d\omega}{dt})$
質量 m	慣性モーメント I
力 F	力のモーメント N
仕事 Fx	仕事 $N\theta$
直線運動の方程式 $ma = F$	回転運動の方程式 $I\beta = N$
運動エネルギー $K = \frac{1}{2}mv^2$	回転エネルギー $K = \frac{1}{2}I\omega^2$

問題 28.1（**等角加速度運動の 3 公式の適用** *） 次の問いに答えよ．

(1) 角加速度 0.20rad/s^2 で回転する円輪がある．$t = 0$s で角速度が 0 のとき，$t = 4.0$s のときの角速度 ω と，その間の回転角 θ はいくらか．

(2) ある時刻での円輪の角速度が 2.0 rad/s で 10 秒後の角速度が 7.0 rad/s であった．等角加速度運動をしたとして，角加速度 β はいくらか．

(3) 固定軸のまわりに回転する円輪がある．静止しているこの円輪に一定の力のモーメントを加えたら，3.0 秒間に 270° 回転した．この間の角加速度 β は何 rad/s^2 か．また 270° 回転した瞬間の角速度 ω は何 rad/s か．

* 等角加速度運動の 3 公式：

$$\omega = \omega_0 + \beta t$$
$$\theta = \omega_0 t + \frac{1}{2}\beta t^2$$
$$\omega^2 - \omega_0^2 = 2\beta\theta$$

角は度 (°) を rad に変換して適用する．

問題 28.2（**円輪の回転運動**） 図 28.5 に示すように，固定軸をもつ円輪（慣性モーメント $I = 4.0$kg·m^2，半径 $R = 0.50$m）にひもを巻いて，その糸を $F = 6.4$N で引いた．円輪ははじめ静止していた．

(1) 円輪に加えられた力のモーメント N はいくらか．

(2) 回転の角加速度 β はいくらか．

(3) 力を加えてから 5.0s 後の角速度 ω はいくらか．

(4) 力を加えてから 5.0s 間の回転角 θ はいくらか．

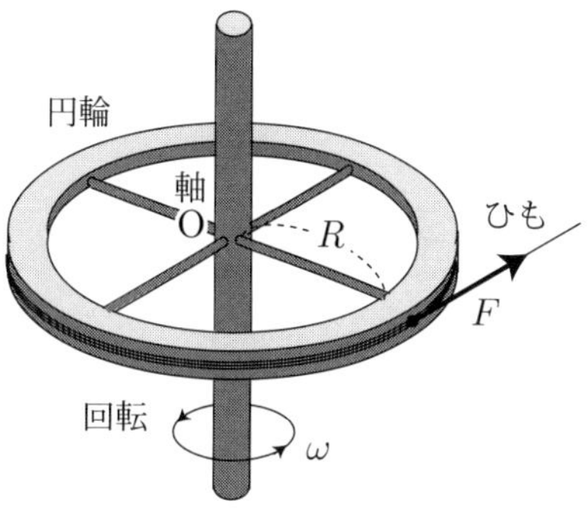

図 28.5

29　固定軸をもつ剛体の回転運動(2)

ここでは固定軸を持つ剛体の運動のうち，剛体が円形体（円輪，円柱）の場合を扱う．剛体の運動は高校物理には含まれなので，少し難しいと感じるかもしれないが，代表的な問題を解く中で理解を深めて欲しい．

§ 29.1　固定軸をもつ剛体の運動

■力のモーメントと剛体の回転　慣性モーメント I の剛体に力のモーメント N を加えると，角加速度 β が生じて，回転運動の方程式：$I\beta = N$ の関係が成立する（式 (28.16)）．力のモーメント N が一定ならば等角加速度運動となる（式 (28.6) 参照）．

例題 29.1（固定軸をもつ剛体の運動）　回転軸 O をもつ半径 $R = 0.60\text{m}$ の円板が静止していた．図 29.1 に示すように，この円板にひもをかけ，接線方向に一定の力 $F = 5.0\text{N}$ を加えたら，角加速度 $\beta = 0.25\text{rad/s}^2$ の等角加速度運動をした．

(1) 加えられた力のモーメントはいくらか．
(2) 円板の慣性モーメントはいくらか．
(3) 回転し始めてから 2.0 秒後の角速度はいくらか．そのときの回転エネルギーはいくらか．
(4) 回転し始めてから 2.0 秒間に回転した角度（回転角）はいくらか．引き出されたひもの長さはいくらか．
(5) 静止している状態から 2 秒の間に力がした仕事はいくらか．

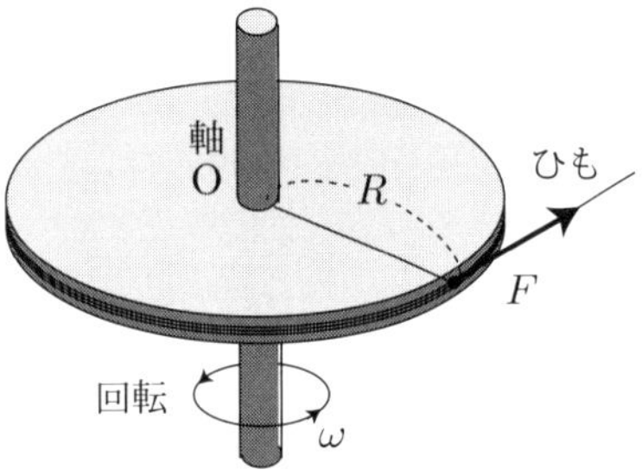

図 29.1

（解） $R = 0.60\text{m}$，$F = 5.0\text{N}$，$\beta = 0.25\text{rad/s}^2$，$\omega_0 = 0\text{rad/s}$，$t = 2\text{s}$

(1) 力のモーメントは $N = R \times F = 0.60 \times 5.0 = \mathbf{3.0\ N\cdot m}$

(2) $I\beta = N$ より円輪の慣性モーメント $I = \dfrac{N}{\beta} = \dfrac{3.0}{0.25} = \mathbf{12\ kg\cdot m^2}$

(3) 等角加速度運動だから，角速度 $\omega = \omega_0 + \beta t = \mathbf{0.50\ rad/s}$ そのときの回転エネルギー $K = \dfrac{1}{2}I\omega^2 = \dfrac{1}{2} \times 12 \times 0.50^2 = \mathbf{1.5\ J}$

(4) 回転角 $\theta = \omega_0 t + \dfrac{1}{2}\beta t^2 = 0 + \dfrac{1}{2} \times 0.25 \times 2.0^2 = \mathbf{0.50\ rad}$

回転角の関係式より，引き出されたひもの長さ $s = R\theta = \mathbf{0.30\ m}$

(5) 力がした仕事は $W = Fs = 5.0 \times 0.30 = \mathbf{1.5\ J}$

（別解） $W = N\theta = 3.0 \times 0.50 = 1.5\text{J}$ でも得られる．「回転エネルギーの増加 K ＝ひもによる仕事 W」になっている（次のページ参照）*．■

* 仕事と運動エネルギーの関係 $\dfrac{1}{2}I\omega^2 - \dfrac{1}{2}I\omega_0^2 = N\theta$

■仕事と運動エネルギーの関係　図 29.2 に示すように，固定軸をもつ円板（半径 R，慣性モーメント I）に糸を巻き，一定の力 F で距離 s だけ引き出したとき，力のした仕事（＝力×距離）は $W = Fs$ である．このとき，円板は加えられた力のモーメントによって，角 $\theta = s/R$ だけ回転する．したがって，このときの仕事は「力のモーメント×回転角」すなわち $W = N\theta$ で計算してもよい．

$$W = Fs = F \times (R\theta) = (F \times R)\theta = N\theta \tag{29.1}$$

このとき，仕事と運動エネルギーの関係が成り立っている．

$$\frac{1}{2}I\omega^2 - \frac{1}{2}I\omega_0^2 = N\theta \tag{29.2}$$

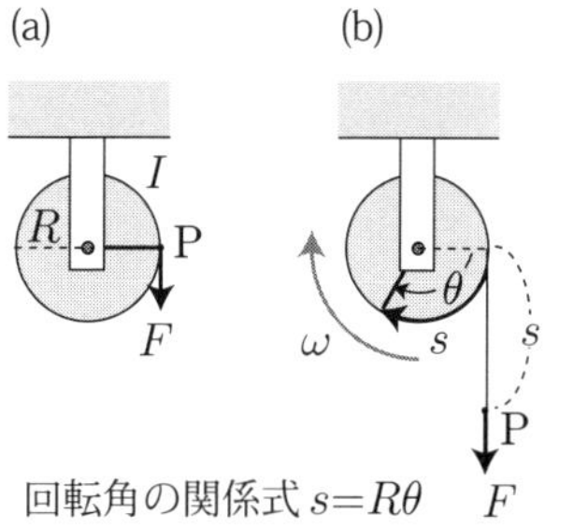

図 29.2　力のモーメントのする仕事 $\boldsymbol{W = N\theta}$

■円柱（円板）の慣性モーメント　図 29.3 に示すような質量 M，半径 R の円柱の中心軸 O のまわりの慣性モーメント I を求める．円柱の密度 $\rho = M/(\pi R^2 L)$ を使うと，半径が r と $r + \varDelta r$ の間の厚さ $\varDelta r$ の円筒の質量は $\varDelta m = \rho(2\pi r\varDelta r)L$ なので *

$$I = \sum m_i \cdot r_i^2 \to \sum \varDelta m \cdot r^2 \to \sum \rho(2\pi r\varDelta r)L \cdot r^2$$

$$= 2\pi\rho L\int_0^R r^3 dr = 2\pi\rho L\left[\frac{1}{4}r^4\right]_0^R = \boldsymbol{\frac{1}{2}MR^2}$$

※長さ L に無関係なので，円板も円柱の慣性モーメントも同じく $I = \dfrac{1}{2}MR^2$ である．

（例）半径 $R = 0.80\text{m}$，質量 $M = 0.50\text{kg}$ の一様な円板の中心軸のまわりの慣性モーメントは

$$I = \frac{1}{2}MR^2 = \frac{1}{2} \times 0.50 \times 0.80^2 = \mathbf{0.16\ kg{\cdot}m^2}$$

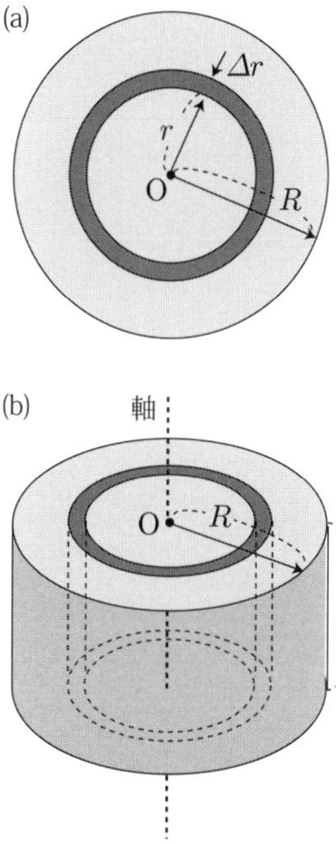

図 29.3　円柱（円板）

* 小部分の質量を $m_i \to \varDelta m$，変数を $r_i \to r$，$\varDelta r \to dr$ と置き換えてから，和 $\sum$ を積分 $\int$ に置換する．

** 球の慣性モーメントの計算は §31.2 参照

■円形体の慣性モーメント　質量 M，半径 R の一様な円形体の中心を通る回転軸のまわりの慣性モーメントを図 29.4 に示す **．

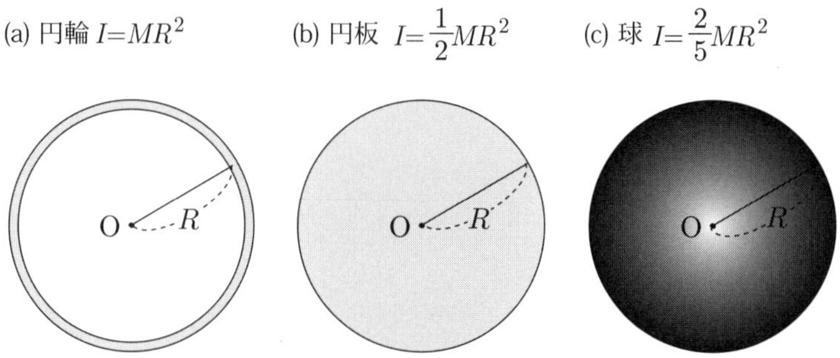

図 29.4　円形体の慣性モーメント

§ 29.2　慣性モーメントをもつ定滑車を含む物体系の運動

* 既に扱った「軽い」滑車は，慣性モーメントが 0 の滑車に相当する（§7.2 参照）．

■運動方程式で解く方法　質量をもつ滑車は慣性モーメントを持つ *．ここでは質量をもつ定滑車を固定軸をもつ剛体とみなして，定滑車を含む物体系の運動を扱う．運動方程式の立て方の基本は，**物体ごとに運動方程式を立てる**ことだが，滑車を含むときは，図 29.5 に示すように回転角の関係式（式（28.3）－（28.5））

$$s = R\theta \qquad v = R\omega \qquad a = R\beta \tag{29.3}$$

が成り立ち，連立方程式を解くときの重要な役割を果たす．

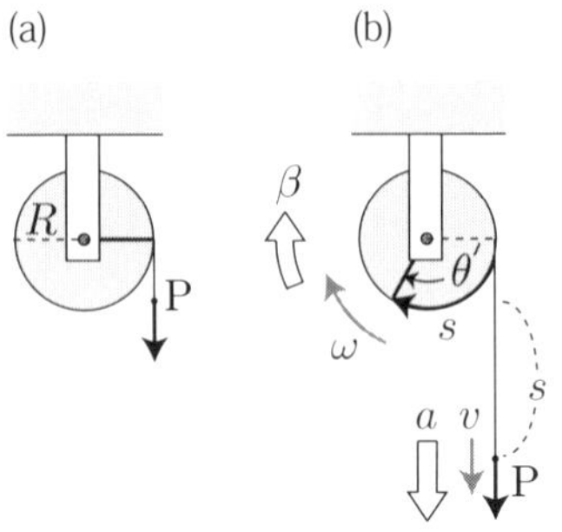

図 29.5　滑車と回転角の関係

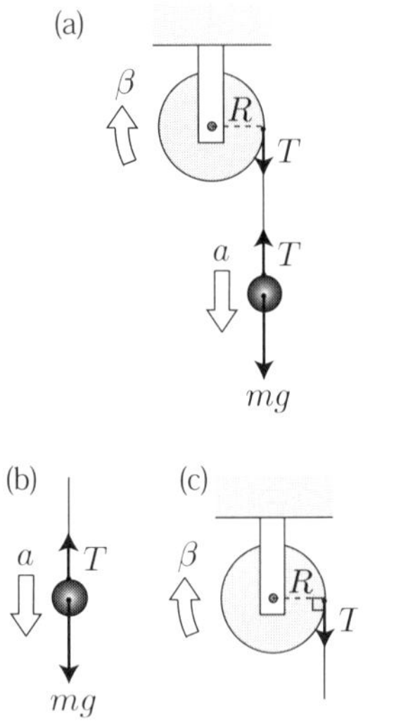

図 29.6

> **例題 29.2（定滑車につるされたおもりの運動）**　図 29.6(a) に示すように，半径 R，慣性モーメント I の定滑車にひもをかけ，質量 m のおもりをつけて静かに放した．重力加速度を g，ひもの張力を T として
>
> (1) 下向きの加速度を a として，おもりの運動方程式を立てよ．
> (2) 滑車に加わるひもによる力のモーメント N はいくらか．角加速度 β として滑車の回転運動の方程式を書け．
> (3) a と R と β の関係（回転角の関係式）を書け．
> (4) a を m，g，I，R で表せ．

（解）(1) 図 (b) を参考に，おもりの運動方程式：$\boldsymbol{ma = mg - T}$

(2) 図 (c) を参考に，力のモーメント $N = \boldsymbol{RT}$
滑車の回転運動の方程式：$\boldsymbol{I\beta = RT}$

(3) 回転角の関係式：$\boldsymbol{a = R\beta}$

(4) $\beta = a/R$ だから，回転運動の方程式に代入して $I(a/R) = RT$
これから $T = I(a/R^2)$ を得ておもりの運動方程式に代入すると
$ma = mg - Ia/R^2$，したがって $(m + I/R^2)a = mg$
これから $a = \dfrac{\boldsymbol{mg}}{\boldsymbol{m + I/R^2}}$ ■

問題 29.1（定滑車につるされたおもりの運動）　例題 29.2 で，静止した位置から距離 h だけ降下したときのおもりの速さ v を，滑車の慣性モーメント I，半径 R，おもりの質量 m，距離 h，重力加速度 g で表せ．

問題 29.2（定滑車につるされたおもりの運動）　例題 29.2 で，定滑車が質量 M，半径 R の一様な円板であるとき，おもりの加速度 a を M，おもりの質量 m，重力加速度 g で表せ．

■力学的エネルギー保存の法則を適用して解く方法 剛体にはたらく力が保存力であるときには，力学的エネルギー保存の法則が成立する．定滑車を含む物体系の運動では，全体の力学的エネルギーが保存される．ここでも回転角の関係式（式 (29.3)）が，連立方程式を解くときの重要な役割を果たす．

> **例題 29.3（定滑車につるされたおもりの運動）** 図 29.7(a) に示すように，半径 R，慣性モーメント I の定滑車にひもをかけ，質量 m のおもりをつけて静かに放した．重力加速度を g とする．おもりが h だけ降下したとき
>
> (1) 滑車の角速度を ω として，滑車の回転エネルギーを書け．
>
> (2) おもりの速さを v として，おもりの運動エネルギーを書け．
>
> (3) おもりが降下して失った位置エネルギーの分が，滑車の回転エネルギーとおもりの運動エネルギーに変換したとして，力学的エネルギー保存の法則を適用した式を書け．
>
> (4) v と R と ω の関係（回転角の関係式）を書け．
>
> (5) v を m，g，I，R、h で表せ．

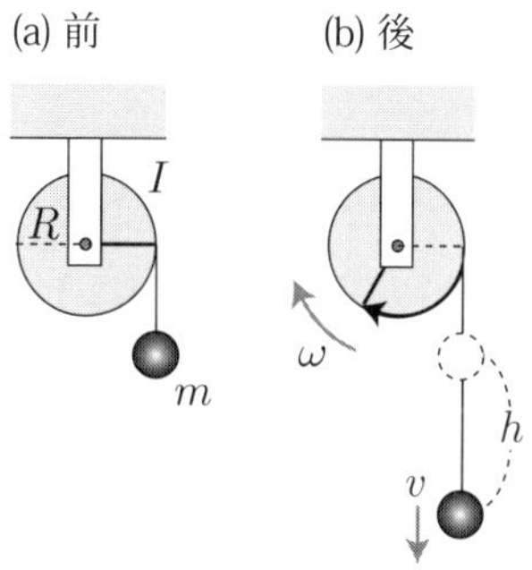

図 29.7

（解） (1) 滑車の回転エネルギー： $\boldsymbol{\frac{1}{2}I\omega^2}$

(2) おもりの運動エネルギー： $\boldsymbol{\frac{1}{2}mv^2}$

(3) おもりが降下して失った位置エネルギーは mgh だから，力学的エネルギー保存の法則を適用して

$\boldsymbol{\frac{1}{2}I\omega^2 + \frac{1}{2}mv^2 - mgh = 0}$ または $\boldsymbol{\frac{1}{2}I\omega^2 + \frac{1}{2}mv^2 = mgh}$

(4) 回転角の関係式 $\boldsymbol{v = R\omega}$

(5) $\omega = v/R$ だから，力学的エネルギー保存の式に代入して

$$\frac{1}{2}I\left(\frac{v}{R}\right)^2 + \frac{1}{2}mv^2 = mgh \quad \therefore \frac{1}{2}\left(\frac{I}{R^2} + m\right)v^2 = mgh$$

これから $v = \boldsymbol{\sqrt{\dfrac{2mgh}{m + I/R^2}}}$

（もちろん，この結果は問題 29.1 の答えと一致する.） ■

■力学的エネルギー保存の適用式から加速度を求める方法

例題 29.3 の解 (5) で導出した式 $\frac{1}{2}\left(\frac{I}{R^2} + m\right)v^2 = mgh$ の両辺を時刻 t で微分する．$\frac{d}{dt}v^2 = 2v\frac{dv}{dt} = 2va$ と $\frac{d}{dt}h = v$ に注意して

$$\frac{1}{2}\left(\frac{I}{R^2} + m\right) \times 2va = mgv \quad \therefore a = \frac{mg}{m + I/R^2}$$

（もちろん，この結果は例題 29.2 の答えと一致する）

30 固定軸を持つ剛体の回転運動(3)

前回までは固定軸を持つ円形体の回転を扱ったが，ここでは固定軸を持つ棒の運動を取り上げる．後半では剛体の角運動量保存の法則を扱う．

§ 30.1 剛体振り子

■剛体振り子の周期 図 30.1 に示すように，鉛直面内で固定軸のまわりに自由に回転でき，重力の作用によって振動をする剛体を**剛体振り子**とよぶ．質量 M，軸 O のまわりの慣性モーメント I，軸 O と重心 G までの距離 h ならば，振れの角 θ が小さいとき

$$\text{剛体振り子の周期 } T = 2\pi\sqrt{\frac{I}{Mgh}} \tag{30.1}$$

である．

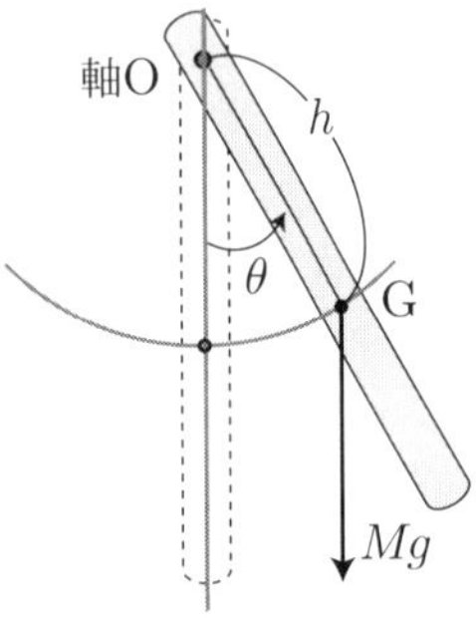

図 30.1 剛体振り子

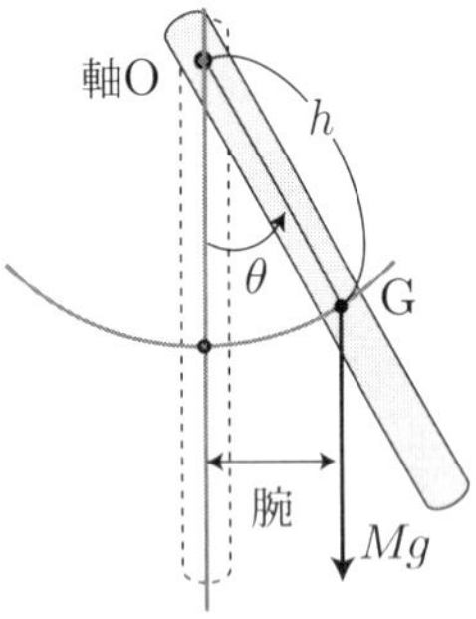

図 30.2

例題 30.1（剛体振り子） 図 30.2 に示すように，固定軸 O のまわりで自由に回転できる棒（質量 M，軸のまわりの慣性モーメント I）がある．軸 O と重心 G までの距離を h，時刻 t で OG が鉛直線となす角を θ とし，重力加速度を g とする．

(1) 固定軸のまわりの力のモーメントはいくらか．
(2) 剛体の運動方程式を書け．
(3) 振れの角が小さいとき ($\sin\theta \fallingdotseq \theta$)，この運動は単振動であることを示し，その周期 T を求めよ．

(解) 固定軸 O のまわりの剛体の運動である．

(1) 反時計回りを正に設定すると，θ が正のとき力のモーメントは時計回りなので負の符号がつく．（腕の長さ $= h\sin\theta$ だから）軸 O のまわりの重力 Mg のモーメントは* $N = \boldsymbol{-Mgh\sin\theta}$

(2) 軸 O のまわりの角加速度を $\beta = \dfrac{d^2\theta}{dt^2}$ とすると，剛体の回転運動の方程式は $I\beta = -Mgh\sin\theta$ つまり $\boldsymbol{I\dfrac{d^2\theta}{dt^2} = -Mgh\sin\theta}$

(3) 振れの角が小さいとして $\sin\theta \fallingdotseq \theta$ を代入すると，運動方程式は

$I\dfrac{d^2\theta}{dt^2} = -Mgh\theta$ つまり $\omega = \sqrt{\dfrac{Mgh}{I}}$ として $\dfrac{d^2\theta}{dt^2} = -\omega^2\theta$

この解は単振動で $\theta = A\sin(\omega t+\phi)$，周期は $T = \dfrac{2\pi}{\omega} = \boldsymbol{2\pi\sqrt{\dfrac{I}{Mgh}}}$ ■

* 回転を起こそうとする重力の成分（= 円の接線方向の成分）は $Mg\sin\theta$ であることを利用して，$N = -h \times Mg\sin\theta$ で求めてもよい．

■平行軸の定理　図 30.3 に示すように，質量 M の剛体内の点 A を通る回転軸のまわりの慣性モーメントを I_A，その軸と平行で重心 G を通る慣性モーメントを I_G とすると

$$\text{平行軸の定理：}\ I_\mathrm{A} = I_\mathrm{G} + Mh^2 \tag{30.2}$$

が成り立つ．一般に図表にまとめて示してあるのは I_G である．

平行軸の定理を使えばその軸に平行な任意の軸のまわりの慣性モーメントが，積分計算することなしに求めることができる．

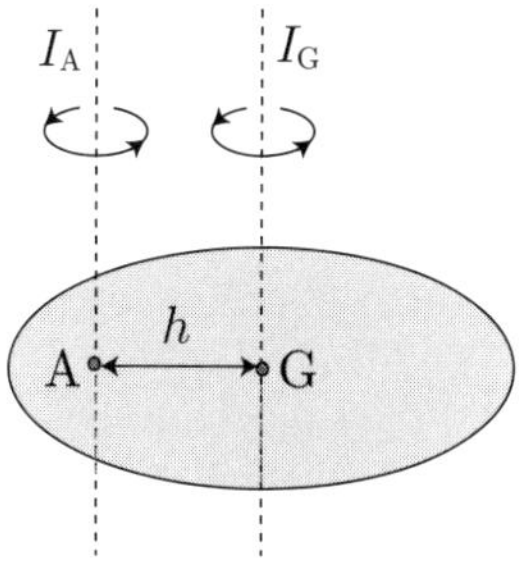

図 30.3　平行軸の定理

■棒の慣性モーメントの計算

> **例題 30.2（棒の慣性モーメント）**　長さ l，質量 M の一様な棒がある．
> (1) 棒に垂直で一端 A を通る軸を中心にして回転するときの慣性モーメント I_A を求めよ．
> (2) 棒に垂直で重心 G を通る軸を中心にして回転するときの慣性モーメント I_G を求めよ．
> (3) 平行軸の定理 $I_\mathrm{A} = I_\mathrm{G} + M(l/2)^2$ が成り立っていることを示せ．

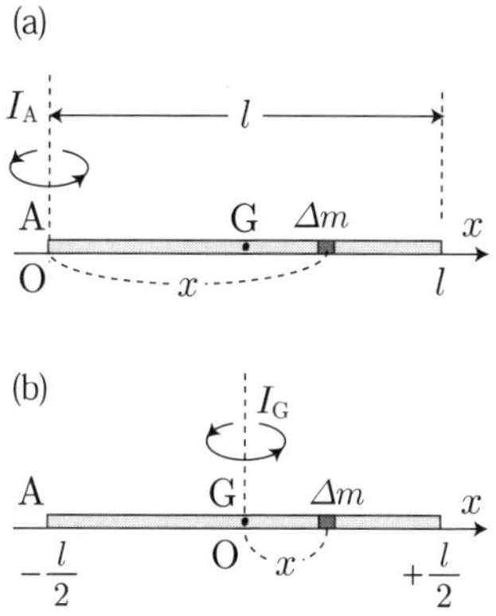

図 30.4　棒の慣性モーメント

（解）単位長さあたりの棒の質量（線密度）は $\lambda = M/l$ で，長さ Δx あたりの質量は $\Delta m = \lambda \Delta x$ である（すなわち $dm = \lambda dx$）．

(1) 図 30.4(a) に示すように，端 A を原点にとり，棒にそって x 軸をとると，積分範囲が $[0, l]$ であることに注意して *

$$I_\mathrm{A} = \sum m_i x_i^2 \to \sum \Delta m \cdot x^2 \to \sum \lambda \Delta x \cdot x^2$$
$$= \lambda \int_0^l x^2 dx = \frac{M}{l}\left[\frac{1}{3}x^3\right]_0^l = \boldsymbol{\frac{1}{3}Ml^2}$$

(2) 図 30.4(b) に示すように，重心 G を原点にとると，積分範囲が $[-l/2, l/2]$ となることに注意して

$$I_\mathrm{G} = \lambda \int_{-l/2}^{l/2} x^2 dx = \frac{M}{l}\left[\frac{1}{3}x^3\right]_{-l/2}^{l/2} = \boldsymbol{\frac{1}{12}Ml^2}$$

(3) $h = \mathrm{AG} = l/2$，$I_\mathrm{G} = Ml^2/12$ として平行軸の定理を適用すると

$$I_\mathrm{A} = I_\mathrm{G} + Mh^2 = \frac{1}{12}Ml^2 + M\left(\frac{l}{2}\right)^2 = \frac{1}{3}Ml^2$$

となるので，(1) で求めた結果 (I_A) に等しい．■

* 小部分の質量を $m_i \to \Delta m \to dm$，変数を $x_i \to x$，$\Delta x \to dx$ と置き換えてから，和 $\sum$ を積分 $\int$ に置換する．

■**剛体振り子とエネルギー**　固定軸を持つ剛体の回転では，力学的エネルギー保存の法則が成り立つ．質量 M，慣性モーメント I の剛体が角速度 ω で回転しているとき，重心 G の高さ h をすると

$$\frac{1}{2}I\omega^2 + Mgh = 一定 \tag{30.3}$$

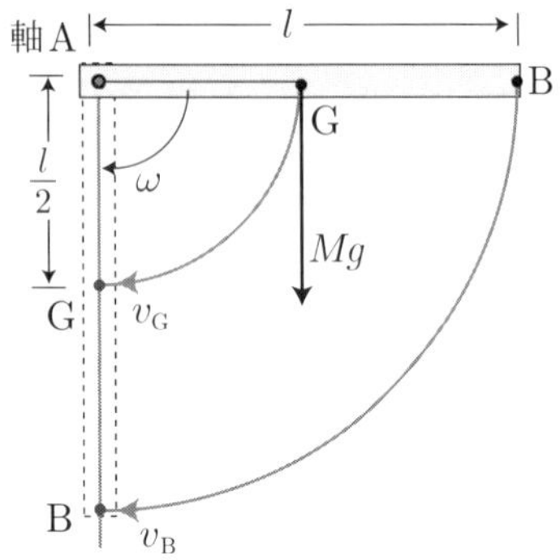

図 30.5

例題 30.3（固定軸を持つ棒の回転）　図 30.5 のように，長さ l，質量 M の一様な棒があり，棒の一端 A を固定軸として自由に回転できる．棒の端 A のまわりの慣性モーメントを $I = Ml^2/3$，重力加速度を g とし，摩擦は無視する．棒 AB を水平な位置から静かに放した．

(1) 放した直後の，棒の角加速度 β と端 B の加速度 a_{B} はいくらか．

(2) 棒が鉛直になるときの角速度 ω はいくらか．このときの重心 G の速さ v_{G} と端 B の速さ v_{B} を求めよ．

（解）(1) 重心 G は半径 $\dfrac{l}{2}$，端 B は半径 l の円軌道を描く．
棒が水平のとき軸 A のまわりの重力のモーメントは $Mg \times (l/2)$ であるから，回転運動の方程式は $I\beta = Mg\left(\dfrac{l}{2}\right)$．これから

放した直後の角加速度 $\beta = \dfrac{Mgl}{2I} = \dfrac{Mgl}{2Ml^2/3} = \boldsymbol{\dfrac{3g}{2l}}$

端 B は半径 l の円軌道だから，加速度 $a_{\mathrm{B}} = l\beta = \boldsymbol{\dfrac{3}{2}g}$

(2) 棒が鉛直になったときを基準とすると，棒が水平のときの位置エネルギーは $Mgl/2$ だから，力学的エネルギー保存の法則を適用すると $\dfrac{1}{2}I\omega^2 + 0 = 0 + \dfrac{1}{2}Mgl$ となる．したがって棒が鉛直になったとき

角速度 $\omega = \sqrt{\dfrac{Mgl}{I}} = \sqrt{\dfrac{Mgl}{Ml^2/3}} = \boldsymbol{\sqrt{\dfrac{3g}{l}}}$

重心 G の速さ $v_{\mathrm{G}} = \dfrac{l}{2}\omega = \boldsymbol{\dfrac{\sqrt{3gl}}{2}}$

端 B の速さ $v_{\mathrm{B}} = l\omega = \boldsymbol{\sqrt{3gl}}$

※ 棒が水平なとき（放した直後）は角速度 ω は 0 だが角加速度 β は大きい．棒が鉛直になると角速度 ω が大きくなるが加速度 β は 0 になる．回転角の関係式から，角速度 ω は棒全体で同じでも，軸から距離があるほど速度・加速度が大きい．■

§ 30.2　回転する物体と角運動量保存の法則

■慣性モーメントが変化しうる場合の角運動量保存の法則　外力のモーメントの和が 0 であれば，剛体の角運動量は変わらず，その結果 $\omega =$ 一定 となることは既に学んだ（式 (28.18) 参照）．

剛体と異なり，慣性モーメントが変化しうる場合には，必ずしも $\omega =$ 一定 とならない．慣性モーメントが I_1 のときの角速度を ω_1，I_2 のときの角速度を ω_2 とし，この間の外力のモーメントが 0 であるとすると角運動量保存の法則より

$$I_1\omega_1 = I_2\omega_2 \tag{30.4}$$

が成り立つ．すなわち角運動量を保ったまま慣性モーメント I が小さくなれば，角速度 ω は大きくなる *．

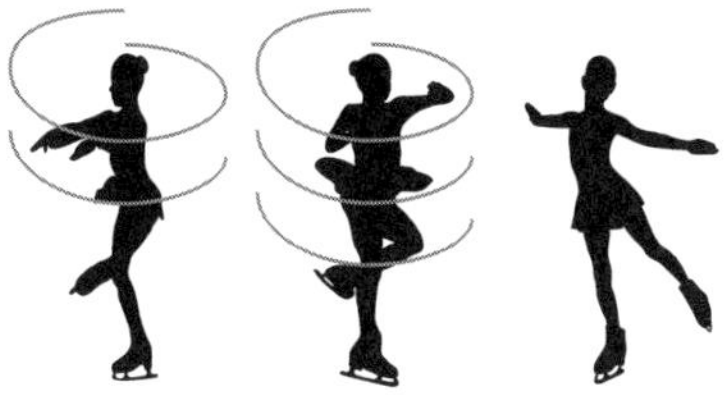

図 30.6　スピンするスケート選手

* フィギュアスケートのスピンでは，選手が両手を抱えると慣性モーメントが小さくなるので，回転速度が速くなる．

例題 30.4（角運動量保存の法則）　図 30.7(a) に示すように，半径 R，質量 M の一様な円板 A が同じ場所で回転角 ω で回転している．図 (b) に示すように，この円板 A の上に，半径が $R/2$ で質量 M の一様な円板 B を，両者の中心軸が一致するように，静かに密着させた．密着した後の A と B の角速度は ω' になった．

(1) 中心軸のまわりの円板 A の慣性モーメント I_{A} はいくらか．図 (a) の状態での A の角運動量の大きさ L はいくらか．

(2) 中心軸のまわりの円板 B の慣性モーメント I_{B} はいくらか．密着後の角速度 ω' は密着前の角速度 ω の何倍か．

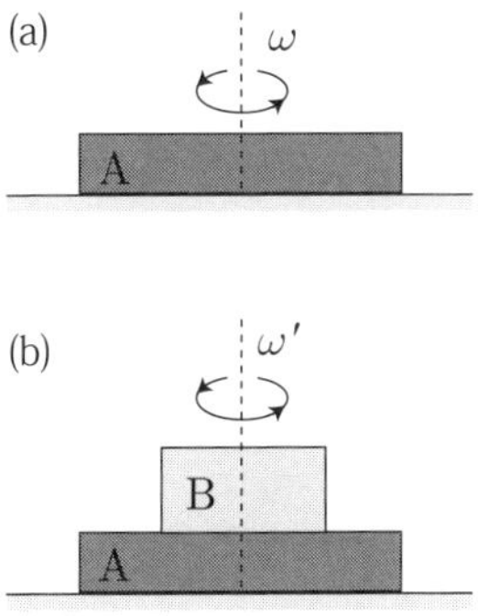

図 30.7

（解）(1) 円板 A の慣性モーメント $I_{\mathrm{A}} = \boldsymbol{\frac{1}{2}MR^2}$

密着前の A の角運動量 $L = I_{\mathrm{A}}\omega = \boldsymbol{\frac{1}{2}MR^2\omega}$

(2) 円板 B の慣性モーメント $I_{\mathrm{B}} = \frac{1}{2}M\left(\frac{R}{2}\right)^2 = \boldsymbol{\frac{1}{8}MR^2}$

外力のモーメントははたらいていないから，角運動量保存の法則が成立しているので $(I_{\mathrm{A}} + I_{\mathrm{B}})\omega' = I_{\mathrm{A}}\omega$

したがって $\omega' = \dfrac{I_{\mathrm{A}}}{I_{\mathrm{A}} + I_{\mathrm{B}}}\omega = \dfrac{MR^2/2}{MR^2/2 + MR^2/8}\omega = \boldsymbol{\frac{4}{5}\omega}$

ω' は ω の $\boldsymbol{\frac{4}{5}}$ 倍　■

31 剛体の平面運動

平面上を転がる円柱のように，回転軸を同じ方向に保ったまま剛体が運動するとき，これを剛体の平面運動とよぶ．剛体の平面運動は，重心の並進運動と重心のまわりの回転運動とに分解できる．運動方程式とエネルギー保存の両方から解法に取り組んでみよう．

§ 31.1 剛体の平面運動

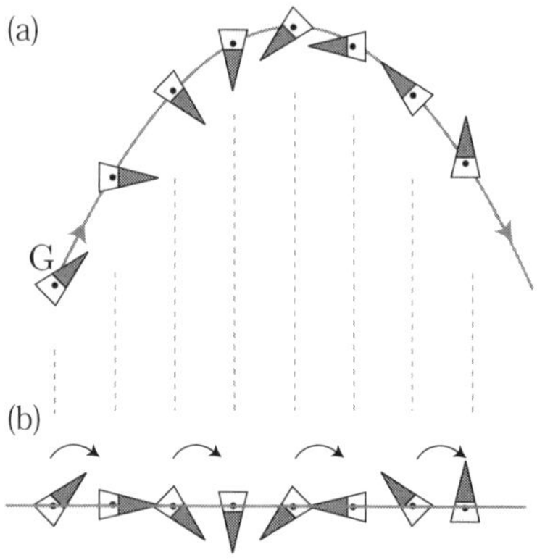

図 31.1 剛体の平面運動

(a) 重心の並進運動
(b) 重心のまわりの回転運動

■剛体の平面運動 図 31.1(a) に示すように，三角形（剛体）を鉛直面と平行に投げると，三角形を構成するすべての点は同じ鉛直な平面内で運動する．このような運動を**剛体の平面運動**とよぶ．平面運動は重心 G の運動と，G を通り平面に垂直な軸のまわりの剛体の回転とが合成された運動とみなすことができる．図 31.1 の例では，重心 G の運動は放物運動だが，剛体自体は図 (b) に示すように G のまわりで等角速度で回転している．この場合の回転運動は，回転軸が重心とともに移動するから固定軸ではないが，固定軸をもつ剛体の運動と同様の扱いが可能である．

■平面運動をしている剛体の運動方程式 剛体の平面運動は**(1) 重心の並進運動**と**(2) 重心のまわりの回転運動**に分解できる．運動方程式もそれぞれの運動に対応して

$$\text{重心の並進運動の方程式：}\quad Ma = F \tag{31.1}$$

（全質量 M）×（重心の加速度 a）＝（外力の和 F）

$$\text{剛体の回転運動の方程式：}\quad I\beta = N \tag{31.2}$$

（慣性モーメント I）×（角加速度 β）＝（力のモーメントの和 N）

の 2 式で表せる．

■平面運動をしている剛体の運動のエネルギー 重心 G が速さ v で並進運動し，点 G のまわりを剛体が角速度 ω で回転しているとき，運動エネルギーもそれぞれの運動に対応して

$$\text{重心の並進運動のエネルギー：}\quad K(\text{並進}) = \frac{1}{2}Mv^2 \tag{31.3}$$

$$\text{剛体の回転運動のエネルギー：}\quad K(\text{回転}) = \frac{1}{2}I\omega^2 \tag{31.4}$$

と表せる．全体の運動エネルギー K は並進運動のエネルギーと回転運動のエネルギーの和である．

■平面運動と回転角の関係式　図 31.2 に示すように，半径 R の円形体が転がって進むとき，重心 G は並進運動するが，円周上の点 A は**サイクロイド**とよばれるやや複雑な曲線を描く．

一般に円形体が転がるとき，円縁には**転がり摩擦力**がはたらき，重心 G の進む距離 x と円形体の回転角 θ の間には回転角の関係式 $x = R\theta$ が成り立つ．したがって，$v = R\omega$，$a = R\beta$ も成り立っている．

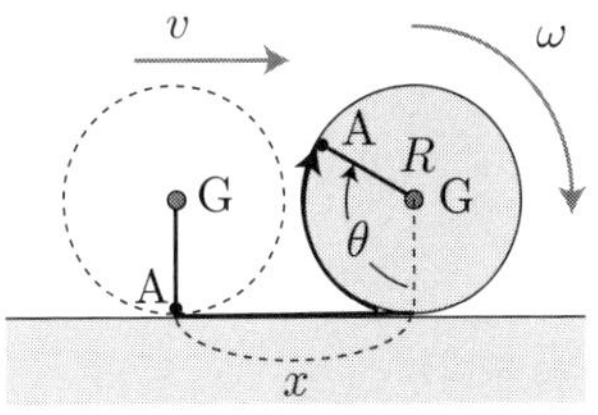

図 31.2　平面を転がる円形体

■運動方程式による解法

> **例題 31.1（斜面を転がる円形体）**　図 31.3(a) に示すように，円形体（質量 M，半径 R，慣性モーメント I）が，水平と角 θ をなす斜面を転がるときの重心の加速度 a はいくらか．また，斜面に沿って l だけ降下したときの重心の速さ v はいくらか．ただし，重力加速度 g とする．

（解） 図 (b) のように，円形体には重心 G（中心）に重力 Mg と，円縁に転がり摩擦力 F がはたらく．

重心の並進運動の方程式は　$Ma = Mg\sin\theta - F \cdots$①

剛体の回転運動の方程式は　$I\beta = RF \cdots$②

回転角の関係式は　$a = R\beta \cdots$③

①～③式を連立して解いて，重心の加速度は $a = \dfrac{\boldsymbol{g\sin\theta}}{\boldsymbol{1 + I/(MR^2)}}$

重心の運動は等加速度運動だから $v^2 - 0 = 2al$ より

$$\text{重心の速さは } v = \sqrt{2al} = \sqrt{\frac{\boldsymbol{2gl\sin\theta}}{\boldsymbol{1 + I/(MR^2)}}}$$ ■

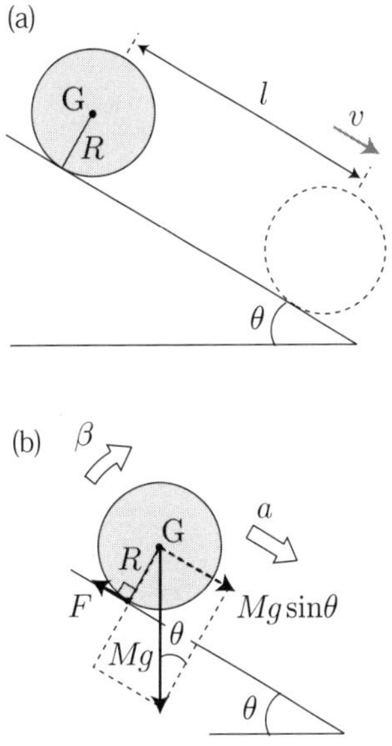

図 31.3　斜面を転がり下りる円形体

■転がることと滑ることの違い　転がることの意味を考えるために，図 31.4 のように，斜面に置いた (a) 正 6 面体，(b) 正 12 面体，(c) 円形体の運動の違いを考えてみる．斜面に置いた正 6 面体では「転倒」する．このとき，正 6 面体は明らかに 1 点で斜面と接していて，転倒による力学的エネルギーの減少はない．角を多くしてもこの事情は変わらず，円形体となって「転がる」場合は，転がり摩擦力がはたらいても，力学的エネルギーは保存される．一方，滑る場合は同じ面が長時間接するため，粗い斜面ならば動摩擦力によるエネルギーの減少がある．動摩擦力は**滑り摩擦力**とも呼ばれる．

高速で回転しても自動車のタイヤがあまり熱をもたず，急ブレーキをかけた場合に熱くなるのも，近似的にはこのためであると考えてよい．

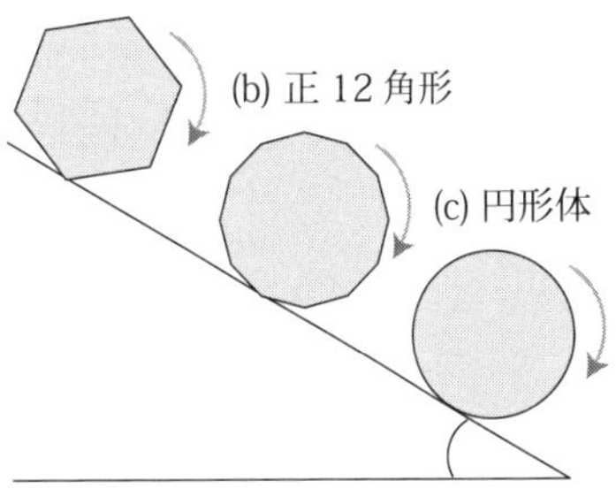

図 31.4　転がること

§ 31.2 剛体の平面運動とエネルギー

■**剛体の平面運動と力学的エネルギー保存の法則** 剛体が保存力を受けて運動するときには，力学的エネルギー保存の法則が成り立つ．質量 M，慣性モーメント I の剛体が，重心 G の速度 v，重心 G を通る軸のまわりの回転の角速度 ω で運動していて，保存力が重力だけの場合には，力学的エネルギー保存の法則から

$$\frac{1}{2}I\omega^2 + \frac{1}{2}Mv^2 + Mgh = 一定 \tag{31.5}$$

が得られる．ただし h は重心 G の基準水平面からの高さで，g は重力加速度である．転がり摩擦は仕事しないので，転がり摩擦がはたらいても力学的エネルギーは保存される．

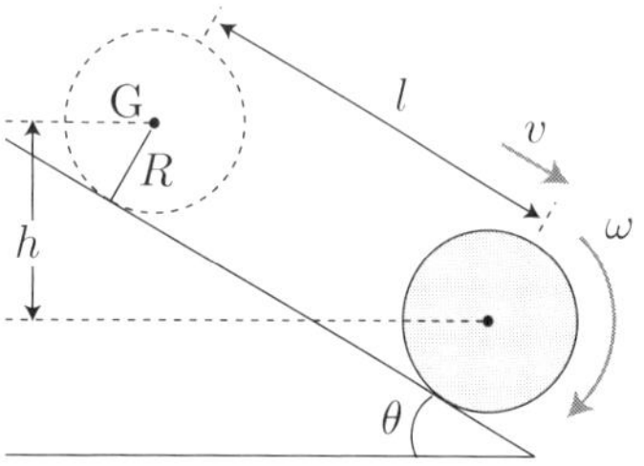

図 31.5

例題 31.2（斜面を転がる円形体） 図 31.5 に示すように，円形体（質量 M，半径 R，慣性モーメント I）が，水平と角 θ をなす斜面に沿って距離 l だけ転がり下りたときの重心の速さを v，重心のまわりの剛体の回転の角速度を ω とし，重力加速度を g とする．はじめは静止していたとして

(1) 力学的エネルギーの保存を表す関係式を書け．

(2) v，R，ω の関係式（回転角の関係式）を書け．

(3) v を g，R，I，l，θ で表せ．

（解） (1) 剛体は並進運動のエネルギー $\frac{1}{2}Mv^2$ と回転運動のエネルギー $\frac{1}{2}I\omega^2$ を得るが，重心 G（中心）は $l\sin\theta$ だけ降下するので位置エネルギー $Mgl\sin\theta$ を失う．力学的エネルギーの保存の法則を適用して

$$\boldsymbol{\frac{1}{2}Mv^2 + \frac{1}{2}I\omega^2 - Mgl\sin\theta = 0}$$

(2) 回転角の関係式は $\boldsymbol{v = R\omega}$

(3) (1) と (2) より ω を消去して，$v = \boldsymbol{\sqrt{\dfrac{2gl\sin\theta}{1+I/(MR^2)}}}$

（例題 31.1 の結果と一致する）

■

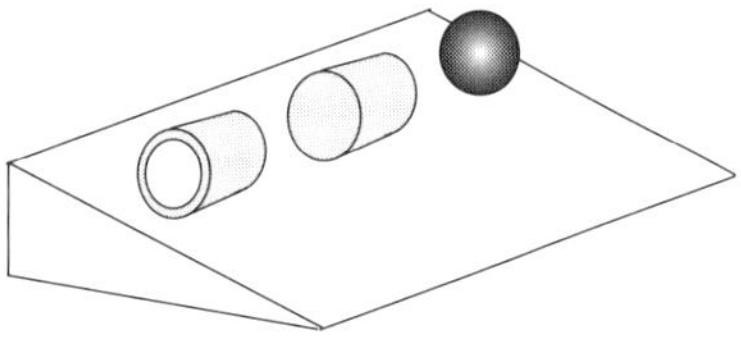

図 31.6

問題 31.1（円形体の運動） 図 31.6 に示すように，円輪 (円環)，円柱（円板）および球体が斜面に置かれている．静かに放すとき，最初に斜面下端に到達するのはどれか．またその理由は何か．エネルギーの立場から考察せよ．ただし，いずれの円形体も一様で，質量 M，半径 R のときの慣性モーメントはそれぞれ，(i) 円輪 $I = MR^2$，(ii) 円柱 $I = (1/2)MR^2$，(iii) 球体 $I = (2/5)MR^2$ とする．

■球の慣性モーメントの計算 図 31.7(a) のように x 座標を取り，質量 M で半径 R の一様な球の中心 O を通る軸のまわりの慣性モーメントを求める．球の密度（＝質量/体積）は $\rho = M/\left(\dfrac{4}{3}\pi R^3\right) = \dfrac{3M}{4\pi R^3}$ である．原点 O からの距離 x の位置で，厚さ Δx で，x 軸に垂直に球を切断した円板を考えると，その半径は $y = \sqrt{R^2 - x^2}$ で，その質量は $\Delta m = \pi y^2 \Delta x \times \rho = \pi(R^2 - x^2)\Delta x \times \rho$ である．既に学んだ円板の慣性モーメントを応用すると（§29.1），図 (b) のような，質量 Δm，半径 y の円板の慣性モーメントは

$$\begin{aligned}\Delta I &= \frac{1}{2}(\Delta m)y^2 \\ &= \frac{1}{2}\pi\rho(R^2 - x^2)\Delta x \times (R^2 - x^2) = \frac{1}{2}\pi\rho(R^2 - x^2)^2 \Delta x\end{aligned}$$

と計算される．球全体の慣性モーメントはこのような円板のモーメントを加算したものだから $\Delta x \to dx$ と置き換えて $-R$ から $+R$ まで x について積分すると（途中偶関数であることも利用して）

$$\begin{aligned}I &= \frac{1}{2}\pi\rho \int_{-R}^{R} (R^2 - x^2)^2 dx = \pi\rho \int_0^R (R^4 - 2R^2x^2 + x^4)dx \\ &= \pi\rho \times \frac{8}{15}R^5 = \boldsymbol{\frac{2}{5}MR^2}\end{aligned}$$

を得る．

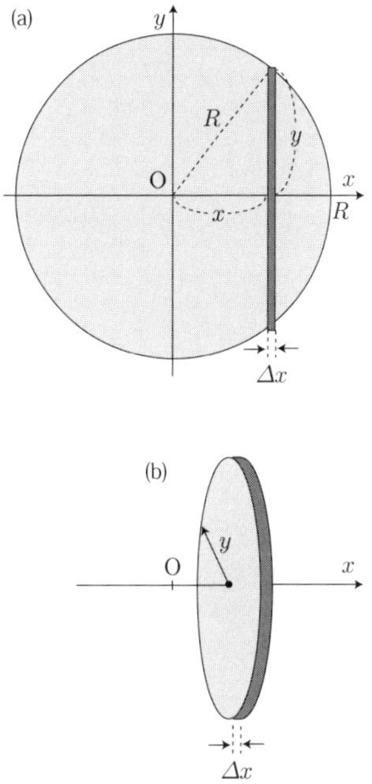

図 31.7 球の慣性モーメントの計算

Coffee Break

生卵とゆで卵

質量 M で半径 R の球体が 2 つあり，外見上は区別がつかないが，一方が内部の一様な球で，他方が内部に空洞をもつ薄い球殻だということが分かっているとする．この 2 つの球を区別するには，斜面を転がしてみればよい．一様な球の慣性モーメントは $(2/5)MR^2$ で，球殻の慣性モーメントは $(2/3)MR^2$ だから，一様な球は加速度 $(5/7)g\sin\theta$ で転がり，球殻は加速度 $(3/5)g\sin\theta$ で転がる．結局一様な球の方が先に下まで降りる．

では「生卵」と「ゆで卵」でこの実験をやったらどうなるだろう．ゆで卵の方が先に下りると書いてある教科書もあるが，筆者が実験をした限りではははっきりとわからない．何よりも卵は完全な球ではないので，斜面をまっすぐ下らずコースを曲げてしまい，実験にならない．「生卵」と「ゆで卵」を区別するには，スピンを加えコマのように回転させるとよい．同じように回したのなら「生卵」の方が先に止まる *．

* 生卵は内部が流動的だから，外殻が静止しても内部ではまだ少し動いていると考えれば理解できる．

32　問題演習（剛体の力学）

物理学は暗記科目ではない．まず法則に関する確実な理解が必要である．法則に対する理解を確実にするために，本書では小問からなる誘導形式の問題を多く用意している．最後に「単位（次元）は正しいだろうか？　極端な場合（例えば質量が 0 の場合）適正な値となるだろうか？」など，導いた答えを自らチェックする習慣も身につけて欲しい．

基本問題（剛体のつり合い）

問題 32.1（力のモーメントのつり合い）　図 32.1(a)(b) に示すように，一様な棒におもりをつけて定点 O でつるして支える．これにおもりを 1 個つけ加えて棒を水平に保ちたい．図中におもりを書き加えよ．ただしおもりの質量は等しく，点 O，1，2，3 は等間隔とする．

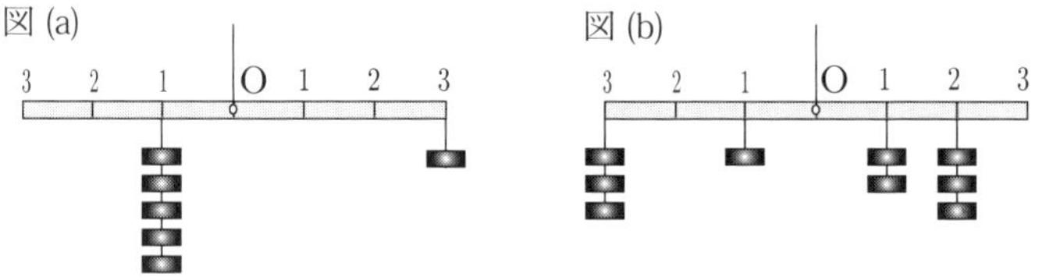

図 32.1

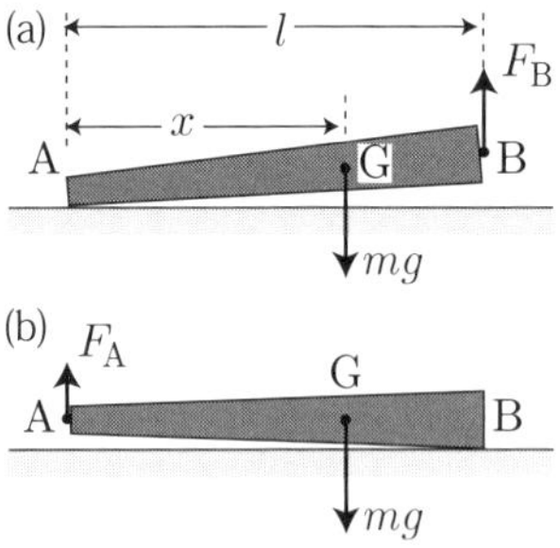

図 32.2

問題 32.2（丸太の重さと重心）　長さ $l = 6.0\mathrm{m}$ の不均一の丸太 AB が水平な床の上に置いてある．この状態から図 32.2(a) に示すように端 B を持ち上げるのに $F_B = 4.0\mathrm{kgw}$ が必要で，図 32.2(b) に示すように端 A を持ち上げるのに $F_A = 2.0\mathrm{kgw}$ が必要であった．丸太の重さは何 kgw か．点 A から重心 G までの距離 x は何 m か．

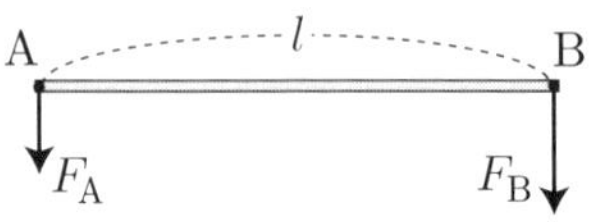

図 32.3

問題 32.3（棒にはたらく力のつり合い）　図 32.3 に示すように，長さ $l = 1.5\mathrm{m}$ の軽い棒 AB に下向きに力 $F_A = 2.0\mathrm{N}$ と $F_B = 3.0\mathrm{N}$ がはたらいている．もう 1 つの力 F をこの棒に加えて，つり合うようにしたい．加える力 F の大きさと向き，作用点の点 A からの距離 x を求めよ．

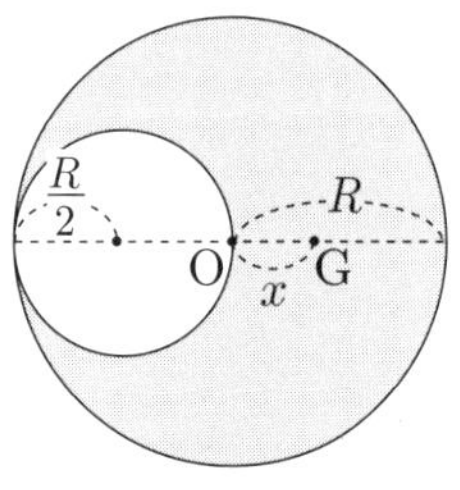

図 32.4

問題 32.4（重心）　図 32.4 に示すように，半径 R の一様な円板から，内接する半径 $R/2$ の円板を切り取った．残された板の重心 G ともとの円板の中心 O との間の距離 x を求めよ．

基本問題（剛体の運動）

問題 32.5　次の対比表の空欄にあてはまる語句または数式を書け．

質点の直線運動	剛体の回転運動
位置 x	回転角 θ
速度 $v\ (= \frac{dx}{dt})$	角速度 ω (= ①)
加速度 $a\ (= \frac{dv}{dt})$	角加速度 $\beta\ (= \frac{d\omega}{dt})$
質量 m	② I
力 F	③ N
直線運動の方程式 $ma = F$	回転運動の方程式 ④
運動エネルギー $K = \frac{1}{2}mv^2$	回転エネルギー $K =$ ⑤

問題 32.6　下の表は，質点の等加速度直線運動と剛体の等角加速度回転運動に関する対比表である．空欄にあてはまる数式を書け．

質点の等加速度直線運動	剛体の等角加速度回転運動
加速度 a (= 一定)	角加速度 β (= 一定)
速度 $v = v_0 + at$	角速度 ω = ①
位置 $x = v_0 t + \dfrac{1}{2}at^2$	回転角 θ = ②
$v^2 - v_0^2 = 2ax$	$\omega^2 - \omega_0^2$ = ③

問題 32.7（**慣性モーメントと回転エネルギー**）　長さ $2r$ の軽い棒に，棒の中点 G と両端に質量 m の小球をつけた剛体がある．

(1) 図 32.5(a) に示すように，棒の中点 G を通り棒に垂直な軸のまわりの慣性モーメント I_G はいくらか．点 G を通る軸のまわりで角速度 ω で回転させるときの回転エネルギーはいくらか．

(2) 図 32.5(b) に示すように，棒の端 A を通り棒に垂直な軸のまわりの慣性モーメント I_A はいくらか．点 A を通る軸のまわりで角速度 ω で回転させるときの回転エネルギーはいくらか．

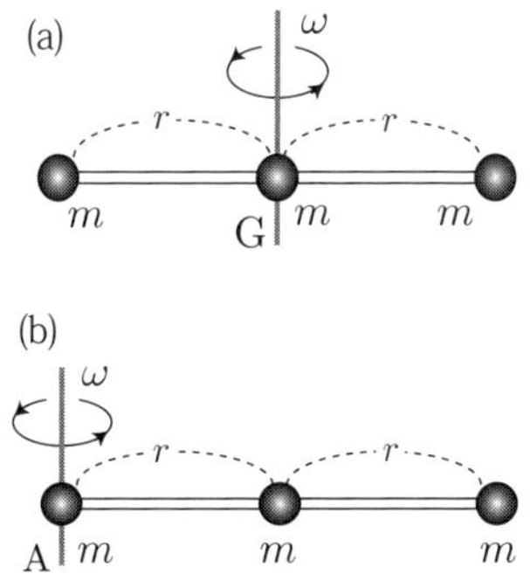

図 32.5

問題 32.8（**剛体の回転と等角加速度運動**）　図 32.6 に示すように，半径 $R = 0.50$m，慣性モーメント $I = 3.0\text{kg}\cdot\text{m}^2$ の円板が中心 O を通る軸のまわりで回転できるように置かれている．静止していたこの円板の円縁にひもをかけ，接線方向に一定の力のモーメント $N = 6.0\text{N}\cdot\text{m}$ を加えた．

(1) 加えたひもの張力 F はいくらか．

(2) 角加速度はいくらか．

(3) 回転し始めてから 4.0 秒後の角速度はいくらか．そのときの回転エネルギーはいくらか．

(4) 回転し始めてから 4.0 秒間に回転した角度（回転角）はいくらか．引き出されたひもの長さはいくらか．

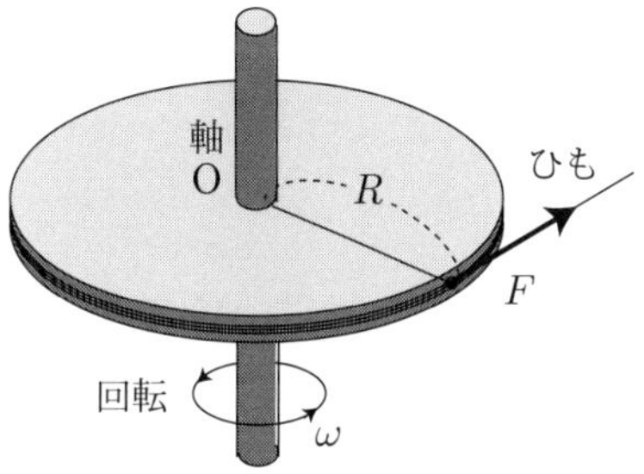

図 32.6

標準問題

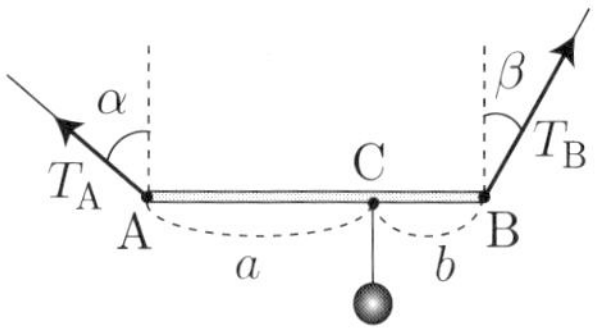

図 32.7

問題 32.9（両端を糸でつるされた水平な棒） 図 32.7 に示すように，軽くてまっすぐな棒 AB の途中の点 C におもりをつけて，両端には糸をつけて棒を水平に保つ．AC の長さを a，BC の長さを b とする．端 A についた糸が鉛直線となす角を α，端 B についた糸が鉛直線となす角を β とするとき $\dfrac{a}{b} = \dfrac{\tan\alpha}{\tan\beta}$ の関係が成り立つことを示せ．

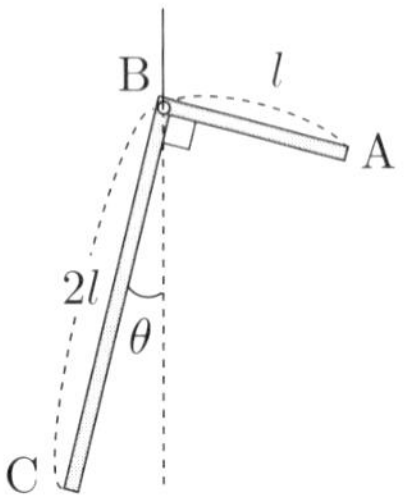

図 32.8

問題 32.10（つり下げられた L 字型定規の傾き） 図 32.8 のように，同じ太さと材質でできた 2 本の棒を直角に組み合わせて L 字型定規 ABC をつくった．AB の長さは l，BC の長さは $2l$ である．直角の頂点 B を糸で支えてつるすと，BC は鉛直と角 θ をなした．$\tan\theta$ の値はいくらか．

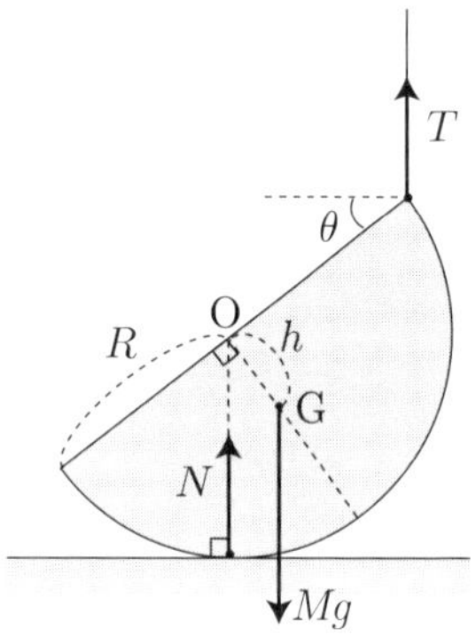

図 32.9

問題 32.11（水平面上に置かれた半球体のつり合い） 図 32.9 に示すように，半径 R の半球体を水平面上に置き，上端に糸をつけて真上に引くと，断面が水平と角 θ をなす状態でつり合った．半球体には重力 Mg が，断面の中心 O から距離 h の重心 G にはたらくとしてよい．

(1) 糸の張力 T と垂直抗力 N はいくらか．

(2) 一様な半球体とする（つまり * $h = \dfrac{3}{8}R$）．$T = N$ となるときの $\tan\theta$ の値はいくらか．

* 例題 27.3 参照

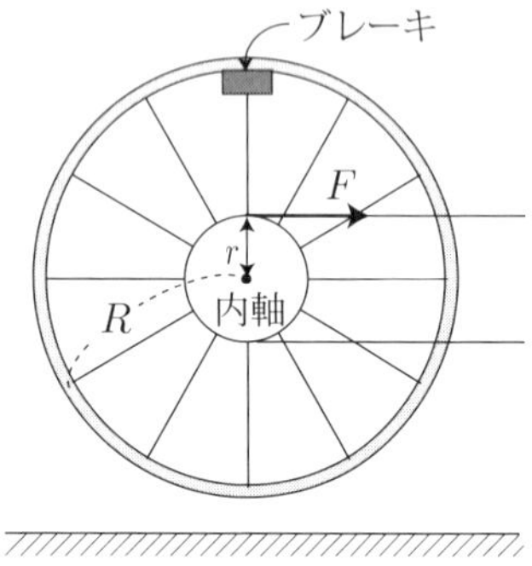

図 32.10

問題 32.12（自転車の車輪の回転） 図 32.10 のように，半径 $R = 0.30\mathrm{m}$，質量 $M = 5.0\mathrm{kg}$ の自転車の車輪があり，半径 $r = 0.090\mathrm{m}$ の軽い内軸が固定されている．車輪を地面から浮かせて実験する．

(1) 車輪の慣性モーメント I はいくらか．車輪（外周）上に全質量が分布する円輪として求めよ．

(2) 内軸にチェーンで $F = 40\mathrm{N}$ の力を加えるとき，回転の角加速度 β はいくらか．車輪ははじめ静止していたとして，何秒後に角速度が $\omega = 20\mathrm{rad/s}$ となるか．

(3) 角速度 $\omega = 20\mathrm{rad/s}$ で回転するときの車輪の回転エネルギーはいくらか．

(4) 角速度 $\omega = 20\mathrm{rad/s}$ で回転しているとき，チェーンに力を加えない状態にして，車輪の接線に沿ってブレーキをかけると，5 回転して静止した．ブレーキが効いている間の角加速度 β' はいくらか．ブレーキが車輪に加えた平均の力 F' はいくらか．

問題 32.13（定滑車と 2 つのおもりの運動） 図 32.11 に示すように，慣性モーメント I の定滑車に糸をかけ，両端に質量 M と m $(M > m)$ のおもりをそれぞれつるして放した．重力加速度を g とし，糸は滑車面を滑らないとする．滑車の回転の角加速度を β，おもりの加速度を a とし，糸の張力を T_1，T_2 とおく．

(1) 質量 m のおもりの運動方程式を $ma =$ □ の形に書け．
(2) 質量 M のおもりの運動方程式を $Ma =$ □ の形に書け．
(3) 滑車の回転運動の方程式を $I\beta =$ □ の形に書け．
(4) a と R と β の関係（回転角の関係式）を書け．
(5) 加速度 a を，M，m，I，g，R を使って表せ．

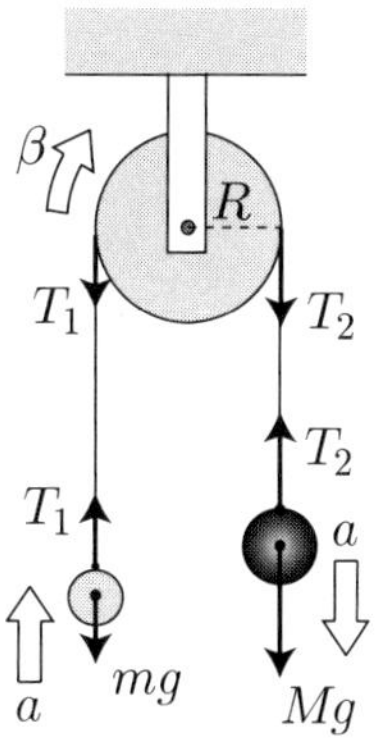

図 32.11

問題 32.14（定滑車を通して結ばれた 2 つの物体の運動） 図 32.12 に示すように，なめらかな机の上に置いた質量 m の物体に糸をつけ，半径 R，慣性モーメント I の定滑車を通して糸の他端には質量 M のおもりをつけた．静かに放したら，物体 m とおもり M は加速度 a で運動を始め，定滑車は回転を始めた．加速度 a を，m，M，g，I，R を使って表せ．重力加速度を g とし，糸は滑車面を滑らないとする．

ヒント：物体 m と滑車を結ぶ糸の張力を T_1，おもりをぶら下げた糸の張力を T_2 とおく．a と R と定滑車の角加速度 β の間には回転角の関係式が成り立つ．

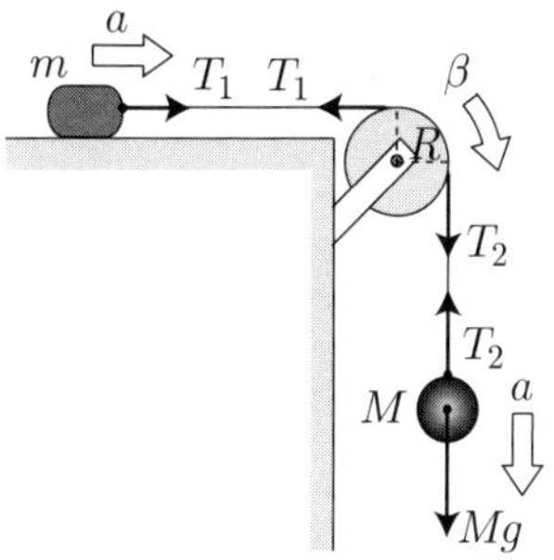

図 32.12

問題 32.15（剛体の平面運動） 図 32.13 に示すように，半径 R，質量 M の一様な円板のまわりに糸を巻きつけ，糸の他端を天井に固定した．巻きつけていない部分の糸を鉛直にした状態で，円板を静かに放す．円板の重心（中心）G の加速度 a と糸の張力 T を求めよ．重力加速度を g とする．

ヒント：重心 G のまわりの慣性モーメントは $I = \dfrac{1}{2}MR^2$．円板の重心の運動方程式，重心を通る軸のまわりの回転の運動の方程式，回転角の関係式を書き出す．

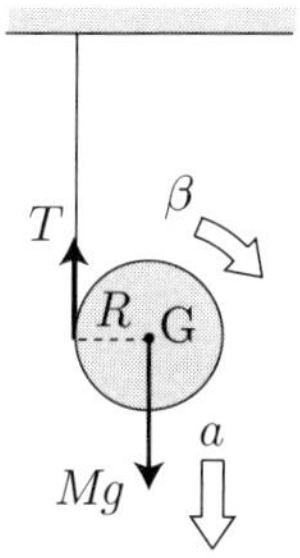

図 32.13

問題 32.16（剛体の平面運動と力学的エネルギー保存の法則） 図 32.14 に示すように，長さ l の一様な棒をなめらかな水平面上に鉛直に立てて静かに放す．棒が倒れてまさに水平になろうとする直前の棒の重心 G の速さ v を求めよ．重力加速度を g とする．

ヒント：棒の質量を M とすると，重心 G のまわりの慣性モーメントは $I = \dfrac{1}{12}Ml^2$．面がなめらかであるから，水平方向にはたらく力は存在しない．そのため重心 G は初めの位置を通る鉛直線に沿って落下する．重心 G の落下 $= l/2$．

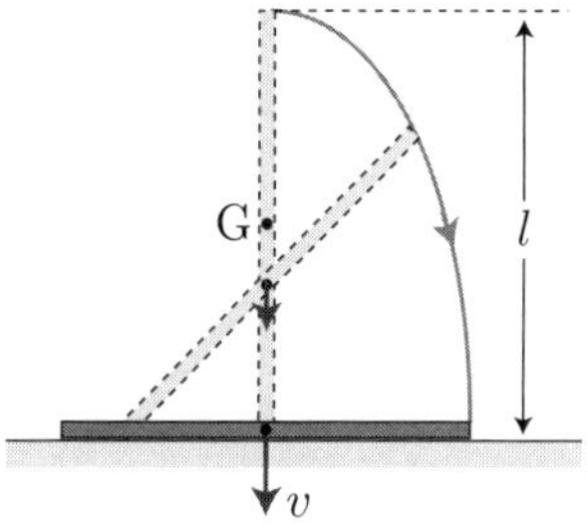

図 32.14

Coffee Break

50年後の日本

人生も後半となった今，ひどく後悔していることがある．若き日の想像力不足だ．例えば，皆さんが今当たり前のように使っている漢字変換を，それが実現できるとは想像もできなかった．筆者が学生の頃，大型計算機の端末は文字を 1 つずつスタンプのように押して印字していた（旧式のタイプライターを想像して欲しい）．26 文字のアルファベットならいざ知らず，漢字が多い日本語では印字すらできるはずがないと思っていた *．

過去を悔やんでも仕方がないので，筆者は見ることができないだろうが，若い読者は目にするであろう 50 年後の日本を予想してみる．

■ ドローンの改良が進み，タケコプターのように誰でも空を飛びまわれる．自動操縦なので衝突は起こらない．

■ 体内に IC チップが埋め込まれ，所在場所がいつも明らかなので，犯罪が起きても犯人はすぐ捕まる．アリバイ工作のトリックをもとにした推理小説は売れなくなる．

■ 本人認証できるので，お金の支払いは体内 IC チップで行われる．パスポートもカードも現金も不要になる．

■ 自動翻訳の技術がすすみ，外国語で話されても耳たぶに付けた翻訳機から話の内容がすぐ理解できる．

■ 気象はある程度制御できるようになる．台風は上陸前に雨を降らせ影響力を小さくするので，被害はほとんどない **．

■ 地震予知はできていない．地震による被害を小さくするために，東京湾と瀬戸内海に海上都市が作られる．

■ 地球の温暖化が進み，首都機能は仙台か札幌に移転する．

■ 食事はサプリメント入りの流動食が中心となる．体内 IC チップが摂取カロリーを計算し教えてくれるので，肥満や栄養不足の人がいなくなる．

■ iPS 細胞の研究が進み，不具合の臓器を入れ替える移植医療が普通に行われる．過去の病歴や遺伝情報に応じた治療が行われ，寿命が格段に延びる．

■ 人工知能 (AI) が組み込まれた家電のおかげで日常生活は非常に便利になる．介護はロボットが主に担うようになる．

■ 医療費がかかりすぎるので，100 歳以上の治療費は自己負担となる．これで一般庶民の寿命は実質 100 歳となるが，一部の金持ちはそれでも臓器移植で延命を図る．

■ 50 年後も力学の授業があり，最終回には「試験」がある．

* あのとき 50 年後をきちんと想像できていれば今頃は…と筆者はつい思ってしまう．

** 1960 年『21 世紀への階段』（科学技術庁監修）の中で，40 年後には台風の進路を制御できるだろうと予測されている．しかし 50 年経てもまだ実現できていない．

解　　答

解　　答

0. 一般的注意

■ まず問題文をよく読み，**題意を正確に汲み取る**．そのためには，

(1) **図を描き，必要な条件を図に書き込む**．

(2) **与えられた条件と求めるべき量（未知の量）を書き出す**．例えば条件に「質量 0.50kg，速さ 2.0 m/s」とあったら

$m = 0.5\text{kg}, \quad v = 2\text{m/s}$

のように，**物理量に対応する文字を添えて書き出す**ほうがよい．力学では慣例で，力は F，加速度は a，垂直抗力は N，張力や周期は T などの英文字を使う．

(3) 力学の「業界用語」に慣れる．例えば，

「なめらかな面」→「**摩擦のない面**」

「粗い面」→「**摩擦のある面**」

「軽い糸」→「**質量が無視できる糸**」

とすぐ理解できるようにする．

■ 問題を解くにあたり，**最初は文字（記号）を含む式で解法を表現・整理**してから，そのあとで各文字に数値を代入すること．

■ **文字による解答を要求されているのか，数値による解答を要求されているか**を区別して答える．特に断りがない限り，数値は**有効数字 3 桁程度**で答えを示す．

■ **単位と位取り**に気をつけて，**答え（結果）をチェック**する．

① 次元（単位）をチェックする

② 極端な場合物理的に矛盾は生じないか？

■ 非常に大きい数や，非常に小さい数を扱うときには 10^n を利用し，$\mathbf{10^n}$ **は** $\mathbf{10^n}$ **どうしで計算する**．

（例 1）　2910000×0.000317

$= 2.91 \times 10^6 \times 3.17 \times 10^{-4}$

$= 2.91 \times 3.17 \times 10^{6-4} = 9.22 \times 10^2 = 922$

（例 2）　$\sqrt{0.00000326} = \sqrt{3.26 \times 10^{-6}}$

$= \sqrt{3.26} \times 10^{-3} \fallingdotseq 1.81 \times 10^{-3}$

問題 1.1

三平方の定理より，$x^2 = 4^2 + 3^2 = 25$

したがって $x = \mathbf{5}$

よって $\sin\theta = \mathbf{\dfrac{3}{5}} \quad \cos\theta = \mathbf{\dfrac{4}{5}} \quad \tan\theta = \mathbf{\dfrac{3}{4}}$

問題 1.2

(a) $x = 2\cos 40^\circ = 2 \times 0.766 = \mathbf{1.532}$

$y = 2\sin 40^\circ = 2 \times 0.643 = \mathbf{1.286}$

(b) $x = T\cos 60^\circ = \boldsymbol{\dfrac{1}{2}T}$

$y = T\sin 60^\circ = \boldsymbol{\dfrac{\sqrt{3}}{2}T}$

(c) $x = W\sin 30^\circ = \boldsymbol{\dfrac{1}{2}W}$

$y = W\cos 30^\circ = \boldsymbol{\dfrac{\sqrt{3}}{2}W}$

問題 1.3

(1) $\boldsymbol{a} = \mathbf{(2,\ 1)} \quad \boldsymbol{b} = \mathbf{(1,\ -1)}$

(2) ①　$-\boldsymbol{b} = \mathbf{(-1,\ 1)}$

② $\boldsymbol{a} + \boldsymbol{b} = \mathbf{(3,\ 0)}$

③ $\boldsymbol{a} - \boldsymbol{b} = \mathbf{(1,\ 2)}$

(3) 図に示す通り．

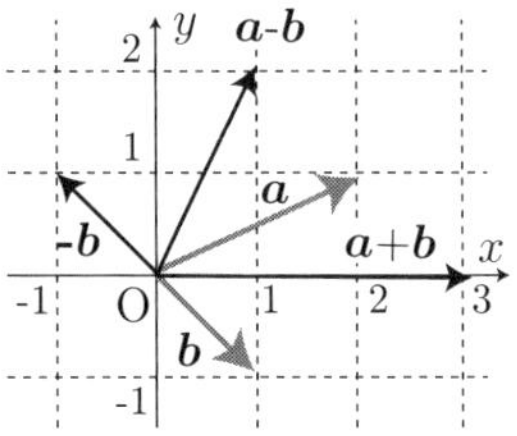

問題 1.4

$\boldsymbol{a} = \mathbf{(\sqrt{3},\ 1)} \quad \boldsymbol{b} = \mathbf{(-\sqrt{3},\ 0)}$

$\boldsymbol{c} = \mathbf{(0,\ -1)}$

問題 2.1

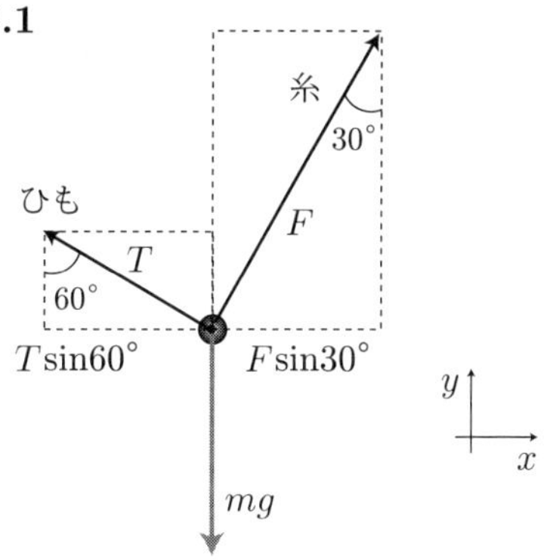

水平方向（x 方向）：$F\sin 30° - T\sin 60° = 0$

$\frac{1}{2}F - \frac{\sqrt{3}}{2}T = 0$ より $F = \sqrt{3}T$ ⋯①

鉛直方向（y 方向）：

$F\cos 30° + T\cos 60° - mg = 0$ より

$\frac{\sqrt{3}}{2}F + \frac{1}{2}T - mg = 0$ ⋯②

条件式 ② と ① から

$T = \boldsymbol{\frac{1}{2}mg}$　　$F = \boldsymbol{\frac{\sqrt{3}}{2}mg}$

問題 2.2

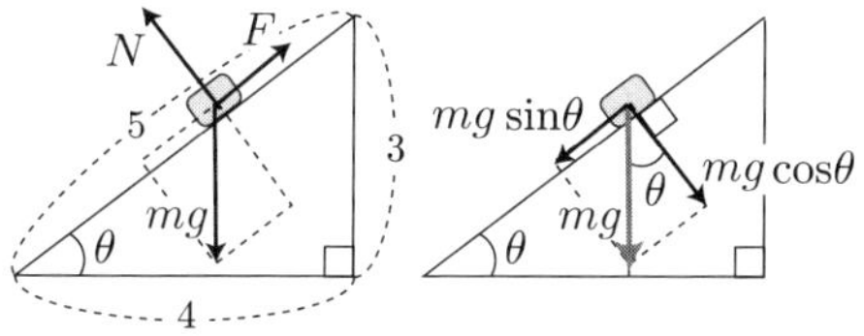

図から $\sin\theta = \frac{3}{5}$，$\cos\theta = \frac{4}{5}$

斜面と垂直方向の力のつり合いから

垂直抗力 $N = mg\cos\theta = \boldsymbol{\frac{4}{5}mg}$

斜面と平行方向の力のつり合いから

静止摩擦力 $F = mg\sin\theta = \boldsymbol{\frac{3}{5}mg}$

問題 3.1

与えられた条件は $v_0 = +4.0\text{m/s}$ で，$t = 3.0\text{s}$ のとき $v = -2.0\text{m/s}$（左向きだから負）.

(1) $v = v_0 + at$ に代入して $-2.0 = 4.0 + a \times 3.0$

これから加速度 $a = \boldsymbol{-2.0\ \mathrm{m/s^2}}$

(2) $v = v_0 + at$ に代入して $0 = 4.0 - 2.0 \times t$

これから $v = 0$ となる時間は $t = \mathbf{2.0\ s}$

(3) $x = v_0t + \frac{1}{2}at^2$ に $t = 2.0\text{s}$ を代入して

距離 $x = 4.0 \times 2.0 + \frac{1}{2} \times (-2.0) \times 2.0^2$

$= \mathbf{4.0\ m}$

問題 3.2

自由落下だから $v_0 = 0\text{m/s}$ で，$a = g = 9.8\text{m/s}^2$.

条件 $h = 2.5\text{m}$

(1) $h = \frac{1}{2}gt^2$ より

$$t = \sqrt{\frac{2h}{g}} = \sqrt{\frac{2 \times 2.5}{9.8}} = \boldsymbol{\frac{5}{7}} \fallingdotseq \mathbf{0.714\ s}$$

(2) そのときの速さは

$$v = gt = 9.8 \times \frac{5}{7} = \mathbf{7.0\ m/s}$$

問題 4.1

$x = 2t^3 - 3t^2 + 4t - 5$

(1) $v = \frac{dx}{dt} = \boldsymbol{6t^2 - 6t + 4}$

$a = \frac{dv}{dt} = \boldsymbol{12t - 6}$

(2) $t = 2$ s を代入して

$x = 2t^3 - 3t^2 + 4t - 5$

$= 2 \times 2^3 - 3 \times 2^2 + 4 \times 2 - 5 = \mathbf{7\ m}$

$v = 6t^2 - 6t + 4$

$= 6 \times 2^2 - 6 \times 2 + 4 = \mathbf{16\ m/s}$

$a = 12t - 6 = 12 \times 2 - 6 = \mathbf{18}\ \mathrm{m/s^2}$

問題 5.1

(1) $x = 12\cos\theta = 12 \times \frac{1}{3} = \mathbf{4}$

(2) $\sin^2\theta + \cos^2\theta = 1$ だから

$$\sin^2\theta = 1 - \cos^2\theta = 1 - \left(\frac{1}{3}\right)^2 = \frac{8}{9}$$

したがって $\sin\theta = \boldsymbol{\frac{2\sqrt{2}}{3}}$

(3) $y = 12\sin\theta = 12 \times \frac{2\sqrt{2}}{3} = \boldsymbol{8\sqrt{2}}$

【別解】三平方の定理から $x^2 + y^2 = 12^2$

$y^2 = 12^2 - x^2 = 12^2 - 4^2 = 128$

したがって $y = \boldsymbol{8\sqrt{2}}$

$$\sin\theta = \frac{y}{12} = \frac{8\sqrt{2}}{12} = \boldsymbol{\frac{2\sqrt{2}}{3}}$$

問題 5.2

(1) 三平方の定理から $x^2 + 12^2 = 13^2$

$x^2 = 13^2 - 12^2 = 169 - 144 = 25 = 5^2$

したがって $x = \mathbf{5}$

(2) $\sin\theta = \boldsymbol{\frac{5}{13}}$

問題 5.3

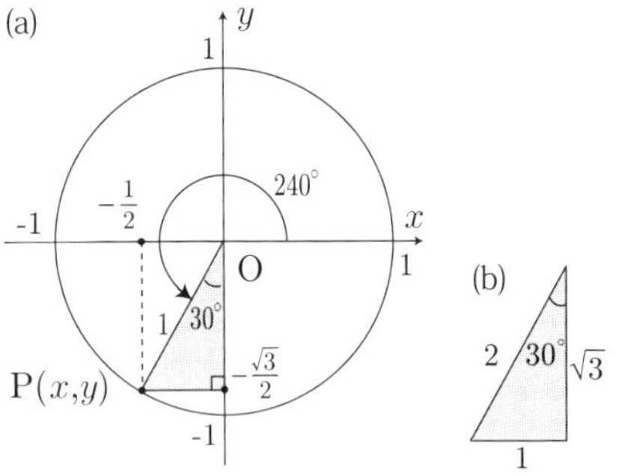

図のように半径 1 の円（単位円）を描き，x 軸から角度 240° の点 P を円周上にとると，その y 座標が $\sin 240°$，x 座標が $\cos 240°$ となる．

$$\sin 240° = y = -\boldsymbol{\frac{\sqrt{3}}{2}}$$

$$\cos 240° = x = -\boldsymbol{\frac{1}{2}}$$

$$\tan 240° = \frac{y}{x} = \frac{(-\sqrt{3}/2)}{(-1/2)} = \boldsymbol{\sqrt{3}}$$

問題 5.4

2 つのベクトルの合成ベクトルの各成分は，x 成分どうし，y 成分どうしを加算する．

$\boldsymbol{a} = (4,\ 3)$，$\boldsymbol{b} = (-1,\ 1)$ だから

$\boldsymbol{a} + \boldsymbol{b} = (4-1,\ 3+1) = (3,\ 4)$

したがって合成ベクトル $\boldsymbol{a} + \boldsymbol{b}$ の

x 成分 $(\boldsymbol{a}+\boldsymbol{b})_x = \mathbf{3}$

y 成分 $(\boldsymbol{a}+\boldsymbol{b})_y = \mathbf{4}$

大きさ $|\boldsymbol{a}+\boldsymbol{b}| = \sqrt{3^2+4^2} = \mathbf{5}$

問題 5.5

各辺が3:4:5 の直角三角形 $(3^2+4^2 = 5^2)$ と 5:12:13 の直角三角形 $(5^2+12^2 = 13^2)$ であることに気付くこと．

$$\boldsymbol{a} = \left(60 \times \frac{4}{5},\ 60 \times \frac{3}{5}\right) = (48,\ 36)\ \mathrm{N}$$

$$\boldsymbol{b} = \left(-52 \times \frac{12}{13},\ 52 \times \frac{5}{13}\right) = (-48,\ 20)\ \mathrm{N}$$

$$\therefore\quad \boldsymbol{a}+\boldsymbol{b} = (48-48,\ 36+20) = (0,\ 56)$$

したがって合力（合成ベクトル）$\boldsymbol{a}+\boldsymbol{b}$ の

x 成分 $(\boldsymbol{a}+\boldsymbol{b})_x = \mathbf{0\ N}$

y 成分 $(\boldsymbol{a}+\boldsymbol{b})_y = \mathbf{56\ N}$

大きさ $|\boldsymbol{a}+\boldsymbol{b}| = \mathbf{56\ N}$

問題 5.6

鉛直方向の力のつり合いの式

$T + N - mg = 0$ より

垂直抗力 $N = mg - T = mg - \frac{2}{5}mg = \boldsymbol{\frac{3}{5}mg}$

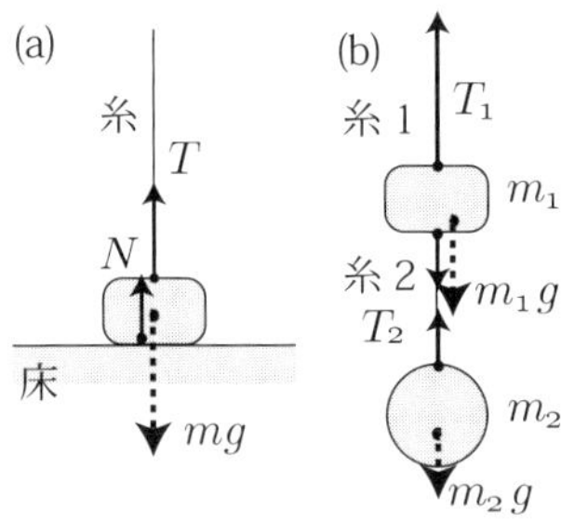

問題 5.7

質量 m_2 の物体にはたらく力のつり合いを考えると $T_2 - m_2 g = 0$　　ゆえに $T_2 = \boldsymbol{m_2 g}$

質量 m_1 の物体にはたらく力を考えるとき，直接はたらいている力は T_1，T_2 と $m_1 g$ であることに注意すると，力のつり合いの式は

$$T_1 - m_1 g - T_2 = 0$$

この式に $T_2 = m_2 g$ を代入して

$$T_1 = m_1 g + T_2 = \boldsymbol{(m_1 + m_2)g}$$

問題 5.8

等加速度運動の 3 公式を適用する．

$v = v_0 + at \cdots$①　$x = v_0 t + \frac{1}{2}at^2 \cdots$②

$v^2 - v_0^2 = 2ax \cdots$③

与えられた条件は $v_0 = 0\mathrm{m/s}$，$a = 2.0\mathrm{m/s^2}$，$v = 80\mathrm{m/s}$ で，求める物理量は t と v．

①から $v = at$ だから

離陸するまでの時間 $t = \frac{v}{a} = \frac{80}{2.0} = \mathbf{40\ s}$

②から $x = \frac{1}{2}at^2$ だから

距離 $x = \frac{1}{2} \times 2.0 \times 40^2 = \mathbf{1600\ m}$

問題 5.9

(1) 図 5.5 から初速度 $v_0 = 20\mathrm{m/s}$

加速度 $a = \frac{\Delta v}{\Delta t} = \frac{0-20}{5-0} = -4.0\mathrm{m/s^2}$

したがって　$\boldsymbol{v} = \mathbf{20 - 4.0}\boldsymbol{t}$

(2) 停止する条件 $v = 20 - 4.0t = 0$ より

止まる時刻 $t = \mathbf{5.0\ s}$

距離 $x = v_0 t + \frac{1}{2}at^2$

$= 20 \times 5.0 - \frac{1}{2} \times 4.0 \times 5.0^2 = \mathbf{50\ m}$

問題 5.10

変化量は「時間的に後の量 − 時間的前の量」

(1) 変位 $\varDelta x = 8 - 2 = \mathbf{6\ m}$

(2) 平均の速度 $\overline{v} = \frac{\varDelta x}{\varDelta t} = \frac{8-2}{4-2} = \mathbf{3\ m/s}$

(3) A 点の速度 $v_{\mathrm{A}} = \frac{\varDelta x}{\varDelta t} = \frac{4-0}{3-1} = \mathbf{2\ m/s}$

B 点での速度 $v_{\mathrm{B}} = \frac{\varDelta x}{\varDelta t} = \frac{8-0}{4-2} = \mathbf{4\ m/s}$

問題 5.11

$x = \frac{1}{2}t^2$ だから $v = \frac{dx}{dt} = \boldsymbol{t}$ **[m/s]**

この式に $t = 2,\ 3,\ 4$ s を代入して

速度はそれぞれ $v = \mathbf{2,\ 3,\ 4\ m/s}$

※前問 5.10 のグラフは $x = \frac{1}{2}t^2$ を表している．この問題は $t = 2$ s（点 A），$t = 3$ s，$t = 4$ s（点 B）での瞬間の速度を求めることに対応している．

問題 5.12

(a) 重力 mg の斜面と平行な成分 $mg\sin 30°$ は糸の張力 T に等しい ($T = mg\sin 30°$)．1 本の糸の両端の張力は等しいから $T = Mg$ が成り立つ．このことから

$M = \boldsymbol{\frac{1}{2}m}$

(b) 同様に 2 つの物体の重力の斜面に平行成分を考えて，$m\sin 30° = M\sin 60°$

$\therefore\quad M = \boldsymbol{\frac{1}{\sqrt{3}}m}$

(c) $\sin\theta = 3/5$ ならばもう 1 つの傾斜角 θ' では $\sin\theta' = 4/5$．したがって

$m\sin\theta = M\sin\theta'$ から　　$M = \boldsymbol{\frac{3}{4}m}$

問題 5.13

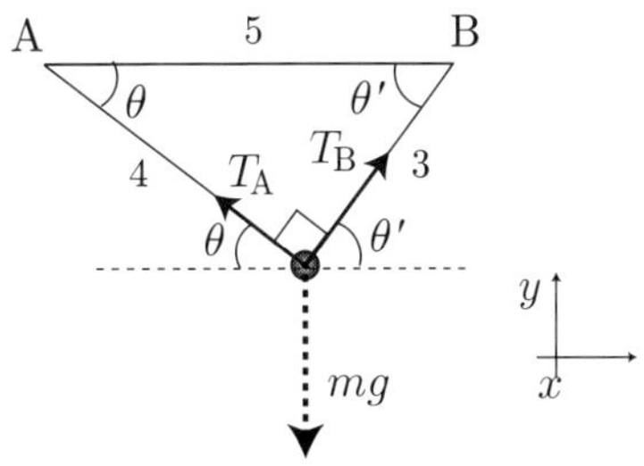

図から明らかに 5：4：3 の直角三角形だから

$\sin\theta = \frac{3}{5}\quad \cos\theta = \frac{4}{5}$

$\sin\theta' = \frac{4}{5}\quad \cos\theta' = \frac{3}{5}$

水平方向（x 方向）の力のつり合い：

$T_{\mathrm{B}}\cos\theta' - T_{\mathrm{A}}\cos\theta = 0$ より

$\frac{3}{5}T_{\mathrm{B}} - \frac{4}{5}T_{\mathrm{A}} = 0\ \cdots$①

鉛直方向（y 方向）の力のつり合い：

$T_{\mathrm{B}}\sin\theta' + T_{\mathrm{A}}\sin\theta - mg = 0$ より

$\frac{4}{5}T_{\mathrm{B}} + \frac{3}{5}T_{\mathrm{A}} - mg = 0\ \cdots$②

条件式 ① と ② を連立して解いて

$T_{\mathrm{A}} = \boldsymbol{\frac{3}{5}mg}\qquad T_{\mathrm{B}} = \boldsymbol{\frac{4}{5}mg}$

問題 5.14

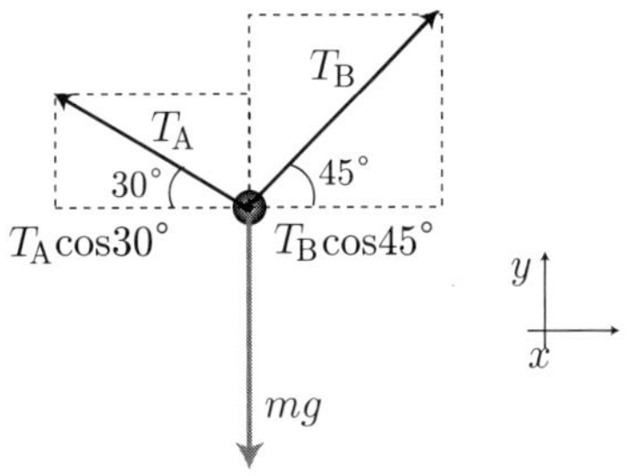

ひも張力はそれぞれ $T_{\mathrm{A}} = m_{\mathrm{A}}g$，$T_{\mathrm{B}} = m_{\mathrm{B}}g$.

水平方向（x 方向）の力のつり合い：

$T_{\mathrm{B}}\cos 45° - T_{\mathrm{A}}\cos 30° = 0$

$\frac{\sqrt{2}}{2}T_{\mathrm{B}} - \frac{\sqrt{3}}{2}T_{\mathrm{A}} = 0\ \cdots$①

鉛直方向（y 方向）の力のつり合い：

$T_{\mathrm{B}}\sin 45° + T_{\mathrm{A}}\sin 30° - mg = 0$ より

$\frac{\sqrt{2}}{2}T_{\mathrm{B}} + \frac{1}{2}T_{\mathrm{A}} - mg = 0\ \cdots$②

条件式 ① と ② を連立して解いて

$T_{\mathrm{A}} = \frac{2}{\sqrt{3}+1}mg = (\sqrt{3}-1)mg$

$\therefore m_{\mathrm{A}} = \boldsymbol{(\sqrt{3}-1)m}$

$$T_{\mathrm{B}} = \sqrt{\frac{3}{2}}T_{\mathrm{A}} = \frac{\sqrt{3}}{\sqrt{2}}(\sqrt{3}-1)mg$$

$$= \frac{\sqrt{6}}{2}(\sqrt{3}-1)mg$$

$$\therefore m_{\mathrm{B}} = \boldsymbol{\frac{\sqrt{6}}{2}(\sqrt{3}-1)m}$$

問題 5.15

放物運動は，水平方向は等速度運動，鉛直方向は等加速度運動である．

(1) 初速度の x 成分を V_x とすると，水平方向は $x = V_x t$．$t = 2.0\mathrm{s}$ で $x = 10\mathrm{m}$ だから，$V_x = \mathbf{5.0\ m/s}$

(2) $t = 6.0\mathrm{s}$ で地上に到着するから，水平到達距離は

$$x = V_x t = 5.0 \times 6.0 = \mathbf{30\ m}$$

(3) 鉛直方向は初速度 V_y，加速度 $a = -g = -9.8\mathrm{m/s^2}$ の等加速度運動である．時刻 t での高度は

$$y = V_y t - \frac{1}{2}gt^2 = t\left(V_y - \frac{1}{2}gt\right)$$

だから，$t = 6.0\mathrm{s}$ で地上に到着 ($y = 0$) という条件より初速度の鉛直方向の成分 V_y は

$$V_y = \frac{1}{2}gt = \frac{1}{2} \times 9.8 \times 6.0 = \mathbf{29.4\ m/s}$$

(4) 塔の高さ h は時刻 $t = 2.0\mathrm{s}$ での高度 y に等しいので

$$h = V_y t - \frac{1}{2}gt^2$$

$$= 29.4 \times 2 - \frac{1}{2} \times 9.8 \times 2^2 = \mathbf{39.2\ m}$$

問題 5.16

橋の上を原点として鉛直上向きに y 座標をとると，鉛直方向は初速度 $v_0 = 19.6\mathrm{m/s}$，加速度 $a = -g = -9.8\mathrm{m/s^2}$ の等加速度運動．したがって鉛直方向の速度 $v_y = v_0 - gt$．

(1) 最高点では鉛直方向の速度が 0 だから $v_0 - gt_1 = 0$．したがって

$$t_1 = \frac{v_0}{g} = \frac{19.6}{9.8} = \mathbf{2.0\ s}$$

(2) 最高点の高さ：

$$H = v_0 t_1 - \frac{1}{2}gt_1^2$$

$$= v_0\left(\frac{v_0}{g}\right) - \frac{1}{2}g\left(\frac{v_0}{g}\right)^2 = \frac{v_0^2}{2g}$$

$$= \frac{19.6^2}{2 \times 9.8} = \mathbf{19.6\ m}$$

(3) 橋の上を原点としたので水面は $y = -24.5\mathrm{m}$.
$y = v_0 t - \dfrac{1}{2}gt^2$ に条件を代入して

$-24.5 = 19.6t - 4.9t^2$

両辺を 4.9 で割って整理：$t^2 - 4t - 5 = 0$

$(t-5)(t+1) = 0$ より $t = 5,\ -1\mathrm{s}$

負の値は投げる前の時間を意味し不適なので

$t_2 = \mathbf{5.0\ s}$

(4) 水平方向は速さ $v_x = 4.0\mathrm{m/s}$ の等速度運動なので

$$x = v_x t_2 = 4.0 \times 5.0 = \mathbf{20\ m}$$

問題 5.17

$y = 35 + 30t - 5t^2$

(1) 地上が原点 ($y = 0\mathrm{m}$) なので

$y = 0 = 35 + 30t - 5t^2 = -5(t-7)(t+1)$

負の値は投げる前の時間を意味し不適なので

地上に落ちる時刻：$t = \mathbf{7\ s}$

(2) 時刻 t[s] での速度 v[m/s]+は

$$v = \frac{dy}{dt} = \boldsymbol{-10t + 30}$$

(3) 最高点の条件は $v\ = 0$ だから

$v = -10t + 30 = -10(t-3) = 0$

より，最高点に達する時刻：$t = \mathbf{3\ s}$

(4) 増減表は

t [s]	0	⋯	**3**	⋯	**7**
v[m/s]	**30**	+	0	−	**-40**
x [m]	**35**	↗	**80**	↘	0
	(はじめ)		(最高点)		(地上)

t の関数としての速度 v と高さ y は下のグラフ．

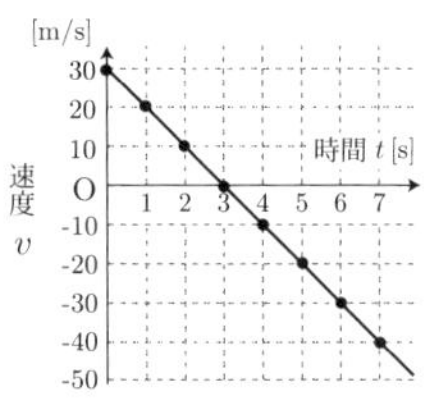

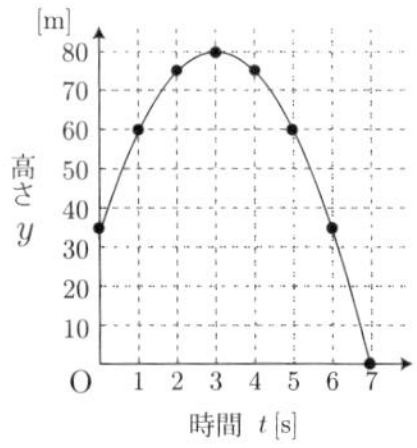

問題 5.18

(1) $y = \left(\dfrac{x}{3}\right)^2 = \boldsymbol{\dfrac{1}{9}x^2}$ 軌道は下図．

(2) $v_x = 3\quad v_y = 2t$

時刻 $t = 2\mathrm{s}$ で，$v_x = 3\mathrm{m/s}$　$v_y = 4\mathrm{m/s}$

速さ $v = \sqrt{v_x^2 + v_y^2} = \mathbf{5\ m/s}$

速度ベクトルは図中の矢印．速度のベクトルは，つねに軌道の接線方向であることに注意．

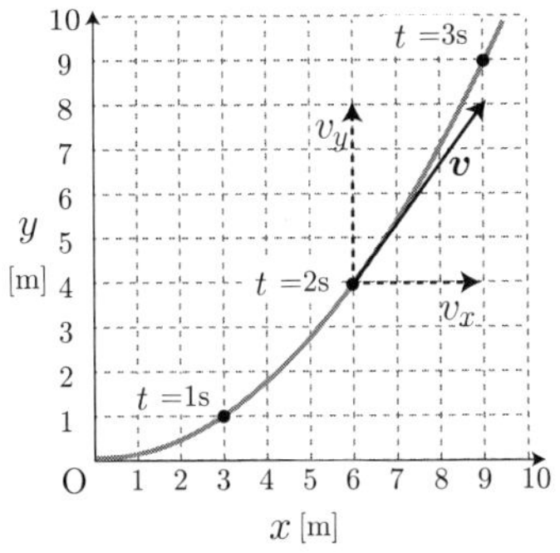

問題 6.1

運動方程式 $ma = F$ を適用する．

(1) $m = 2.0\mathrm{kg}$，$F = 3.0\mathrm{N}$ を代入して

$2.0a = 3.0$　これから

加速度 $a = \mathbf{1.5\ m/s^2}$

(2) 等速直線運動だから $a = 0\mathrm{m/s^2}$

はたらいている力（合力）は

$F = ma = 2.0 \times 0 = \mathbf{0\ N}$

(3) $a = 0.70\mathrm{m/s^2}$，$F = 42\mathrm{N}$ を代入して

$m \times 0.70 = 42$ だから質量 $m = \mathbf{60\ kg}$

問題 6.2

上向きを正として運動方程式を書くと

$ma = T - mg$（例題 6.2 参照）

これから張力 $T = m(g + a)$

質量 $m = 0.5\mathrm{kg}$，$g = 9.8\mathrm{m/s^2}$

(1) $a = +1.2\mathrm{m/s^2}$ だから

張力 $T = m(g + a)$

$= 0.5(9.8 + 1.2) = \mathbf{5.5\ N}$

(2) 等速度だから $a = 0\mathrm{m/s^2}$

張力 $T = m(a + g) = 0.5(9.8 + 0) = \mathbf{4.9\ N}$

(3) $a = -1.2\mathrm{m/s^2}$ だから

張力 $T = m(g + a)$

$= 0.5(9.8 - 1.2) = \mathbf{4.3\ N}$

(4) 等速度運動だから $a = 0\mathrm{m/s^2}$

張力 $T = m(a + g) = 0.5(9.8 + 0) = \mathbf{4.9\ N}$

問題 9.1

点 A：①速度：イ　②加速度：オ　③力：オ

点 B：①速度：ケ　②加速度：コ　③力：コ

（考え方）「速度の向き」は軌道の接線方向，「力の向き」は重力の向きだから鉛直下向き，「加速度の向き」は重力の向きだから鉛直下向き．

問題 9.2

(1) 運動方程式は $10 \times 3.0 = 80 - F$

これから $F = \mathbf{50\ N}$

(2) 加速度 $a = 3.0\mathrm{m/s^2}$ の等加速度運動だから，

$t = 5.0\mathrm{s}$ で

速度：$v = v_0 + at$

$= 0 + 3.0 \times 5.0 = \mathbf{15\ m/s}$

距離：$x = v_0 t + \dfrac{1}{2}at^2$

$= 0 + \dfrac{1}{2} \times 3.0 \times 5.0^2 = \mathbf{37.5\ m}$

問題 9.3

(1)（例題 6.2 参照）

運動方程式は $\boldsymbol{ma = T - mg}$

(2) $T = mg + ma = m(g + a)$ に代入する．

（加速度の求め方は例題 3.1 参照）

質量 $m = 2.0\mathrm{kg}$ で，加速度 $a = 3.0\mathrm{m/s^2}$ の等加速度運動だから

$T = 2.0 \times (9.8 + 3.0) = \mathbf{25.6\ N}$

(3) 加速度 $a = 0.0\mathrm{m/s^2}$ の等速度運動だから

$T = 2.0 \times (9.8 + 0) = \mathbf{19.6\ N}$

(4) 加速度 $a = -2.0\mathrm{m/s^2}$ の等加速度運動だから

$T = 2.0 \times (9.8 - 2.0) = \mathbf{15.6\ N}$

問題 9.4

(1)（例題 6.3 参照）辺の長さが 3：4：5 の直角三角形である．

傾斜角を θ とすると，$\sin\theta = 0.4/0.5$

$a = g\sin\theta = 9.8 \times (0.4/0.5)$

$= \mathbf{7.84\ m/s^2}$

(2) 初速度 $v_0 = 0\mathrm{m/s}$，加速度 $a = 7.84\mathrm{m/s^2}$ の等加速度運動で，距離 $x = 0.50\mathrm{m}$ を降下する．

$x = v_0 + \dfrac{1}{2}at^2$ より 時間は

$t = \sqrt{\dfrac{2x}{a}} = \sqrt{\dfrac{2 \times 0.5}{7.84}} = \mathbf{\dfrac{5}{14}} \fallingdotseq \mathbf{0.357\ s}$

$v^2 - v_0^2 = 2ax$ より

速さ：$v = \sqrt{2ax} = \sqrt{2 \times 7.84 \times 0.5}$

$= \mathbf{2.8\ m/s}$

問題 9.5

(1) はたらく力は下向きに重力だけだから

運動方程式は $\boldsymbol{ma = -mg}$

(2) $a = \dfrac{dv}{dt}$ を代入して $m\dfrac{dv}{dt} = -mg$

$\dfrac{dv}{dt} = -g$ から $v = -\displaystyle\int gdt = -gt + C_1$

初期条件 $t = 0$ で $v = v_0$ だから積分定数は $C_1 = v_0$ したがって $\boldsymbol{v = -gt + v_0}$

(3) $v = \dfrac{dy}{dt} = -gt + v_0$ だから

$$y = \int vdt = \int(-gt + v_0)dt$$
$$= -\frac{1}{2}gt^2 + v_0t + C_2$$

条件 $t = 0$ で $y = 0$ だから積分定数は $C_2 = 0$

したがって $\boldsymbol{y = -\dfrac{1}{2}gt^2 + v_0t}$

問題 9.6

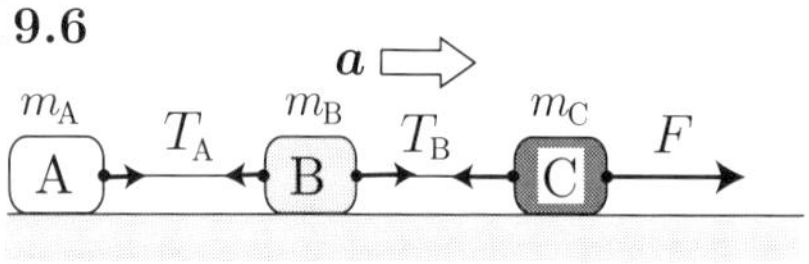

(1) 各物体にはたらく力は図のようになるから，運動方程式は

A: $\boldsymbol{m_A a = T_A}\cdots$①

B: $\boldsymbol{m_B a = T_B - T_A}\cdots$②

C: $\boldsymbol{m_C a = F - T_B}\cdots$③

(2) ①＋②＋③ を行なうと，(内力 T_A，T_B が消去されて)

$$(m_A + m_B + m_C)a = F$$

$m_A = 10\text{kg}$，$m_B = 15\text{kg}$，$m_C = 20\text{kg}$，$F = 36\text{N}$ だから

$$a = \frac{F}{m_A + m_B + m_C} = \mathbf{0.80\ m/s^2}$$

①より $T_A = m_A a = \mathbf{8.0\ N}$

②より $T_B = T_A + m_B a = \mathbf{20\ N}$

問題 9.7

(例題 7.5 参照)

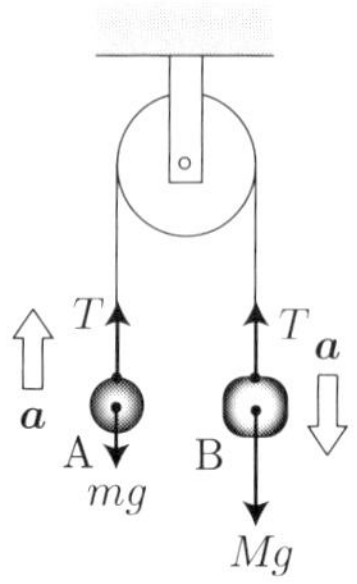

各物体にはたらく力は図のようになるから，運動方程式は

A: $ma = T - mg\ \cdots$①

B: $Ma = Mg - T\ \cdots$②

①と②の左辺どうし右辺どうしを加えると

$$(M + m)a = (M - m)g$$

∴ 加速度：$a = \dfrac{M - m}{M + m}g$

$= \dfrac{5.0 - 2.0}{5.0 + 2.0} \times 9.8 = \mathbf{4.2\ m/s^2}$

糸の張力：$T = \dfrac{2mM}{M + m}g$

$= \dfrac{2 \times 2.0 \times 5.0}{5.0 + 2.0} \times 9.8 = \mathbf{28\ N}$

問題 9.8

(例題 8.4，例題 8.5 参照)

与えられた条件は $m = 4.0\text{kg}$，$v_0 = 3.0\text{kg}$，$v = 0\text{m/s}$，$x = 6.0\text{m}$.

(1) $v^2 - v_0^2 = 2ax$ に代入して $0 - 3^2 = 2 \times a \times 6$

これから加速度 $a = \mathbf{-0.75\ m/s^2}$

(2) 動摩擦力の大きさ

$F' = m|a| = 4 \times 0.75 = \mathbf{3.0\ N}$

(3) $F' = \mu' N = \mu' mg$ だから

動摩擦係数 $\mu' = \dfrac{F'}{N} = \dfrac{m|a|}{mg} = \dfrac{|a|}{g}$

$= \dfrac{0.75}{9.8} = \mathbf{0.0765}$

問題 9.9

(問題 5.12 参照)

(a) 物体 A にはたらく重力 mg の斜面に平行成分は $mg\sin 30^\circ$ である．糸の張力を T として運動方程式を立てると

A: $ma = T - mg\sin 30^\circ\cdots$①

B: $ma = mg - T\cdots$②

左辺どうし右辺どうしを加えると張力 T が消去できて $2ma = mg - mg\sin 30^\circ$

これから加速度 $a = \dfrac{1}{2}g(1 - \sin 30^\circ) = \boldsymbol{\dfrac{1}{4}g}$

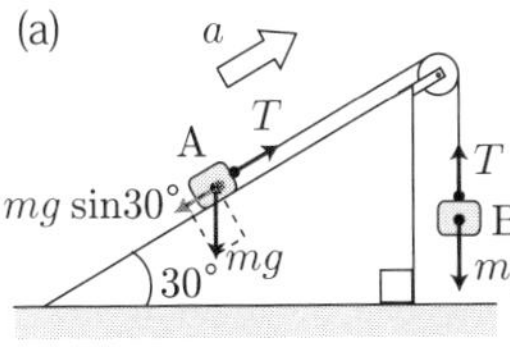

(b) 糸の張力を T として運動方程式を立てる.

A: $ma = T - mg\sin 30° \cdots$ ①

B: $ma = mg\sin 60° - T \cdots$ ②

左辺どうし右辺どうしを加えると張力 T が消去できて加速度は

$$a = \frac{1}{2}g(\sin 60° - \sin 30°) = \boldsymbol{\frac{g}{4}(\sqrt{3}-1)}$$

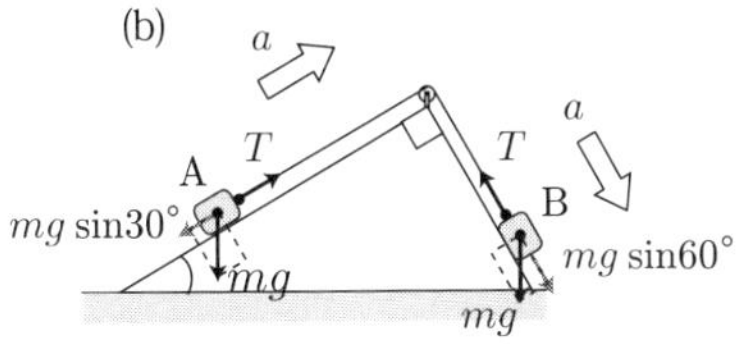

(c) 糸の張力を T として運動方程式を立てる.

A: $ma = T - mg\sin\theta \cdots$ ①

B: $ma = mg\sin\theta' - T \cdots$ ②

左辺どうし右辺どうしを加えると張力 T が消去できる. $\sin\theta = \dfrac{3}{5}$, $\sin\theta' = \cos\theta = \dfrac{4}{5}$ を使って, 加速度は

$$a = \frac{1}{2}g(\sin\theta' - \sin\theta) = \boldsymbol{\frac{1}{10}g}$$

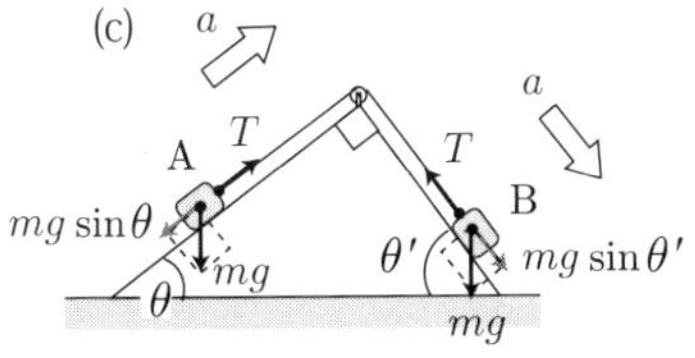

問題 9.10

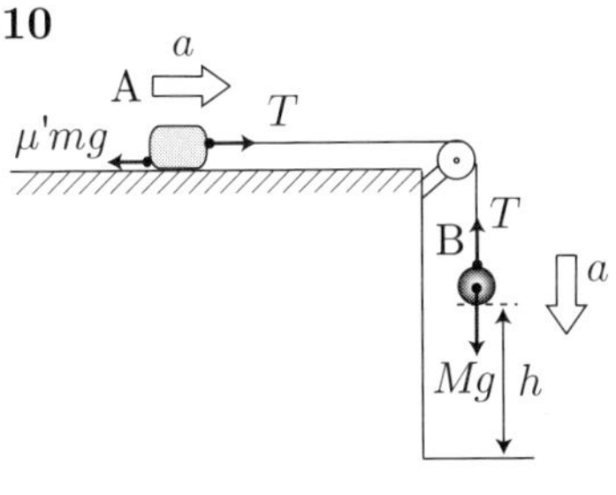

(1) 糸の張力を T とすると運動方程式は

A: $ma = T - \mu' mg \cdots$ ①

B: $Ma = Mg - T \cdots$ ②

左辺どうし右辺どうしを加えると張力 T が消去できて $(M+m)a = Mg - \mu' mg$.

これから, $a = \boldsymbol{\left(\dfrac{M-\mu' m}{M+m}\right)g}$

(2) $m = 4.0\mathrm{kg}$, $M = 3.0\mathrm{kg}$, $g = 9.8\mathrm{m/s^2}$, $\mu' = 0.50$ を代入して

加速度 $a = \left(\dfrac{M-\mu' m}{M+m}\right)g = \mathbf{1.4\ m/s^2}$

糸の張力 $T = M(g-a) = \mathbf{25.2\ N}$

加速度 $a = 1.4\mathrm{m/s^2}$ の等加速度運動だから, おもり B が $h = 0.70\mathrm{m}$ だけ降下するまでの時間は

$$t = \sqrt{\frac{2h}{a}} = \sqrt{\frac{2\times 0.70}{1.4}} = \mathbf{1.0\ s}$$

速さは $v = at = 1.4 \times 1 = \mathbf{1.4\ m/s}$

問題 9.11

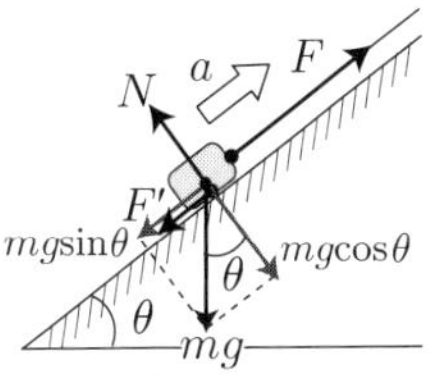

物体には図に示すように, 重力 mg のほかに, 垂直抗力 N と動摩擦力 F' と引く力 F がはたらく. 重力 mg を斜面に平行方向 $(mg\sin\theta)$ と垂直方向 $(mg\cos\theta)$ に分解して, 運動方程式を書くと

斜面と平行方向：$ma = F - mg\sin\theta - F' \cdots$ ①

斜面と垂直方向：$m\times 0 = N - mg\cos\theta \cdots$ ②

②より垂直抗力は $N = mg\cos\theta$ だから

動摩擦力 $F' = \mu' N = \mu' mg\cos\theta$

①に代入して, $ma = F - mg\sin\theta - \mu' mg\cos\theta$

したがって加速度は

$$a = \boldsymbol{\frac{F}{m} - g(\sin\theta + \mu'\cos\theta)}$$

問題 9.12

例題 8.5 参照.

(1) 垂直抗力は $N = mg\cos\theta$

$\therefore$動摩擦力は $F' = \mu' N = \mu' mg\cos\theta$

運動方程式は

$ma = mg\sin\theta - F' = mg(\sin\theta - \mu'\cos\theta)$

これから加速度は $a = g(\sin\theta - \mu'\cos\theta)$

$\sin\theta = \dfrac{3}{5}$ だから $\cos\theta = \dfrac{4}{5}$. 数値 $g = 9.8\mathrm{m/s^2}$, $\mu' = 0.50$ を使って

$$a = 9.8\left(\frac{3}{5} - 0.50\times\frac{4}{5}\right) = \mathbf{1.96\ m/s^2}$$

(2) 等加速度運動の公式を適用する．$a = 1.96$ $\mathrm{m/s^2}$，$v_0 = 0\mathrm{m/s}$，$x = 2.0\mathrm{m}$ を使って $x = 0 + \dfrac{1}{2}at^2$ より時間は

$$t = \sqrt{\frac{2x}{a}} = \sqrt{\frac{2\times 2}{1.96}} = \boldsymbol{\frac{10}{7}} \fallingdotseq \mathbf{1.43\ s}$$

速さ $v = 0 + at = 1.96 \times \dfrac{10}{7} = \mathbf{2.8\ m/s}$

問題 9.13

斜面に沿って上向きを正として，斜面に平行方向での運動方程式をつくると

$$\begin{aligned} ma &= -mg\sin\theta - F' \\ &= -mg\sin\theta - \mu' N \\ &= -mg\sin\theta - \mu' mg\cos\theta \end{aligned}$$

∴加速度 $a = -g(\sin\theta + \mu'\cos\theta)$，初速度 v_0 の等加速度運動である．

(1) $v = v_0 + at = v_0 - gt(\sin\theta + \mu'\cos\theta) = 0$ より最高点 B に到達するまでの時間 t は

$$t = \boldsymbol{\frac{v_0}{g(\sin\theta + \mu'\cos\theta)}}$$

(2) 点 A から最高点 B にまでの距離 x は

$$x = v_0 t + \frac{1}{2}at^2 = \boldsymbol{\frac{v_0^2}{2g(\sin\theta + \mu'\cos\theta)}}$$

問題 9.14

(1) v–t 図から，はじめの 1s 間で速度が 0 から 7.0m/s になるから

加速度 $a = \dfrac{\Delta v}{\Delta t} = \dfrac{7.0}{1.0} = \mathbf{7.0\ m/s^2}$

(2) 傾斜角 θ のなめらかな斜面を下るときの加速度は $a = g\sin\theta$ だから

$\sin\theta = \dfrac{7.0}{9.8} = \boldsymbol{\dfrac{5}{7}} \fallingdotseq \mathbf{0.714}$

(3) $v - t$ 図から加速度は

$a = \dfrac{\Delta v}{\Delta t} = \dfrac{0 - 7.0}{3.0 - 2.0} = \mathbf{-7.0\ m/s^2}$

(4) 斜面に沿って上向きを正として加速度 $a = -g(\sin 30^\circ + \mu'\cos 30^\circ)$ だから

$$\text{動摩擦係数 } \mu' = \frac{(-a/g) - \sin 30^\circ}{\cos 30^\circ} = \frac{(7.0/9.8) - (1/2)}{\sqrt{3}/2} = \boldsymbol{\frac{\sqrt{3}}{7}} \fallingdotseq \mathbf{0.247}$$

問題 9.15

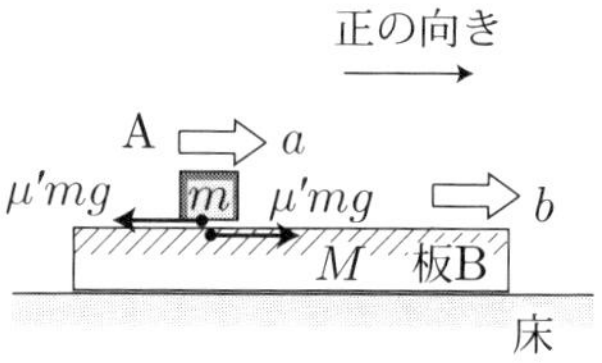

(1) 小物体 A には進行方向と反対に動摩擦力 $F' = \mu' mg$ がはたらくので運動方程式 $ma = -\mu' mg$ より A の加速度 $a = \boldsymbol{-\mu' g}$

板 B には A が B から受ける動摩擦力の反作用として $F' = \mu' mg$ が正の方向にはたらく．運動方程式 $Mb = +\mu' mg$ から

B の加速度 $b = \boldsymbol{\dfrac{m\mu' g}{M}}$

(2) A の速度は $v_\mathrm{A} = v_0 - at = v_0 - \mu' gt$

B の速度は $v_\mathrm{B} = +bt = \dfrac{\mu' mg}{M}t$

つまり A は初速度 v_0 から減速し，B は静止状態から加速し，同じ速さになったとき A は B の上に静止する．条件 $v_\mathrm{A} = v_\mathrm{B}$ より静止するまでの時間は

$$t = \boldsymbol{\frac{Mv_0}{\mu' g(M + m)}}$$

(3) A が B の上に静止すると同じ速度 $V = v_\mathrm{A} = v_\mathrm{B}$ になる．

$$\therefore \quad V = +bt = \boldsymbol{\frac{mv_0}{(M + m)}}$$

問題 9.16

(1) $v(t) = v_0\exp(-ct)$ だから加速度は

$a = \dfrac{dv}{dt} = -cv_0\exp(-ct) = -cv(t)$

ボートの質量を m とすると，ボートが受けている抵抗力 $F = ma = -mc \times v(t)$ となり，速度 $v(t)$ に比例する．

(2) $v(t) = v_0\exp(-ct)$ に，条件 $v_0 = 10\mathrm{m/s}$，$t = 20\mathrm{s}$ で $v = 5.0\mathrm{m/s}$ を代入すると $5 = 10\exp(-20c)$ ∴ $\exp(-20c) = 1/2$

時刻 $t = 40\mathrm{s}$ での速さは

$$\begin{aligned} v &= v_0\exp(-40c) = v_0 \times (\exp(-20c))^2 \\ &= 10 \times (1/2)^2 = \mathbf{2.5\ m/s} \end{aligned}$$

(3) $x = \displaystyle\int_0^\infty v(t)dt = \int_0^\infty v_0\exp(-ct)dt$

$= \left[-\dfrac{v_0}{c}\exp(-ct)\right]_0^\infty = \boldsymbol{\dfrac{v_0}{c}}$　一方

$\exp(-20c) = 1/2$ から $c = \dfrac{\ln 2}{20}\ \mathrm{s}^{-1}$.

進む距離は $x = \dfrac{v_0}{c} = \dfrac{\mathbf{200}}{\mathbf{ln\,2}} \fallingdotseq \mathbf{289\ m}$

問題 10.1

$\tan\theta = \dfrac{3}{4}$ より $\cos\theta = \dfrac{4}{5}$

仕事 $W = F\cos\theta \times s = 20 \times \dfrac{4}{5} \times 3.0 = \mathbf{48\ J}$

仕事率 $P = \dfrac{W}{t} = \dfrac{48}{5} = \mathbf{9.6\ W}$

問題 11.1

(1) 力学的エネルギー保存の法則より

$\dfrac{1}{2} \times m \times 0^2 + mgh = \dfrac{1}{2}mv^2 + mg \times 0$

∴速さ $v = \sqrt{2gh} = \sqrt{2 \times 9.8 \times 6.4}$

$= \mathbf{11.2\ m/s}$

(2) **ウ** 理由：最高点でも運動エネルギーを持っているので，その分だけ始点 A よりも低い高さまでしか上がらない．

問題 11.2

(1) 点 A での重力による位置エネルギー

$U = \boldsymbol{\dfrac{l}{2}mg}$

(2) 力学的エネルギー保存の法則より

$\dfrac{1}{2} \times m0^2 + mg\left(\dfrac{l}{2}\right) = \dfrac{1}{2}mv^2 + mg \times 0$

これから運動エネルギー $\dfrac{1}{2}mv^2 = \boldsymbol{\dfrac{1}{2}mgl}$

$\dfrac{1}{2}mv^2 = \dfrac{1}{2}mgl$ より速さ $v = \boldsymbol{\sqrt{gl}}$

(3) **イ** 理由：最高点では速さが 0（すなわち運動エネルギーが 0）なので，始点 A と同じ高さまで上がる．

問題 12.1

(1) フックの法則 $F = kx$ に，力 $F = 3.0\mathrm{N}$，伸び $x = 0.12 - 0.10 = 0.02\mathrm{m}$ を代入．

ばね定数 $k = \dfrac{F}{x} = \dfrac{3.0}{0.02} = \mathbf{150\ N/m}$

(2) ばねの伸び $A = 0.15 - 0.10 = 0.05\mathrm{m}$.

力は $F_0 = kA = 150 \times 0.05 = \mathbf{7.5\ N}$

問題 12.2

力学的エネルギー保存の法則：

$\dfrac{1}{2}mv^2 + \dfrac{1}{2}kx^2 = $ 一定 を適用する．

(1) $0 + \dfrac{1}{2}kA^2 = \dfrac{1}{2}mv_0^2 + 0$

よって $v_0 = \boldsymbol{A\sqrt{\dfrac{k}{m}}}$

(2) $0 + \dfrac{1}{2}kA^2 = \dfrac{1}{2}mv^2 + \dfrac{1}{2}k\left(\dfrac{A}{2}\right)^2$

よって $v = \boldsymbol{\dfrac{A}{2}\sqrt{\dfrac{3k}{m}}}$

問題 12.3

小球の質量 $m = 0.50\mathrm{kg}$, ばね定数 $k = 800\mathrm{N/m}$, ばねの縮み $A = 0.20\mathrm{m}$ とおく．

(1) $A = 0.20\mathrm{m}$ 押し縮めた状態で，小球が受ける力の大きさは $F = kA = \mathbf{160\ N}$

ばねに蓄えられた弾性エネルギーは

$U = \dfrac{1}{2}kA^2 = \mathbf{16\ J}$

(2) 力学的エネルギー保存則より

$\dfrac{1}{2}m \times 0^2 + \dfrac{1}{2}kA^2 = \dfrac{1}{2}mv^2 + \dfrac{1}{2}k \times 0^2$

ばねの伸びが 0 のとき運動エネルギーは

$\dfrac{1}{2}mv^2 = \dfrac{1}{2}kA^2 = \mathbf{16\ J}$

ゆえに小球の速さは

$v = A\sqrt{\dfrac{k}{m}} = \mathbf{8.0\ m/s}$

(3) 力学的エネルギー保存則より

$\dfrac{1}{2}kA^2 = \dfrac{1}{2}mv^2 = \dfrac{1}{2}m \times 0^2 + mgh$

最高点の高さは $g = 9.8\mathrm{m/s^2}$ として

$h = \dfrac{v^2}{2g} = \dfrac{kA^2}{2mg} = \dfrac{16}{4.9} \fallingdotseq \mathbf{3.27\ m}$

問題 14.1

運動量保存の法則を適用する．

$m_\mathrm{A}v_\mathrm{A} + m_\mathrm{B}v_\mathrm{B} = m_\mathrm{A}v'_\mathrm{A} + m_\mathrm{B}v'_\mathrm{B}$

$m_\mathrm{A} = 2.0\mathrm{kg}$，$m_\mathrm{B} = 3.0\mathrm{kg}$，右向きを正として $v_\mathrm{A} = +4.0\mathrm{m/s}$，$v_\mathrm{B} = -4.0\mathrm{m/s}$，$v'_\mathrm{A} = -5.0\mathrm{m/s}$ を代入する．

（答）$v'_\mathrm{B} = \mathbf{+2.0\ m/s}$

衝突後 B は右向きに 2.0m/s で進む．

問題 15.1

(1) 力学的エネルギー保存の法則を適用して

$mgh = \dfrac{1}{2}mv^2$ したがって $v = \boldsymbol{\sqrt{2gh}}$

$v' = ev = \boldsymbol{e\sqrt{2gh}}$

(2) $mgh' = \dfrac{1}{2}mv'^2 = e^2mgh$

したがって $h' = \boldsymbol{e^2h}$

(3) $\Delta E = \frac{1}{2}mv'^2 - \frac{1}{2}mv^2 = -mg(h-h')$
$= \boldsymbol{-mgh(1-e^2)}$

問題 15.2

$m_A = 2.0\text{kg}$, $m_B = 3.0\text{kg}$, 右向きを正とし $v_A = +1.5\text{m/s}$, $v'_B = +0.90\text{m/s}$ とおく.

(1) $p_A = m_A v_A = 2.0 \times 1.5 = \mathbf{3.0\ kg{\cdot}m/s}$

(2) $p'_B = m_B v'_B = 3.0 \times 0.90 = \mathbf{2.7\ kg{\cdot}m/s}$

(3) $m_A v_A + m_B v_B = m_A v'_A + m_B v'_B$
$2.0 \times 1.5 + 3.0 \times 0 = 2.0v + 3.0 \times 0.90$
より $v = \mathbf{0.15\ m/s}$

(4) $e = \frac{v'_B - v'_A}{v_A - v_B} = \frac{0.90 - 0.15}{1.5 - 0} = \mathbf{0.50}$

問題 15.3

衝突の前後で運動量保存の法則が成り立つので $mv_A + mv_B = mv'_A + mv'_B$ より
$v_A + v_B = v'_A + v'_B \cdots$ ①
弾性衝突なので反発係数 $e = 1$. したがって
$e = 1 = -\frac{(v'_A - v'_B)}{v_A - v_B}$ より
$v_A - v_B = -v'_A + v'_B \cdots$ ②
①と②から　$v'_A = \boldsymbol{v_B}$　$v'_B = \boldsymbol{v_A}$
(衝突前の速度と入れ替わっている)
* 力学的エネルギー保存の法則が成立していることは自明であろう.

問題 16.1

仕事 $W = mg \times h$
$= 1500 \times 9.8 \times 30 = \mathbf{441000\ J}$
仕事率 $P = \frac{W}{t} = \frac{441000}{20} = \mathbf{22050\ W}$

問題 16.2

$m = 10\text{kg}$, $l = 5.0\text{m}$, $g = 9.8\text{m/s}^2$ とおく. ゆっくり引き上げたのだから

(1) 力 $F = mg\sin 30^\circ$
$= 10 \times 9.8 \times 0.5 = \mathbf{49\ N}$
力のした仕事 $W = Fl$
$= 49 \times 5.0 = \mathbf{245\ J}$

(2) 高さ $h = l\sin 30^\circ = 5.0 \times 0.50 = \mathbf{2.5\ m}$
位置エネルギーの増加
$U = mgh = 10 \times 9.8 \times 2.5 = \mathbf{245\ J}$

問題 16.3

(1) 位置エネルギー
$U = mgh = 3.0 \times 9.8 \times 20 = \mathbf{588\ J}$

(2) 運動エネルギー
$K = \frac{1}{2}mv^2 = \frac{1}{2} \times 5.0 \times 4.0^2 = \mathbf{40\ J}$

(3) 弾性エネルギー
$U = \frac{1}{2}ks^2 = \frac{1}{2} \times 40 \times 0.50^2 = \mathbf{5.0\ J}$

(4) 運動エネルギー $K = \frac{1}{2}mv^2$ より
速さ $v = \sqrt{\frac{2K}{m}} = \sqrt{\frac{2 \times 24}{3.0}} = \mathbf{4.0\ m/s}$

問題 16.4

(1) 点 A での運動エネルギー
$K_A = \frac{1}{2}mv_A^2 = \frac{1}{2} \times 0.6 \times 2.0^2 = \mathbf{1.2\ J}$

(2) 運動エネルギー $K_B = \frac{1}{2}mv_B^2$ より点 B での速さ
$v_B = \sqrt{\frac{2K_B}{m}} = \sqrt{\frac{2 \times 7.5}{0.6}} = \mathbf{5.0\ m/s}$

(3) 仕事と運動エネルギーの関係より仕事は
$W_{AB} = W_B - W_A = 7.5 - 1.2 = \mathbf{6.3\ J}$

問題 16.5

(1) はじめの運動エネルギー
$K_0 = \frac{1}{2}mv_0^2 = \frac{1}{2} \times 4.0 \times 5.0^2 = \mathbf{50\ J}$

(2) 静止したときの運動エネルギー $K = 0$
仕事と運動エネルギーの関係より動摩擦力のした仕事 W' は, 運動エネルギーの変化に等しいから
$W' = 0 - \frac{1}{2} \times 4.0 \times 5.0^2 = \mathbf{-50\ J}$
すべった距離を x とすると, 動摩擦力の仕事は $W' = -F' \times x = -2.5x$ [J]
したがって $-2.5x = -50$ より
すべった距離 $x = \mathbf{20\ m}$

問題 16.6

(1) 小球のもつ重力による位置エネルギー
$U = mgh = 0.50 \times 9.8 \times 10 = \mathbf{49\ J}$

(2) 力学的エネルギー保存の法則より
$\frac{1}{2} \times m0^2 + mgh = \frac{1}{2}mv^2 + mg \times 0$
これから運動エネルギー $\frac{1}{2}mv^2 = \mathbf{49\ J}$
$\frac{1}{2} \times 0.5v^2 = 49$ より速さ $v = \mathbf{14\ m/s}$
$(v = \sqrt{2gh} = \sqrt{2 \times 9.8 \times 10} = \mathbf{14\ m/s})$

問題 16.7

ボールの速さ $v = 36\text{km/時} = 10\ \text{m/s}$，質量 $m = 0.26\text{kg}$ とおく．力積の法則（力積＝運動量の変化）より，

力積の大きさ $(\overline{F} \cdot \Delta t) = mv - 0 = \mathbf{2.6\ N{\cdot}s}$

このボールを時間 $\Delta t' = 0.050\ \text{s}$ で受け止めるときの平均の力は

$$\overline{F'} = \frac{(\overline{F} \cdot \Delta t)}{\Delta t'} = \frac{2.6}{0.050} = \mathbf{52\ N}$$

問題 16.8

質量 $m = 0.20\text{kg}$，速さ $v_0 = 4.0\text{m/s}$，$v_1 = 3.0\text{m/s}$ とする．

(1) 衝突前の運動エネルギーは

$$K = \frac{1}{2}mv_0^2 = \mathbf{1.6\ J}$$

衝突後の運動エネルギーは

$$K' = \frac{1}{2}mv_1^2 = 0.90\ \text{J}$$

ゆえに，失った力学的エネルギーは

$$\Delta E = K - K' = \mathbf{0.70\ J}$$

(2) はじめに持っていた運動量は

$$p_0 = mv_0 = \mathbf{0.80\ kg{\cdot}m/s}$$

衝突後の運動量は（はじめの向きを正として）$p_1 = mv_1 = -0.60\ \text{kg·m/s}$

「力積＝運動量の変化」だから，力積の大きさは $\overline{F}\Delta = |p_1 - p_0|$

$\therefore\ \overline{F}\Delta = |-0.60 - 0.80| = \mathbf{1.4\ N{\cdot}s}$

(3) 反発係数 $e = \dfrac{\text{衝突後遠ざかる速さ}}{\text{衝突前近づく速さ}}$ より

$$e = \frac{v_1}{v_0} = \mathbf{0.75}$$

ボールが $v_0' = 2\text{m/s}$ で衝突したとき，衝突後にはね返る速さは

$$v_1' = ev_0' = 0.75 \times 2.0 = \mathbf{1.5\ m/s}$$

問題 16.9

右向きを正として，衝突前の速さは

$v_\text{A} = 0.80\text{m/s}$，$v_\text{B} = -1.6\text{m/s}$，

衝突後の速さは

$v_\text{A}' = -0.64\text{m/s}$，$v_\text{B}' = 0.56\text{m/s}$

小球 A の質量は $m_\text{A} = 0.9\text{kg}$ で，B の質量を m_B [kg] とおく．

(1) 反発係数の定義から

$$e = \frac{\text{衝突後の遠ざかる速さ}}{\text{衝突前の近づく速さ}}$$

$$= \frac{v_\text{B}' - v_\text{A}'}{v_\text{A} - v_\text{B}}$$

$$= \frac{0.56 + 0.64}{0.80 + 1.6} = \mathbf{0.50}$$

(2) 運動量保存の法則が成り立つから

$$m_\text{A}v_\text{A} + m_\text{B}v_\text{B} = m_\text{A}v_\text{A}' + m_\text{B}v_\text{B}'$$

数値を代入して

$$0.90 \times 0.80 + m_\text{B} \times (-1.6)$$
$$= 0.90 \times (-0.64) + m_\text{B} \times 0.56$$

これから小球 B の質量は $m_\text{B} = \mathbf{0.60\ kg}$

問題 16.10

$m_\text{A} = 2.0\text{kg}$，$m_\text{B} = 1.0\text{kg}$ とおく．速さは東向きを正として，$v_\text{A} = 4.0\text{m/s}$.

(1) 分裂前は静止していたから運動量は 0．外力が加わっていないから，運動量保存の法則が成り立ち　$0 = m_\text{A}v_\text{A} + m_\text{B}v_\text{B}$

したがって　$0 = 2.0 \times 4.0 + 1.0v_\text{B}$

$v_\text{B} = \mathbf{-8.0\ m/s}$（答）**西向きに 8.0 m/s**

(2) 火薬の爆発によって生じた力学的エネルギーは衝突後の物体の運動エネルギーの和に等しい．したがって

$$\frac{1}{2}m_\text{A}v_\text{A}^2 + \frac{1}{2}m_\text{B}v_\text{B}^2$$
$$= \frac{1}{2} \times 2.0 \times 4.0^2 + \frac{1}{2} \times 1.0 \times (-8.0)^2$$
$$= \mathbf{48\ J}$$

問題 16.11

(1) 力学的エネルギー保存の法則より

$$\frac{1}{2}mv^2 = mgh_1$$

これから，点 C での速さは

$$v = \sqrt{\boldsymbol{2gh_1}}$$

(2) 水平投射だから，鉛直方向は自由落下とおなじ．よって $h_2 = \dfrac{1}{2}gt^2$ より

$$t = \sqrt{\frac{\boldsymbol{2h_2}}{\boldsymbol{g}}}$$

(3) 水平投射だから，水平方向は等速度運動

$$x = vt = \mathbf{2}\sqrt{\boldsymbol{h_1h_2}}$$

問題 16.12

(1) AB 間は力学的エネルギー保存の法則が成り立つので $mgh = \dfrac{1}{2}mv^2$

点 B での速さ v は $v = \sqrt{\boldsymbol{2gh}}$

(2) BC 間で動摩擦力のした仕事は

$$W' = -F'x = -\mu' N x = -\mu' mgx$$

この分だけ力学的エネルギーが減少し

$$0 - \frac{1}{2}mv^2 = 0 - mgh = -\mu' mgx$$

したがって $x = \boldsymbol{\dfrac{h}{\mu'}}$

問題 16.13

運動前の位置エネルギーを基準とすると，物体 A は h 上昇し B は h 下降しているので，位置エネルギーの減少分は $(M-m)gh$

したがって力学的エネルギー保存の法則から

$$\frac{1}{2}(M+m)v^2 = (M-m)gh$$

これから $v = \boldsymbol{\sqrt{\dfrac{2(M-m)gh}{M+m}}}$

問題 16.14

(1) ① 運動量保存の法則は

$$\boldsymbol{mv_0 = mv_A + Mv_B}$$

② 反発係数の定義から

$$\boldsymbol{e = \frac{v_B - v_A}{v_0}}$$

(2) ①，②の式から

$$\boldsymbol{v_A = \left(\frac{m - eM}{m+M}\right)v_0}$$

$$\boldsymbol{v_B = \frac{(1+e)mv_0}{m+M}}$$

(3) A が反対向きに進む条件は $v_A < 0$

したがって　$\boldsymbol{m < eM}$

(4) 衝突前の運動エネルギー K は

$$K = \frac{1}{2}mv_0^2$$

衝突後の運動エネルギー K' は

$$K' = \frac{1}{2}mv_A^2 + \frac{1}{2}Mv_B^2$$

$$= \frac{1}{2}mv_0^2 \cdot \left(\frac{m + e^2M}{m+M}\right)$$

失われた力学的エネルギー ΔE は

$$\Delta E = K - K'$$

$$= \boldsymbol{\frac{1}{2}mv_0^2 \cdot \frac{M(1-e^2)}{m+M}}$$

問題 16.15

小球が速さ v で離れるとき物体は反対向きに速さ V で進む．

(1) 運動量保存の法則が適用して

$$0 = mv + (-MV) \qquad \therefore V = \boldsymbol{\frac{m}{M}v}$$

(2) 力学的エネルギー保存の法則を適用して

$$\frac{1}{2}kL^2 = \frac{1}{2}mv^2 + \frac{1}{2}MV^2$$

(1) で求めた V をこの式に代入して整理

$$v = \boldsymbol{L\sqrt{\frac{kM}{m(m+M)}}}$$

問題 16.16

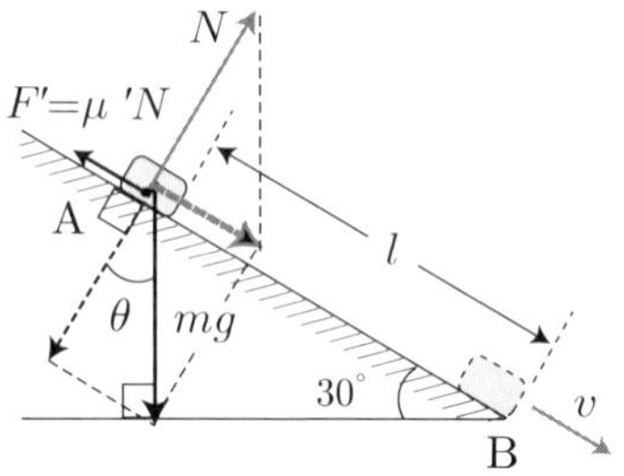

質量 $m = 5.0\mathrm{kg}$，距離 $l = 20\mathrm{m}$，速さ $v = 6.0\mathrm{m/s}$，重力加速度 $g = 9.8\mathrm{m/s^2}$ とし，始点 A から 20m 滑り下りた点 B を位置エネルギーの原点とする．高度差は $h = l\sin 30^\circ = 20\sin 30^\circ = 10\mathrm{m}$ である．

(1) 摩擦がなければ力学的エネルギー保存則が成り立つから，$mgh = \dfrac{1}{2}mv^2$

$$\therefore \quad v = \sqrt{2gh} = \mathbf{14\ m/s}$$

(2) 最大静止摩擦力 $F_0 = \mu N = \mu mg\cos 30^\circ$ が重力の斜面方向成分 $mg\sin 30^\circ$ よりも小さいことが条件だから

$$\mu mg\cos 30^\circ < mg\sin 30^\circ$$

$$\boldsymbol{\mu < \tan 30^\circ = \frac{\sqrt{3}}{3} = 0.577}$$

(3) 動き始めたときの力学的エネルギーは $E_A = mgh = 490\mathrm{J}$ で，斜面を 20m 滑り下りたときの力学的エネルギーは $E_B = \dfrac{1}{2}mv^2 = 90\mathrm{J}$ である．よって，摩擦力による力学的エネルギーの変化は

$$\Delta E = E_B - E_A = \mathbf{-400\ J}$$

（負の符号は力学的エネルギーが失われたことを表す.）

(4) エネルギーの原理より，力学的エネルギーの変化 ΔE は動摩擦力 F' のした仕事 $W' = -F'\cdot l = -\mu' mgl\cos 30^\circ$ に等しい．よって動摩擦力は

$$F' = \frac{(-\Delta E)}{l} = \mathbf{20\ N}$$

動摩擦係数は

$$\mu' = \frac{(-\Delta E)}{mgl\cos 30^\circ} = \frac{\mathbf{40}}{\mathbf{49\sqrt{3}}} \fallingdotseq \mathbf{0.471}$$

問題 16.17

(1) $m\boldsymbol{v}_0 = m\boldsymbol{v}_{\rm A} + m\boldsymbol{v}_{\rm B}$

すなわち $m\overrightarrow{v_0} = m\overrightarrow{v_{\rm A}} + m\overrightarrow{v_{\rm B}}$

(2) $\frac{1}{2}mv_0^2 = \frac{1}{2}mv_{\rm A}^2 + \frac{1}{2}mv_{\rm B}^2$

(3) (1) を満たすように運動量 $m\boldsymbol{v}_0$，$m\boldsymbol{v}_{\rm A}$，$m\boldsymbol{v}_{\rm B}$ を図示すれば図 (a) のようになり，(2) から求められる $v_0^2 = v_{\rm A}^2 + v_{\rm B}^2$ は三平方の定理を満たす．したがって，図 (b) に示すように速度ベクトル $\boldsymbol{v}_{\rm A}$ と $\boldsymbol{v}_{\rm B}$ のなす角度は直角となる．

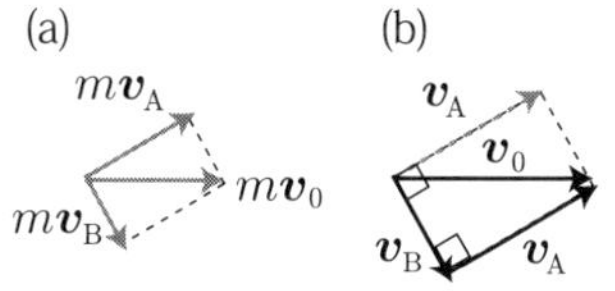

問題 16.18

問題 9.15 参照.

(1) 運動量保存則から $mv = (M+m)V$

したがって $V = \dfrac{\boldsymbol{mv}}{\boldsymbol{M+m}}$

(2) 小物体 A の運動量の変化は

$$\Delta p = m(V - v_0) = -\frac{\boldsymbol{mMv_0}}{\boldsymbol{M+m}}$$

(3) 運動量の変化は動摩擦力 F' によって受けた力積に等しい.

したがって $\Delta p = -F't = -\mu' mgt$

時間 $t = \dfrac{-\Delta p}{\mu' mg} = \dfrac{\boldsymbol{Mv_0}}{\boldsymbol{\mu' g(M+m)}}$

問題 17.1

(1) $\boldsymbol{6\pi\cos 2\pi t}$　　(2) $\boldsymbol{2.5\cos 5t}$

(3) $\boldsymbol{-\frac{1}{2}\sin\left(\frac{1}{2}t + \frac{\pi}{6}\right)}$

問題 17.2

$A = \mathbf{0.5}$　　$\omega = \boldsymbol{\pi}$　　$T = \mathbf{2}$

問題 17.3

(1) $x = B\sin\omega t$　　$\dfrac{dx}{dt} = \omega B\cos\omega t$ ゆえに

$$\frac{d^2x}{dt^2} = \frac{d}{dt}\left(\frac{dx}{dt}\right) = \frac{d}{dt}[\omega B\cos\omega t]$$
$$= -\omega^2 B\sin\omega t = -\omega^2 x$$

(2) $x = C\cos\omega t$　　$\dfrac{dx}{dt} = -\omega C\sin\omega t$ ゆえに

$$\frac{d^2x}{dt^2} = \frac{d}{dt}\left(\frac{dx}{dt}\right) = \frac{d}{dt}[-\omega C\sin\omega t]$$
$$= -\omega^2 C\cos\omega t = -\omega^2 x$$

(3) $x = B\sin\omega t + C\cos\omega t$

$$\frac{dx}{dt} = \omega B\cos\omega t - \omega C\sin\omega t$$

$$\frac{d^2x}{dt^2} = -\omega^2 B\sin\omega t - \omega^2 C\cos\omega t$$
$$= -\omega^2(B\sin\omega t + C\cos\omega t) = -\omega^2 x$$

問題 18.1

$T = 2\pi\sqrt{\dfrac{m}{k}}$　　より $k = \dfrac{4\pi^2 m}{T^2}$

この式に $m = 2.0\mathrm{kg}$，$T = 4.0\mathrm{s}$ を代入して

$$k = \frac{4\pi^2 \times 2.0}{4.0^2} = \boldsymbol{0.50\pi^2} \fallingdotseq \mathbf{4.93\ N/m}$$

問題 18.2

$m = 2.0\mathrm{kg}$

(1) $A = \mathbf{0.50\ m}$，$T = \mathbf{2.0\ s}$

$\omega = \dfrac{2\pi}{T} = \boldsymbol{\pi} \fallingdotseq \mathbf{3.14\ rad/s}$

(2) $t = 0.50\mathrm{s}$ で，$x = \mathbf{0.50\ m}$，$v = \mathbf{0.0\ m/s}$

$a = -A\omega^2 = \boldsymbol{-0.50\pi^2} \fallingdotseq \mathbf{-4.93\ m/s^2}$

$F = ma = \boldsymbol{-\pi^2} \fallingdotseq \mathbf{-9.87\ N}$

(3) $t = 1.0\mathrm{s}$ で，$x = \mathbf{0.0\ m}$

$v = -\omega A = \boldsymbol{-0.50\pi} \fallingdotseq \mathbf{-1.57\ m/s}$

$a = \mathbf{0.0\ m/s^2}$，$F = ma = \mathbf{0.0\ N}$

(4) $\omega = \sqrt{\dfrac{k}{m}}$ より

$k = m\omega^2 = \boldsymbol{2.0\pi^2} \fallingdotseq \mathbf{19.7\ N/m}$

問題 19.1

$T = 2\pi\sqrt{\dfrac{l}{g}}$　　より $l = \dfrac{gT^2}{4\pi^2}$

この式に $T = 2.0\mathrm{s}$，$g = 9.8\mathrm{m/s}$ を代入して

$$l = \frac{9.8 \times 2.0^2}{4\pi^2} \fallingdotseq \mathbf{0.993\ m}$$

※これがフランス革命直後に決められた長さ 1 m の定義である（すなわち周期 2.0 秒の振り子の長さが 1m）.

問題 19.2

$T = 2\pi\sqrt{\dfrac{l}{g}} = 2\pi\sqrt{\dfrac{34}{9.8}} \fallingdotseq \mathbf{11.7\ s}$

問題 19.3

周期 $T = 2\pi\sqrt{\dfrac{l}{g}}$ だから，周期を $T/2$ とするためには振り子の長さを $\boldsymbol{l/4}$ とする．

問題 20.1

(1) $v = \boldsymbol{\dfrac{2\pi r}{T}}$　(2) $\omega = \boldsymbol{\dfrac{2\pi}{T}}$　(3) $\boldsymbol{v = r\omega}$

問題 20.2

$m = 0.40\text{kg},\ \ r = 0.50\text{m},\ \ \omega = 6.0\text{rad/s}$

(1) $T = \dfrac{2\pi}{\omega} = \dfrac{2\pi}{6.0} \fallingdotseq \mathbf{1.05\ s}$

$f = \dfrac{1}{T} = \dfrac{\omega}{2\pi} = \dfrac{6.0}{2\pi} \fallingdotseq$ **0.955 回/s**

(2) $v = r\omega = 0.50 \times 6.0 = \mathbf{3.0\ m/s}$

円の接線の向き

(3) $a = r\omega^2 = 0.50 \times 6.0^2 = \mathbf{18\ m/s^2}$

円の中心 O の向き

(4) 向心力は**摩擦力**

向心力 $F = ma = mr\omega^2 = \mathbf{7.2\ N}$

問題 21.1

軌道半径の 3 乗と公転周期の 2 乗の比は地球を回る月と人工衛星で共通なので $\dfrac{T_1^2}{r_1^3} = \dfrac{T_2^2}{r_2^3}$

$\dfrac{r_2^3}{r_1^3} = \dfrac{T_2^2}{T_1^2}$ $\therefore$ $\dfrac{r_2}{r_1} = \left(\dfrac{T_2}{T_1}\right)^{\frac{2}{3}} = \left(\dfrac{27}{1}\right)^{\frac{2}{3}} = \mathbf{9}$

注：「静止衛星」は地上から見て位置を変えないので，放送衛星や気象衛星として利用されている．実際は $r_1 = 4.21 \times 10^7\text{m}$，$r_2 = 3.84 \times 10^8\text{m}$ で，$r_2/r_1 \fallingdotseq 9.1$

問題 22.1

(1) $\dfrac{1}{2}mv_\text{C}^2 = \dfrac{1}{2}mv^2 + mg(r + r\sin 30^\circ)$ より

$v_\text{C} = \boldsymbol{\sqrt{v^2 - 3gr}}$

(2) 向心力は垂直抗力 N_C と重力の円周に垂直成分 $(mg\sin 30^\circ)$ なので

$m\dfrac{v_\text{C}^2}{r} = \boldsymbol{N_\text{C} + mg\sin 30^\circ}$

$= \boldsymbol{N_\text{C} + \dfrac{1}{2}mg}$

(3) $N_\text{C} = 0$，$v = v_0$ とおいて

$v_\text{C}^2 = \dfrac{1}{2}gr = v_0^2 - 3gr$ より $v_0 = \boldsymbol{\sqrt{\dfrac{7}{2}gr}}$

問題 23.1

半径 $r = 0.50\text{m}$, 質量 $m = 0.20\text{kg}$, 周期 $T = 0.40\text{s}$

(1) 速さ $v = \dfrac{2\pi r}{T} = \boldsymbol{2.5\pi} \fallingdotseq \mathbf{7.85\ m/s}$

(2) 角速度 $\omega = \dfrac{2\pi}{T} = \boldsymbol{5\pi} \fallingdotseq \mathbf{15.7\ rad/s}$

(3) 角運動量 $L = r \times mv = mr^2\omega$

$= \boldsymbol{0.25\pi} \fallingdotseq \mathbf{0.785\ kg{\cdot}m^2/s}$

問題 24.1

(1) 振幅 $A = \mathbf{0.50\ m}$，周期 $T = \mathbf{4.0\ s}$

角振動数 $\omega = \boldsymbol{0.5\pi} \fallingdotseq \mathbf{1.57\ rad/s}$

(2) $v_0 = A\omega = \boldsymbol{0.25\pi} \fallingdotseq \mathbf{0.785\ m/s}$

$v = A\omega\cos\omega t = \boldsymbol{0.25\pi\cos 0.5\pi t}$

概略は下図 (b)．

(3) $a_m = A\omega^2 = \boldsymbol{0.125\pi^2} \fallingdotseq \mathbf{1.23\ m/s^2}$

$a = -A\omega^2\sin\omega t = \boldsymbol{-0.125\pi^2\sin 0.5\pi t}$

概略は下図 (c)．

(b)
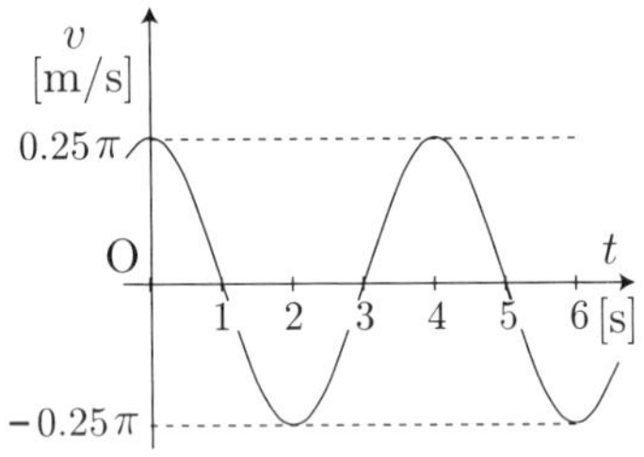

(c)
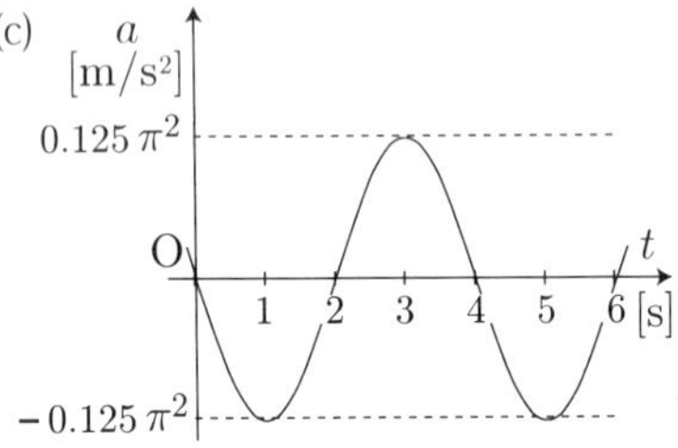

問題 24.2

$x = 2.0\sin 0.5\pi t$

(1) $A = \mathbf{2.0\ m}$，$\omega = \boldsymbol{0.5\pi} \fallingdotseq \mathbf{1.57\ rad/s}$，

$T = 2\pi/\omega = \mathbf{4.0\ s}$

(2) 速度 $v = \boldsymbol{\pi\cos 0.5\pi t}$

$t = \mathbf{0\ s}$ で最大値 $v_0 = \boldsymbol{\pi} \fallingdotseq \mathbf{3.14\ m/s}$

(3) 加速度 $a = \boldsymbol{-0.5\pi^2\sin 0.5\pi t}$

$t = \mathbf{3.0\ s}$ で最大値 $a_m = \mathbf{0.5\pi^2 \fallingdotseq 4.93\ m/s^2}$

(4) $t = 0.5$ s のとき

$$v = \pi \cos 0.25\pi = \frac{\sqrt{2}}{2}\pi \fallingdotseq \mathbf{2.22\ m/s}$$

$$a = -0.5\pi^2 \sin 0.25\pi = -\frac{\sqrt{2}}{4}\pi^2 \fallingdotseq \mathbf{-3.49\ m/s^2}$$

問題 24.3

ばね定数 $k = 32$N/m，質量 $m = 2.0$kg

$$周期\ T = 2\pi\sqrt{\frac{m}{k}} = \frac{\pi}{2} \fallingdotseq \mathbf{1.57\ s}$$

問題 24.4

長さ $l = 0.80$m，重力加速度 $g = 9.8\text{m/s}^2$

$$周期\ T = 2\pi\sqrt{\frac{l}{g}} = \frac{4\pi}{7} \fallingdotseq \mathbf{1.80\ s}$$

（注：質量 2.0kg は無関係）

問題 24.5

原点 O から右に x だけ小球を移動すると，ばねの復元力は $F = -(k_1 + k_2)x$．運動方程式は

$$m\frac{d^2x}{dt^2} = -(k_1 + k_2)x$$

単振動の周期は $T = \boldsymbol{2\pi\sqrt{\frac{m}{k_1 + k_2}}}$

問題 24.6

三角関数の微分がわからない人はもう一度確認すること．

① $v_x = \dfrac{d}{dt}(r\cos\omega t) = \boldsymbol{-\omega r \sin\omega t}$

② $v_y = \dfrac{d}{dt}(r\sin\omega t) = \boldsymbol{\omega r \cos\omega t}$

③ $v^2 = v_x^2 + v_y^2$
$= (-\omega r\sin\omega t)^2 + (\omega r\cos\omega t)^2 = \boldsymbol{(\omega r)^2}$

④ $v = \boldsymbol{\omega r}$

⑤ $a_x = \dfrac{d}{dt}v_x = \dfrac{d}{dt}(-\omega r\sin\omega t)$
$= \boldsymbol{-\omega^2 r\cos\omega t}$

⑥ $a_x = \boldsymbol{-\omega^2 x}$

⑦ $a_y = \dfrac{d}{dt}v_y = \dfrac{d}{dt}(\omega r\cos\omega t)$
$= \boldsymbol{-\omega^2 r\sin\omega t}$

⑧ $a_y = \boldsymbol{-\omega^2 y}$

⑨ $a = \sqrt{a_x^2 + a_y^2}$
$= \sqrt{(-\omega^2 r\cos\omega t)^2 + (-\omega^2 r\sin\omega t)^2}$
$= \boldsymbol{\omega^2 r}$

⑩ $a = \boldsymbol{\dfrac{v^2}{r}}$

問題 24.7

1 周する時間（周期）は $T = \mathbf{5.0\ s}$

1 秒間に回転する数（回転数）は

$$f = \frac{1}{T} = \mathbf{0.20\ Hz}$$

角速度は $\omega = \dfrac{2\pi}{T} = \boldsymbol{\dfrac{2\pi}{5}} \fallingdotseq \mathbf{1.26\ rad/s}$

半径 $r = 0.4$ m なので速さは

$$v = \frac{2\pi r}{T} = r\omega = \boldsymbol{0.16\pi} \fallingdotseq \mathbf{0.503\ m/s}$$

加速度の大きさは

$$a = \frac{v^2}{r} = r\omega^2 = \boldsymbol{0.064\pi^2} \fallingdotseq \mathbf{0.632\ m/s^2}$$

問題 24.8

変位 $x = A\sin(\omega t + \phi) = A\sin\left(\dfrac{2\pi}{T}t + \phi\right)$

速度 $v = \omega A\cos(\omega t + \phi) = \dfrac{2\pi A}{T}\cos(\dfrac{2\pi}{T}t + \phi)$

題意より $v_0 = \dfrac{2\pi A}{T}$ ∴ 振幅 $A = \boldsymbol{\dfrac{v_0 T}{2\pi}}$

問題 24.9

$x = A\sin\omega t$ だから

(1) 速度 $v = \dfrac{dx}{dt} = \boldsymbol{\omega A\cos\omega t}$

加速度 $a = \dfrac{dv}{dt} = \boldsymbol{-\omega^2 A\sin\omega t}$

(2) 運動方程式は $\boldsymbol{ma = N - mg}$

加速度 $a = -\omega^2 A\sin\omega t$ を代入して

$N = mg + ma = \boldsymbol{m(g - \omega^2 A\sin\omega t)}$

(3) $-1 \leqq \sin\omega t \leqq 1$ なので $\sin\omega t = 1$ のとき垂直抗力の最小値 $N_0 = m(g - \omega^2 A)$．物体が台からつねに離れない条件は，$N_0 > 0$ から $\boldsymbol{g > \omega^2 A}$

問題 24.10

(1) 斜面に平行成分の力のつり合い条件は $mg\sin\theta = kl$.

∴ばね定数 $k = \boldsymbol{\dfrac{mg\sin\theta}{l}}$

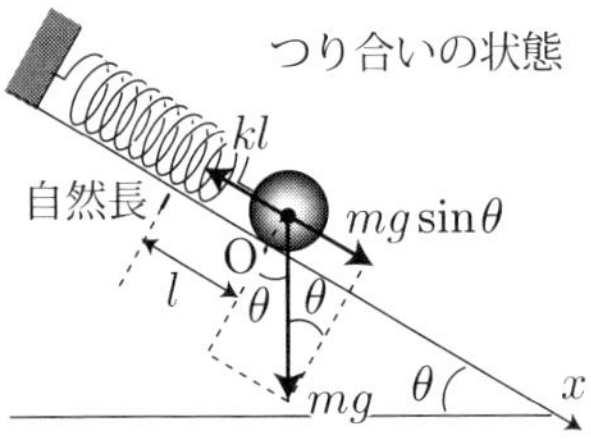

(2) 点 O から更に x だけ伸ばしたときのばねの弾性力は $k(x+l)$ だから，復元力は

$$F = mg\sin\theta - k(x+l) = \boldsymbol{-kx}$$

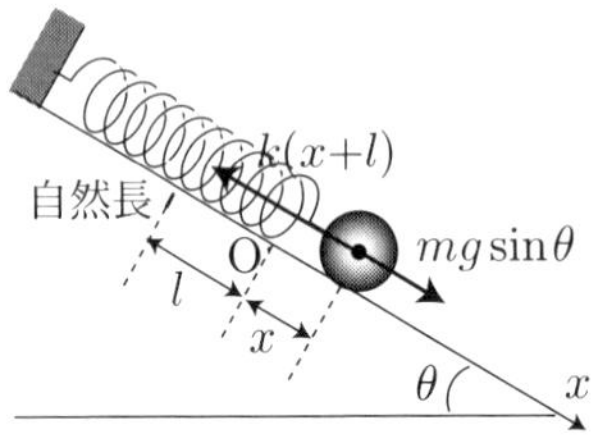

(3) 運動方程式は $\boldsymbol{m\dfrac{d^2x}{dt^2} = -kx}$

これは角振動数 $\omega = \sqrt{\dfrac{k}{m}}$ の単振動である．

よって周期 $T = \dfrac{2\pi}{\omega} = \boldsymbol{2\pi\sqrt{\dfrac{m}{k}}}$

(4) $t=0$ で $x=l$ という条件から

$$x = l\cos\omega t = \boldsymbol{l\cos\left(\sqrt{\dfrac{k}{m}}t\right)}$$

(5) おもりが原点を通過するときの速さは

$$v_0 = l\omega = \boldsymbol{l\sqrt{\dfrac{k}{m}}}$$

問題 24.11

電車には重力 mg と遠心力 $F' = m\dfrac{v^2}{r}$ がはたらくので，その合力が垂直抗力 N と平行になるように線路を傾ける．

$$\tan\theta = \frac{F'}{mg} = \frac{v^2}{gr} = \frac{20^2}{9.8\times 500} \fallingdotseq \mathbf{0.0816}$$

問題 24.12

長さ R の単振り子に相当．

(1) 復元力 $F = \boldsymbol{-mg\sin\theta}$

運動方程式は $\boldsymbol{m\dfrac{d^2x}{dt^2} = -mg\sin\theta}$

(2) $\sin\theta \fallingdotseq \theta = x/R$ を使うと運動方程式は

$$m\frac{d^2x}{dt^2} = -mg\frac{x}{R} \quad \therefore \frac{d^2x}{dt^2} = -\frac{g}{R}x$$

解は $x = A\sin(\omega t+\phi)$ ただし $\omega = \sqrt{\dfrac{g}{R}}$

周期は $T = \dfrac{2\pi}{\omega} = \boldsymbol{2\pi\sqrt{\dfrac{R}{g}}}$

問題 24.13

(1) $\boldsymbol{mg\cos\theta}$

(2) $\boldsymbol{m\dfrac{v_B^2}{R} = mg\cos\theta}\cdots$①

(3) 力学的エネルギー保存の法則より

$\dfrac{1}{2}mv_B^2 = mgh \;\therefore\quad v_B = \boldsymbol{\sqrt{2gh}}\ldots$②

(4) $R\cos\theta + h = R \;\therefore \cos\theta = \boldsymbol{\dfrac{R-h}{R}}\cdots$③

(5) 式①と②より $\cos\theta = \dfrac{2h}{R}$

式③と組み合わせて，$h = \boldsymbol{\dfrac{R}{3}}$

問題 24.14

(1) はじめの状態で，小球 A の円運動の向心力は $8mg$．したがって円運動の方程式

$mr_0\omega_0^2 = 8mg$ より角速度 $\omega_0 = \boldsymbol{2\sqrt{\dfrac{2g}{r_0}}}$

角運動量 $L = mr_0^2\omega_0 = \boldsymbol{2mr_0\sqrt{2gr_0}}$

(2) 砂がすべて落ちつくした状態で，小球 A の向心力は mg．したがって円運動の方程式は

$mr\omega^2 = mg \quad \therefore r\omega^2 = g\cdots$①

小球 A には中心力しかはたらいていないから角運動量保存の法則が適用できて

$mr^2\omega = mr_0^2\omega_0 \quad \therefore r^2\omega = r_0^2\omega_0\cdots$②

①と②と (1) で得た $\omega_0 = 2\sqrt{\dfrac{2g}{r_0}}$ より

$$r = \boldsymbol{2r_0} \quad \omega = \boldsymbol{\sqrt{\dfrac{g}{2r_0}}}$$

問題 25.1

力のモーメント $N = Fl = F\times r\sin 60^\circ$

$$= 40\times 0.15\times\frac{\sqrt{3}}{2} = \mathbf{3\sqrt{3}} \fallingdotseq \mathbf{5.20\ N{\cdot}m}$$

問題 25.2

点 A のまわりの力のモーメントのつり合いの式：

$T\times l\sin 30^\circ - W\times a = 0$ より

$$T = \frac{2aW}{l} = \mathbf{4.8\ kgw}$$

問題 25.3

固定端 A のまわりの力のモーメントのつり合い：

$F \times l \sin 30^\circ - mg \times a \cos 30^\circ = 0$

$\therefore \quad F = \boldsymbol{\dfrac{\sqrt{3}a}{l} mg}$

問題 25.4

固定端 A のまわりの力のモーメントのつり合い：

$F \times l \sin 60^\circ - mg \times \dfrac{l}{2} \cos 60^\circ = 0$

$\therefore \quad F = \boldsymbol{\dfrac{1}{2\sqrt{3}} mg = \dfrac{\sqrt{3}}{6} mg}$

問題 26.1

力のつり合いの式は $T + F - mg = 0 \cdots$ ①

端 A のまわりの力のモーメントのつり合いの式は

$lF - amg = 0 \cdots$ ②　　②より

$F = \dfrac{a}{l} mg = \dfrac{1.0}{1.5} \times 3.0 \times 9.8 = \mathbf{19.6\ N}$

①を使って $T = mg - F = \mathbf{9.8\ N}$

問題 26.2

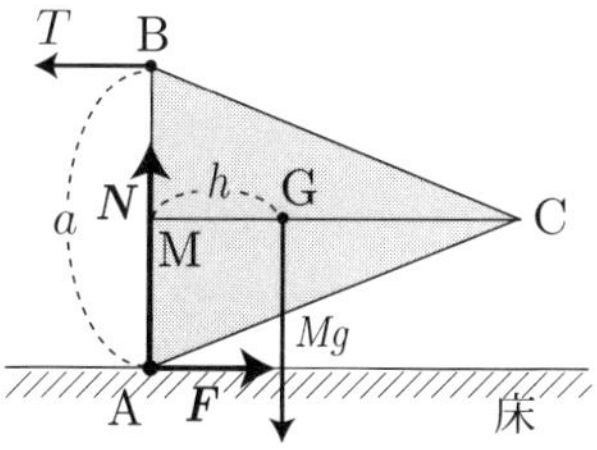

(1) 垂直抗力 N は図中．$\boldsymbol{N - Mg = 0}$

(2) 静止摩擦力 F は図中．$\boldsymbol{F - T = 0}$

(3) $\boldsymbol{T \times a - Mg \times h = 0}$

(4) $F = T = \boldsymbol{\dfrac{h}{a} Mg}$，$N = \boldsymbol{Mg}$

問題 26.3

(1) 力のつり合い

水平：$\boldsymbol{T \cos 60^\circ - F = 0}$

$\therefore \boldsymbol{T \left(\dfrac{1}{2}\right) - F = 0} \cdots$ ①

鉛直：$\boldsymbol{N + T \sin 60^\circ - mg = 0}$

$\therefore \boldsymbol{N + T \left(\dfrac{\sqrt{3}}{2}\right) - mg = 0} \cdots$ ②

(2) 点 A のまわりの力のモーメント

$\boldsymbol{T \times l \cos 60^\circ - mg \times \left(\dfrac{l}{2}\right) \cos 30^\circ = 0}$

$\therefore \boldsymbol{T - \dfrac{\sqrt{3}}{2} mg = 0} \cdots$ ③

(3) ③より $T = \boldsymbol{\dfrac{\sqrt{3}}{2} mg}$

①より $F = \dfrac{1}{2} T = \boldsymbol{\dfrac{\sqrt{3}}{4} mg}$

②より $N = mg - \dfrac{\sqrt{3}}{2} T = \boldsymbol{\dfrac{1}{4} mg}$

問題 26.4

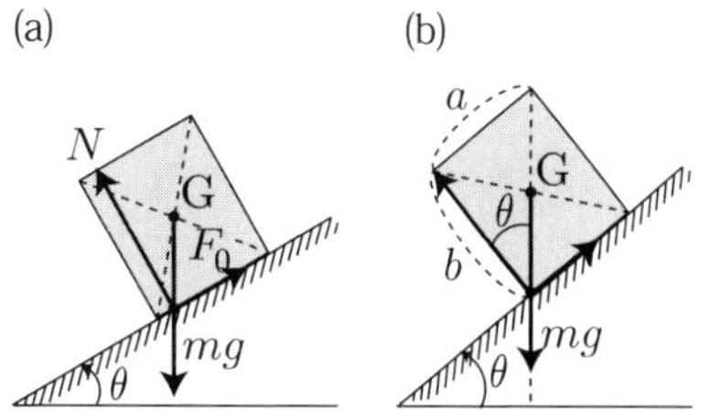

(1) 摩擦角（例題 8.2 参照）．図 (a) の力のつり合いから垂直抗力 $N = mg \cos\theta$，静止摩擦力 $F = mg \sin\theta$．これを最大摩擦力の条件 $F = F_0 = \mu N$ に代入して，滑り出す直前は $\tan\theta = \boldsymbol{\mu}$

(2) 力の作用点が箱の底面（接地面）にあることが倒れない条件だから，図 (b) より箱が倒れる直前は $\tan\theta = \boldsymbol{\dfrac{a}{b}}$

(3) 倒れる前に滑り出す条件は $\boldsymbol{\mu < \dfrac{a}{b}}$

問題 28.1

等加速度運動の 3 公式を適用する問題．

(1) $\beta = 0.20 \mathrm{rad/s^2}$，$\omega_0 = 0 \mathrm{rad/s}$

時刻 $t = 4.0 \mathrm{s}$ で

角速度 $\omega = \omega_0 + \beta t = \mathbf{0.80\ rad/s}$

回転角 $\theta = \omega_0 t + \dfrac{1}{2} \beta t^2 = \mathbf{1.6\ rad}$

(2) $\omega_0 = 2.0 \mathrm{rad/s}$，$t = 10 \mathrm{s}$ で $\omega = 7.0 \mathrm{rad/s}$

$\omega = \omega_0 + \beta t$ に代入して $7.0 = 2.0 + \beta \times 10$

$\therefore$ 角加速度 $\beta = \mathbf{0.50\ rad/s^2}$

(3) $t = 3.0 \mathrm{s}$ で $\theta = 270^\circ = \dfrac{3}{2} \pi [\mathrm{rad}]$

$\theta = \omega_0 t + \dfrac{1}{2} \beta t^2$ に代入して $\dfrac{3}{2} \pi = \dfrac{1}{2} \beta \times 3^2$

$\therefore$ 角加速度 $\beta = \boldsymbol{\dfrac{\pi}{3}} \fallingdotseq \mathbf{1.05\ rad/s^2}$

角速度 $\omega = \omega_0 t + \beta t = \boldsymbol{\pi} \fallingdotseq \mathbf{3.14\ rad/s}$

問題 28.2

$F = 6.4 \mathrm{N}$，$I = 4.0 \mathrm{kg \cdot m^2}$，$R = 0.50 \mathrm{m}$

(1) 円輪にはたらく力のモーメントの計算では「腕の長さ＝半径」である．

力のモーメント $N = F \times R = \mathbf{3.2\ N \cdot m}$

(2) 角加速度 $\beta = \dfrac{N}{I} = \mathbf{0.80\ rad/s^2}$

(3) $\omega_0 = 0\mathrm{rad/s}$, $t = 5.0\mathrm{s}$.

角速度 $\omega = \omega_0 + \beta t = \mathbf{4.0\ rad/s}$

(4) 回転角 $\theta = \omega_0 t + \dfrac{1}{2}\beta t^2 = \mathbf{10\ rad}$

問題 29.1

$v_0 = 0$ の等加速度運動だから $v^2 - v_0^2 = 2ah$ から $v = \sqrt{2ah}$. これに例題 29.1 で得られた加速度 $a = \dfrac{mg}{m + I/R^2}$ を代入する.

$$v = \sqrt{2ah} = \sqrt{\boldsymbol{\frac{2mgh}{m + I/R^2}}}$$

問題 29.2

円板の慣性モーメント $I = \dfrac{1}{2}MR^2$ を代入して加速度 $a = \dfrac{mg}{m + I/R^2} = \boldsymbol{\dfrac{mg}{m + M/2}}$

問題 31.1

球体が最初に到達する

【理由】

例題 31.1 で得た加速度 $a = \dfrac{g\sin\theta}{1 + I/(MR^2)}$ にそれぞれの慣性モーメント I を代入すると

(i) 円輪 $I = MR^2$, 加速度 $a = \dfrac{1}{2}g\sin\theta$

(ii) 円柱 $I = \dfrac{1}{2}MR^2$, 加速度 $a = \dfrac{2}{3}g\sin\theta$

(iii) 球体 $I = \dfrac{2}{5}MR^2$, 加速度 $a = \dfrac{5}{7}g\sin\theta$

斜面を転がる円形体の運動では, 位置エネルギー Mgh が並進エネルギー $\dfrac{1}{2}Mv^2$ と回転エネルギー $\dfrac{1}{2}I\omega^2$ に分配される. このとき, 慣性モーメントが大きいと回転エネルギーに多く分配されるために, 並進エネルギーは小さくなる. そのため, 慣性モーメントが大きい円形体（円輪や円柱）の降下は遅くなる.

問題 32.1

正解は図の通り.

図 (a) 5 個 ×1＝1 個 ×2＋1 個 ×3

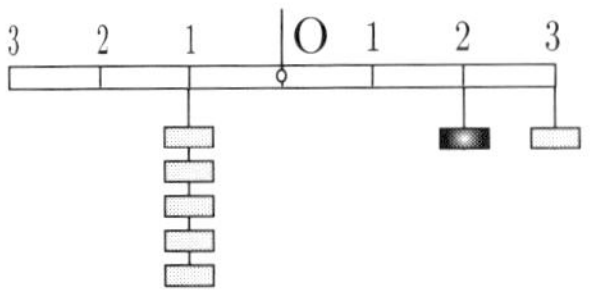

図 (b)

3 個 ×3＋1 個 ×1＝2 個 ×1＋4 個 ×2

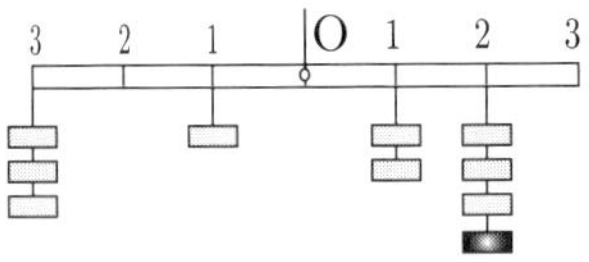

問題 32.2

点 A のまわりの力のモーメントを考えて, 端 B を持ち上げる条件は $F_\mathrm{B} \times l - mg \times x = 0$

端 A を持ち上げる条件 $F_\mathrm{A} \times l - mg \times (l - x) = 0$

これから $mg = F_\mathrm{A} + F_\mathrm{B} = \mathbf{6.0\ kgw}$

$x = \mathbf{4.0\ m}$

問題 32.3

棒に加わる合力が 0 となる条件より, 加える力は**上向き**で, 大きさ $F = F_\mathrm{A} + F_\mathrm{B} = \mathbf{5.0\ N}$

点 A のまわりの力のモーメントのつり合い条件 $F \times x - F_\mathrm{B} \times l = 0$ より距離 $x = \mathbf{0.90\ m}$

問題 32.4

切り取った円板の面積 $= \pi\left(\dfrac{R}{2}\right)^2 = \dfrac{1}{4}\pi R^2$

残った板の面積 $= \pi R^2 - \pi\left(\dfrac{R}{2}\right)^2 = \dfrac{3}{4}\pi R^2$

切り取った部分を戻すと円板になりその重心は O で, 点 O のまわりの重力のモーメントは 0 となる（下図）. 板の質量は面積に比例するので

$$\frac{1}{4}\pi R^2 \times \frac{R}{2} = \frac{3}{4}\pi R^2 \times x \qquad \therefore\ x = \boldsymbol{\frac{R}{6}}$$

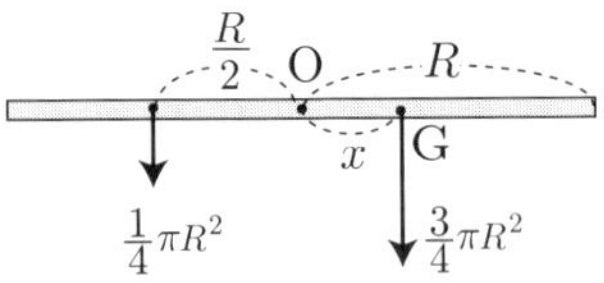

問題 32.5

① 角速度 $\omega = \boldsymbol{\dfrac{d\theta}{dt}}$

② **慣性モーメント** I

③ **力のモーメント** N

④ 回転運動の方程式 $\boldsymbol{I\beta = N}$

⑤ 回転運動のエネルギー $K = \boldsymbol{\dfrac{1}{2}I\omega^2}$

問題 32.6

① $\omega = \boldsymbol{\omega_0 + \beta t}$

② $\theta = \boldsymbol{\omega_0 t + \dfrac{1}{2}\beta t^2}$

③ $\omega^2 - \omega_0^2 = \boldsymbol{2\beta\theta}$

問題 32.7

(1) $I_{\mathrm{G}} = mr^2 + mr^2 = \boldsymbol{2mr^2}$

回転エネルギー $K = \dfrac{1}{2}I_{\mathrm{G}}\omega^2 = \boldsymbol{mr^2\omega^2}$

(2) $I_{\mathrm{A}} = mr^2 + m(2r)^2 = \boldsymbol{5mr^2}$

回転エネルギー $K = \dfrac{1}{2}I_{\mathrm{A}}\omega^2 = \boldsymbol{\dfrac{5}{2}mr^2\omega^2}$ 【別解】平行軸の定理を適用して

$I_{\mathrm{A}} = I_{\mathrm{G}} + (3m)r^2 = \boldsymbol{5mr^2}$

問題 32.8

$R = 0.50\mathrm{m}$, $I = 3.0\mathrm{kg{\cdot}m^2}$, $N = 6.0\mathrm{N{\cdot}\ m}$

(1) 力のモーメント $N = R \times F$ だから

糸の張力 $F = \dfrac{N}{R} = \mathbf{12\ N}$

(2) 回転運動の方程式 $I\beta = N$ から

角加速度 $\beta = \dfrac{N}{I} = \mathbf{2.0\ rad/s^2}$

(3) $\omega_0 = 0$, $t = 4.0$ s で

角速度 $\omega = \omega_0 + \beta t = \mathbf{8.0\ rad/s}$

回転エネルギー $E = \dfrac{1}{2}I\omega^2 = \mathbf{96\ J}$

(4) $t = 4.0$ s で

回転角 $\theta = \omega_0 t + \dfrac{1}{2}\beta t^2 = \mathbf{16\ rad}$

ひもの長さ $x = R\theta = \mathbf{8.0\ m}$

問題 32.9

水平方向の力のつり合い：

$$T_{\mathrm{A}}\sin\alpha = T_{\mathrm{B}}\sin\beta \cdots ①$$

点 C のまわりの力のモーメントのつり合い：

$$a \times T_{\mathrm{A}}\cos\alpha = b \times T_{\mathrm{B}}\cos\beta \cdots ②$$

①÷② より $\dfrac{\sin\alpha}{a\cos\alpha} = \dfrac{\sin\beta}{b\cos\beta}$　$\therefore\ \dfrac{a}{b} = \dfrac{\tan\alpha}{\tan\beta}$

問題 32.10

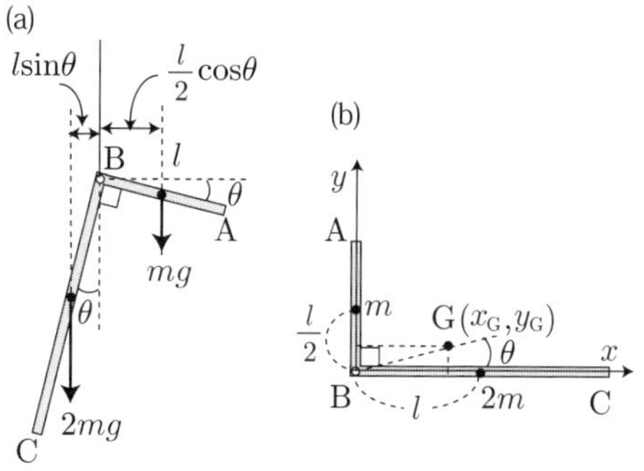

AB 部分 $(= l)$ の質量を m, BC 部分 $(= 2l)$ の質量を $2m$ とおく．図 (a) より，点 B のまわりで力のモーメントのつり合いは

$$2mg \times l\sin\theta - mg \times \frac{l}{2}\cos\theta = 0$$

$$\therefore\ \tan\theta = \boldsymbol{\frac{1}{4}}$$

別解　重心 G の位置 $(x_{\mathrm{G}}, y_{\mathrm{G}})$ をまず求める．図 (b) のように $x-y$ 座標をとると

$$x_{\mathrm{G}} = \frac{m \times 0 + 2m \times l}{2m + m} = \frac{2}{3}l$$

$$y_{\mathrm{G}} = \frac{m \times l/2 + 2m \times 0}{2m + m} = \frac{1}{6}l$$

点 B で支えたとき，全体の重心 G は点 B の真下にくるから

$$\tan\theta = \frac{y_{\mathrm{G}}}{x_{\mathrm{G}}} = \boldsymbol{\frac{1}{4}}$$

問題 32.11

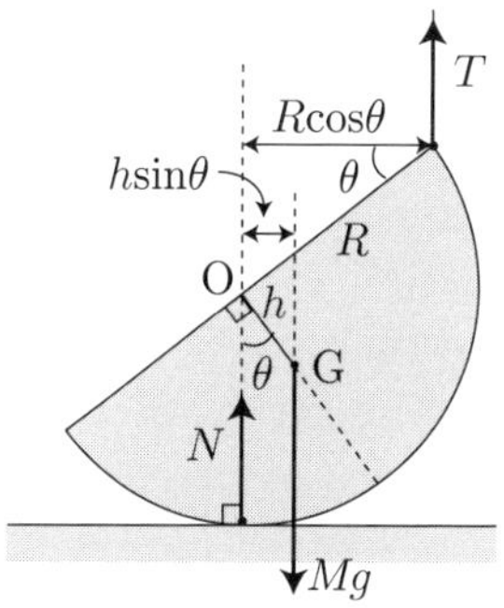

(1) 鉛直方向の力のつり合いは

$$T + N = Mg \cdots ①$$

点 O のまわりの力のモーメントのつり合いは

$$T \times R\cos\theta = Mg \times h\sin\theta \cdots ②$$

②より $T = \boldsymbol{\left(\dfrac{h}{R}\tan\theta\right)Mg}$

①と合わせて $N = \boldsymbol{\left(1 - \dfrac{h}{R}\tan\theta\right)Mg}$

(2) $T = N$ となるのは $\dfrac{h}{R}\tan\theta = \dfrac{1}{2}$ のときだから，半球が一様 $h = \dfrac{3}{8}R$ の条件を加えて

$\tan\theta = \dfrac{\mathbf{4}}{\mathbf{3}}$

問題 32.12

$R = 0.30\mathrm{m}$, $M = 5.0\mathrm{kg}$, $r = 0.090\mathrm{m}$, $F = 40\mathrm{N}$

(1) $I = MR^2 = \mathbf{0.45\ kg \cdot m^2}$

(2) 加えた力のモーメントは $N = r \times F$.

$I\beta = N$ に代入，$\beta = \dfrac{rF}{I} = \mathbf{8.0\ rad/s^2}$

$\omega = 0 + \beta t$ より $\omega = 20\ \mathrm{rad/s}$ となる時刻は

$t = \mathbf{2.5\ s}$

(3) 回転エネルギー $K = \dfrac{1}{2}I\omega^2 = \mathbf{90\ J}$

(4) 5 回転の回転角 $\theta = 5 \times 2\pi = 10\pi\ \mathrm{rad}$

等角加速度運動だから $0^2 - \omega^2 = 2\beta'\theta$ が成り立ち $0 - 20^2 = 2\beta' \times 10\pi$

$$\therefore \beta' = -\frac{\mathbf{20}}{\boldsymbol{\pi}} \fallingdotseq \mathbf{-6.37\ rad/s^2}$$

$I\beta' = R \times F'$ から

$$F' = \frac{I\beta'}{R} = -\frac{\mathbf{30}}{\boldsymbol{\pi}} \fallingdotseq \mathbf{-9.55\ N}$$

※ 負の角加速度 β は減速，負の力 F はブレーキ（抵抗力）を意味する.

問題 32.13

(1) $ma = \boldsymbol{T_1 - mg}$

(2) $Ma = \boldsymbol{Mg - T_2}$

(3) $I\beta = \boldsymbol{T_2 \times R - T_1 \times R = (T_2 - T_1)R}$

(4) $a = \boldsymbol{R\beta}$

(5) $a = \dfrac{\boldsymbol{(M-m)g}}{\boldsymbol{M + m + I/R^2}}$

問題 32.14

質量 m の物体：$ma = T_1 \cdots$ ①

質量 M のおもり： $Ma = Mg - T_2 \cdots$ ②

滑車を回転させようとする力のモーメントは $N = R(T_2 - T_1)$ だから定滑車の回転運動の方程式 ($I\beta = N$) は $I\beta = R(T_2 - T_1) \cdots$ ③

回転角の関係式が成り立つので $a = R\beta \cdots$ ④

① ～ ④ の式から

$$a = \frac{\boldsymbol{Mg}}{\boldsymbol{M + m + I/R^2}}$$

問題 32.15

重心の運動方程式：$Ma = Mg - T \cdots$ ①

回転運動の方程式：$I\beta = RT \cdots$ ②

回転角の関係式：$a = R\beta \cdots$ ③

慣性モーメント：$I = \dfrac{1}{2}MR^2 \cdots$ ④

① ～ ③ の式から a を求め④を代入する.

$$a = \frac{Mg}{M + I/R^2} = \frac{\mathbf{2}}{\mathbf{3}}\boldsymbol{g}$$

$$T = \frac{I}{R^2}a = \frac{\mathbf{1}}{\mathbf{3}}\boldsymbol{Mg}$$

問題 32.16

力学的エネルギー保存の法則が成り立つので

$$\frac{1}{2}Mv^2 + \frac{1}{2}I\omega^2 - Mg\left(\frac{l}{2}\right) = 0 \cdots ①$$

棒は瞬間的には接地点を中心として回転するので角速度 ω と v の関係（回転角の関係式）は

$$v = \left(\frac{l}{2}\right)\omega \cdots ②$$

①と② より求めた v に $I = \dfrac{1}{12}Ml^2$ を代入すると

$$v = \sqrt{\frac{Mgl}{M + (4I/l^2)}} = \frac{\boldsymbol{\sqrt{3gl}}}{\mathbf{2}}$$

索　引

Memorandum

Memorandum

Memorandum

Memorandum

著者紹介

高橋正雄（たかはし　まさお）

1981年　東北大学大学院理学研究科博士課程修了
現　在　神奈川工科大学名誉教授
　　　　理学博士
専　攻　物性理論，とくに磁性半導体
主　著　『基礎力学演習』（ムイスリ出版，1989）
　　　　『物理学レクチャー』（共著，ムイスリ出版，1993）
　　　　『工科系の基礎物理学』（東京教学社，1997）
　　　　『基礎と演習 理工系の電磁気学』（共立出版，2004）
　　　　『基礎と演習 理工系の力学』（共立出版，2006）

講義と演習　理工系基礎力学

Mechanics: Lecture and Exercises

2017年12月25日　初版1刷発行
2024年2月20日　初版6刷発行

著　者　高橋正雄　© 2017

発　行　**共立出版株式会社**／南條光章
東京都文京区小日向4丁目6番19号
電話 東京（03）3947-2511番（代表）
〒112-0006/振替口座 00110-2-57035番
URL　www.kyoritsu-pub.co.jp

印　刷　啓文堂
製　本　協栄製本

一般社団法人
自然科学書協会
会員

検印廃止
NDC 423
ISBN 978-4-320-03602-4

Printed in Japan

A.　基本的な単位

	量	単　位　名	記号		量	単　位　名	記号
基本単位	長さ	メートル	m	その他	平面角	度	°
	質量	キログラム	kg			ラジアン	rad
	時間	秒	s		温度	セルシウム度	℃
	電流	アンペア	A		温度差	ケルビン	K
	熱力学的温度	ケルビン	K				
	物質量	モル	mol				

B.　組　立　単　位

量	単　位　名	記　号	単位の間の関係
速度	メートル毎秒	m/s	
加速度	メートル毎秒毎秒	m/s^2	
角速度，角振動数	ラジアン毎秒	rad/s	
回転数，振動数 周　波　数	ヘルツ	Hz	1 Hz = 1/s
力	ニュートン	N	$1\,N = 1\,kg \cdot m/s^2$
	重量キログラム	kgw	1 kgw ≒ 9.80 N
力　　積	ニュートン・秒	N・s	
運動量	キログラム・メートル毎秒	kg・m/s	1 kg・m/s = 1 N・s
仕事 エネルギー	ジュール	J	1 J = 1 N・m
	電子ボルト	eV	$1\,eV ≒ 1.60 \times 10^{-19}\,J$
仕事率	ワット	W	1 W = 1 J/s
圧　力	ニュートン毎平方メートル（= パスカル）	N/m^2(= Pa)	
	気圧	atm	$1\,atm ≒ 1.01 \times 10^5\,N/m^2$
	ヘクトパスカル	hPa	$1\,hPa = 100\,N/m^2$
熱量	ジュール	J	
	カロリー	cal	1 cal ≒ 4.19 J
熱容量	ジュール毎ケルビン	J/K	
比熱	ジュール毎グラム毎ケルビン	J/g・K	
	カロリー毎グラム毎ケルビン	cal/g・K	
モル比熱	ジュール毎モル毎ケルビン	J/mol・K	